山东巨龙建工集团

SHANDONG JULONG CONSTRUCTION GROUP

中国传统民间制作工具大全

第六卷

王学全　编著

中国建筑工业出版社

图书在版编目（CIP）数据

中国传统民间制作工具大全. 第六卷 / 王学全编著
. — 北京：中国建筑工业出版社，2022.11
ISBN 978-7-112-28112-1

Ⅰ. ①中… Ⅱ. ①王… Ⅲ. ①民间工艺—工具—介绍
—中国 Ⅳ. ①TB4

中国版本图书馆CIP数据核字（2022）第202129号

责任编辑：仕　帅
责任校对：李辰馨

中国传统民间制作工具大全　第六卷
王学全　编著
*
中国建筑工业出版社出版、发行（北京海淀三里河路9号）
各地新华书店、建筑书店经销
北京锋尚制版有限公司制版
北京富诚彩色印刷有限公司印刷
*
开本：880毫米×1230毫米　1/16　印张：25　字数：522千字
2022年12月第一版　2022年12月第一次印刷
定价：**172.00**元
ISBN 978-7-112-28112-1
（40169）

作者简介

王学全，男，山东临朐人，1957年生，中共党员，高级工程师，现任山东巨龙建工集团公司董事长、总经理，从事建筑行业45载，始终奉行“爱好是认知与创造强大动力”的格言，对项目规划设计、建筑施工与配套、园林营造、装饰装修等方面有独到的认知感悟，主导开发、建设、施工的项目获得中国建设工程鲁班奖（国家优质工程）等多项国家级和省市级奖项。

他致力于企业文化在企业管理发展中的应用研究，形成了一系列根植于员工内心的原创性企业文化；钟情探寻研究黄河历史文化，多次实地考察黄河沿途自然风貌、乡土人情和人居变迁；关注民居村落保护与发展演进，亲手策划实施了一批古村落保护和美丽村居改造提升项目；热爱民间传统文化保护与传承，抢救性收集大量古建筑构件和上百类民间传统制作工具，并以此创建原融建筑文化馆。

前言

制造和使用工具是人区别于其他动物的标志，是人类劳动过程中独有的特征。人类劳动是从制造工具开始的。生产、生活工具在很大程度上体现着社会生产力。从刀耕火种的原始社会，到日新月异的现代社会，工具的变化发展，也是人类文明进步的一个重要象征。

中国传统民间制作工具，指的是原始社会末期，第二次社会大分工开始以后，手工业从原始农业中分离出来，用以制造生产、生活器具的传统手工工具。这一时期的工具虽然简陋粗笨，但却是后世各种工具的“祖先”。周代，官办的手工业发展已然十分繁荣，据目前所见年代最早的关于手工业技术的文献——《考工记》记载，西周时就有“百工”之说，百工虽为虚指，却说明当时匠作行业的种类之多。春秋战国时期，礼乐崩坏，诸侯割据，原先在王府宫苑中的工匠散落民间，这才有了中国传统民间匠作行当。此后，工匠师傅们代代相传，历经千年，如原上之草生生不息，传统民间制作工具也随之繁荣起来，这些工具所映照的正是传承千年的工法技艺、师徒关系、雇佣信条、工匠精神以及文化传承，这些曾是每一位匠作师傅安身立命的根本，是每一个匠造作坊赖以生存发展的伦理基础，是维护每一个匠作行业自律的法则准条，也是维系我们这个古老民族的文化基因。

所以，工具可能被淘汰，但蕴含其中的宝贵精神文化财富不应被抛弃。那些存留下来的工具，虽不金贵，却是过去老手艺人“吃饭的家什”，对他们来说，就如同一位“老朋友”不忍舍弃，却在飞速发展的当下，被他们的后代如弃敝屣，散落遗失。

作为一个较早从事建筑行业的人来说，我从业至今已历45载，从最初的门外汉，到后来的爱好、专注者，在历经若干项目的实践与观察中逐渐形成了自己的独到见解，并在项目规划设计、建筑施工与配套、园林营造、装饰装修等方面有所感悟与建树。我慢慢体会到：传统手作仍然在一线发挥着重要的作用，许多古旧的手工工具仍然是现代化机械无法取代的。出于对行业的热爱，我开始对工具产生了浓厚兴趣，抢救收集了许多古建构件并开始逐步收集一些传统手工制作工具，从最初的上百件瓦匠工具到后来的木匠、铁匠、石匠等上百个门类数千件工具，以此建立了“原融建筑文化馆”。这些工具虽不富有经济价值，却蕴藏着保护、传承、弘扬的价值。随着数量的增多和门类的拓展，我愈发感觉到中国传统民间制作的魅力。你看，一套木匠工具，就能打制桌椅板凳、梁檩椽枋，撑起了中国古建、家居的大部；一套锡匠工具，不过十几种，却打制出了过去姑娘出嫁时的十二件锡器，实用美观的同时又寓意美好。这些工具虽看似简单，却是先民们改造世界、改变生存现状的“利器”，它们打造出了这个民族巍巍五千年的灿烂历史文化，也镌刻着华夏儿女自强不息、勇于创造的民族精神。我们和我们的后代不应该忘却它们。几年前，我便萌生了编写整理一套《中国传统民间制作工具大全》的想法。

《中国传统民间制作工具大全》这套书的编写工作自开始以来，我和我的团队坚持边收集边整理，力求完整准确的原则，其过程是艰辛的，也是我们没有预料到的。有时为了一件工具，团队的工作人员经多方打听、四处搜寻，往往要驱车数百公里，星夜赶路。有时因为获得一件缺失的工具而兴奋不已，有时也因为错过了一件工具而痛心疾首。在编写整理过程中我发现，中国传统民间工具自有其地域性、自创性等特点，同样的匠作行业使用不同的工具，同样的工具因地域差异也略有不同。很多工具在延续存留方面已经出现断层，为了考证准确，团队人员找到了各个匠作行业内具有一定资历的头师傅，以他们的口述为基础，并结合相关史料文献和权威著作，对这些工具进行了重新编写整理。尽管如此，由于中国古代受“士、农、工、商”封建等级观念的影响，处于下位文化的民间匠作艺人和他们所使用的工具长期不受重视，也鲜有记载，这给我们的编写工作带来了不小的挑战。

这部《中国传统民间制作工具大全》是以民间流传的“三百六十行”为依据，以传统生产、生活方式及文化活动为研究对象，以能收集到的馆藏工具实物图片为基础，以非物质文化遗产传承人及各匠作行业资历较深的头师傅口述为参考，进行编写整理而成。《中国传统民间制作工具大全》前三卷，共二十四篇，已经出版发行，本次出版为后三卷。第四卷，共计十八篇，包括：农耕工具，面食加工工具，米食加工工具，煎饼加工工具，豆制品加工工具，淀粉制品加工工具，柿饼加工工具，榨油工具，香油、麻汁加工工具，晒盐工具，酱油、醋酿造工具，茶叶制作工具，粮食酒酿造工具，养蜂摇蜜工具，屠宰工具，捕鱼工具，烹饪工具，中医诊疗器具与中药制作工具。第五卷，共计十八篇，包括：纺织工具，裁缝工具，制鞋、修鞋工具，编织工具，狩猎工具，熟皮子工具，钉马掌工具，牛马鞭子制作工具，烟袋制作工具，星秤工具，戗剪子、磨菜刀工具，剃头、修脚工具，糖葫芦、爆米花制作工具，钟表匠工具，打井工具，砖雕工具，采煤工具，测绘工具。第六卷，共计十八篇，包括：毛笔制作工具，书画装裱工具，印刷工具，折扇制作工具，油纸伞制作工具，古筝制作工具，大鼓制作工具，烟花、爆竹制作工具，龙灯、花灯制作工具，点心制作工具，嫁娶、婚礼用具，木版年画制作工具，风筝制作工具，鸟笼、鸣虫笼制作工具，泥塑、面塑制作工具，瓷器制作工具，紫砂壶制作工具，景泰蓝制作工具。该套丛书以中国传统民间手工工具为主，辅之以简短的工法技艺介绍，部分融入了近现代出现的一些机械、设备、机具等，目的是让读者对某一匠作行业的传承脉络与发展现状，有较为全面的认知与了解。这部书旨在记录、保护与传承，既是对填补这段空白的有益尝试，也是弘扬工匠精神，开启匠作文化寻根之旅的一个重要组成部分。该书出版以后，除正常发行外，山东巨龙建工集团将以公益形式捐赠给中小学书屋书架、文化馆、图书馆、手工匠作艺人及曾经帮助收集的朋友们。

该书在编写整理过程中王伯涛、王成军、张洪贵、张传金、王学永、张学朋、王成波、王玉斌、聂乾元、张正利等同事对传统工具收集、图片遴选、文字整理等做了大量工作。张生太、尹纪旺、王文丰参与了部分篇章的辅助编写工作。范胜东先生与叶红女士也提供了帮助支持，不少传统匠作传承人和热心的朋友也积极参与到工具的释义与考证等工作中，在此一并表示感谢。尽管如此，该书仍可能存在一些不恰当之处，请读者谅解指正。

目录

第十七篇　紫砂壶制作工具

第十八篇　景泰蓝制作工具

后记

第一篇

毛笔制作工具

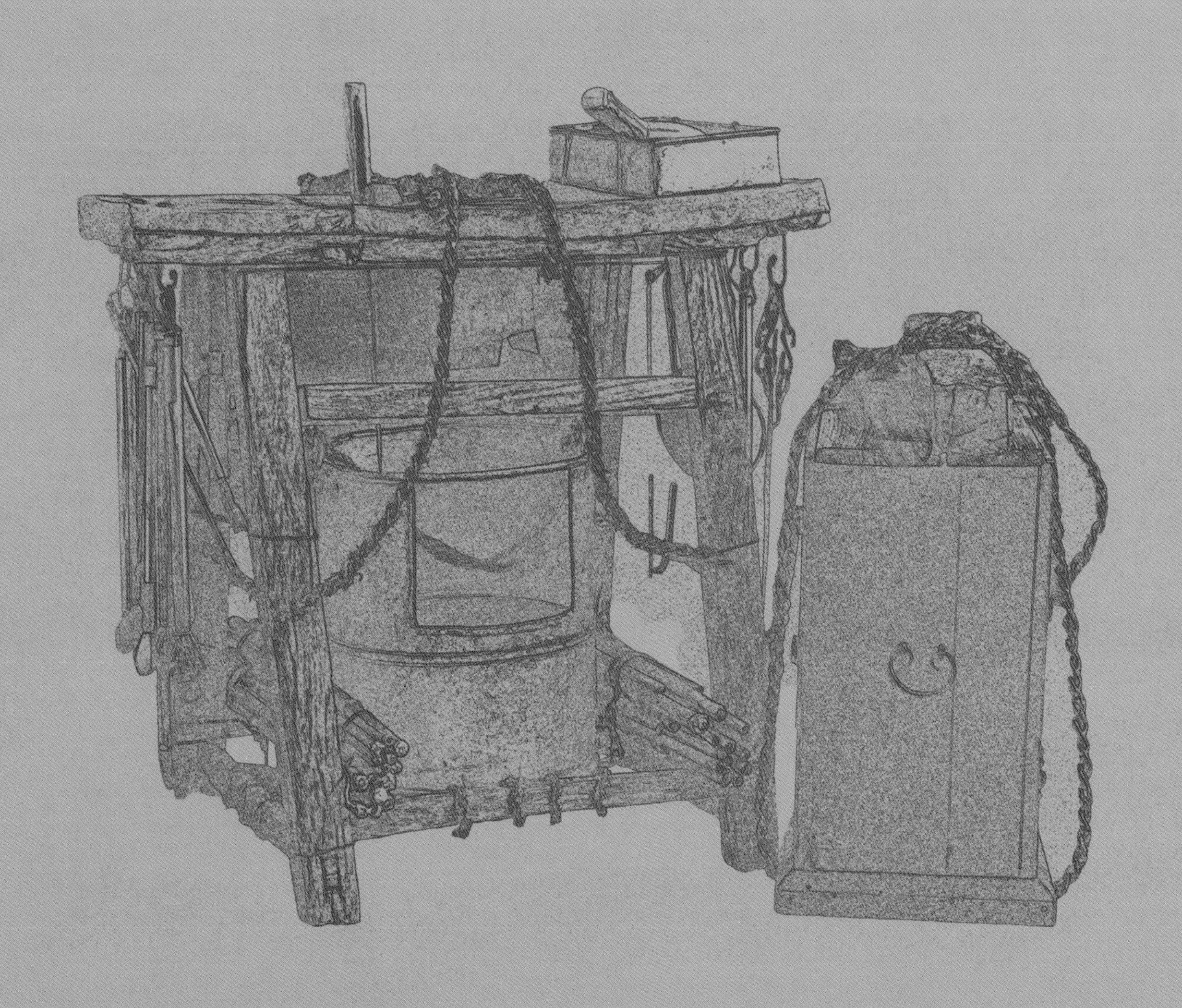

毛笔制作工具

文房四宝，笔墨纸砚，笔居首位。中华五千年灿烂文明，始终与文字息息相关，而文字的书写，自然离不开笔的使用。中国最具代表性的笔，自然是毛笔。千百年来，人们用毛笔进行书写、绘画、记录、著述，一根小小的毛笔却承载了文人墨客的无限情怀与无尽思潮，梁启超先生曾说东方文化是“柔”的文化，这种“柔”体现在毛笔上是最合适不过的。毛笔虽“柔”，却能写出刚健挺拔的书法，笔锋再软，也能绘出大千世界的河流山川、花鸟鱼虫。外柔内刚、柔中带刚，一杆毛笔似也暗合了中国古代文人的性格与节操。

毛笔与文人相伴最久，其雅称在文房四宝中也最多，如“管锥”“管子”“钟淑君”“毛颖”等。文人墨客历来多清高之流，不拜高官却拜毛笔，口中常常称呼毛笔为“管城兄”。

相传毛笔的发明者是秦始皇时期的大将军蒙恬，据说当时蒙恬在外征战，需要时时向秦始皇奏报军情，用刀契刻速度很慢，他便学着匈奴人用毛沾颜料书写军报，后来便流传开来。考古发现，中国早在春秋时期已经出现了毛笔的雏形，蒙恬很可能是对毛笔进行了改良。

毛笔虽看似简单，但关乎书法、绘画之精妙，在书画大师的手中，一支好用的毛笔，可以得心应手、挥毫自如，而一支有瑕疵的毛笔，则会“失之毫厘，谬以千里”。因此毛笔制作工艺十分繁琐，历代书画名家也极其重视手中这一杆小小毛笔，这也就催生了制笔工艺的不断发展，诞生了许多制笔名家，如宣州陈氏，相传一代书圣王羲之曾亲手写做《求笔贴》向陈氏之祖求笔，唐代书法家柳公权也曾向陈氏求笔，晋、唐以来，宣州制笔代表了当时制笔业的最高水平。南宋以后，随着经济、文化中心的南移，也使得南方的制笔业蓬勃发展，其中以湖州善琏镇出产的毛笔最佳，因此称为“善琏湖笔”。清代制笔名匠周虎臣在苏州开设“周虎臣笔庄”，康熙皇帝六十大寿时进献寿笔，深得赏识，“周虎臣笔”也一度成为清代宫廷御用之笔。

中国古代将制作和售卖毛笔的店铺称为“笔庄”，而从事制笔行业的工匠艺人被称为“笔工”。历朝历代，毛笔制作形成了众多流派，因此制笔工艺都是笔庄秘不外传的技法。传统毛笔制作相传有一百多道工序，总结归纳起来主要有：选料备料、合齐除绒、排列毛锋、调配毛料、切定笔形、梳整混合、卷制笔芯、包卷蒙皮、绑固笔头、选用笔杆、胶粘笔头、刷毛定形、笔杆刻字等几步。按照毛笔的组成部分，可以将毛笔制作的工具分为笔头制作工具、笔杆制作工具、修笔工具和辅助工具四类。

▲ 毛笔制作场景

第一章　笔头制作工具

笔头又称“笔毫”，制作笔头的第一步是挑选毛料，用以制作笔头的毛料很多，以羊毛、黄鼠狼毛、山兔毛为主，这些毛料并不是都能成为制作笔毫的原料，而是根据制笔需求挑选动物不同部位的毛，这一步往往需要极大的耐心和丰富的经验。第二步是去除杂质，使用石灰水浸泡原料，去除油腥和污物杂质的过程。第三步叫水盆工艺，是在水盆中进行梳、齐、定、切等操作，使笔头初步成型，这一步也是制作笔毫的关键步骤，笔工的手法也往往决定了一支毛笔的好坏。第四步是制作笔尖，笔尖是毛笔的灵魂，笔尖的毫毛稍有不齐，书写的笔锋就会分叉凌乱，这时需要对笔尖再次进行修齐处理，再用胶水将毛料沾湿后卷制成笔柱，再将其垂直摆放在烟灰堆上自然晾晒阴干。等到完全干燥后，再用棉绳将捆扎笔根，穿成一串后，下置重物，接力将其慢慢拉紧，这样笔头就制作完成了。笔头制作所用的工具大致有毛料、泡料桶、水盆、水板、剪刀、齐板、拍板、刻度尺、切毛刀、毛料梳等。

▲ 笔头制作场景

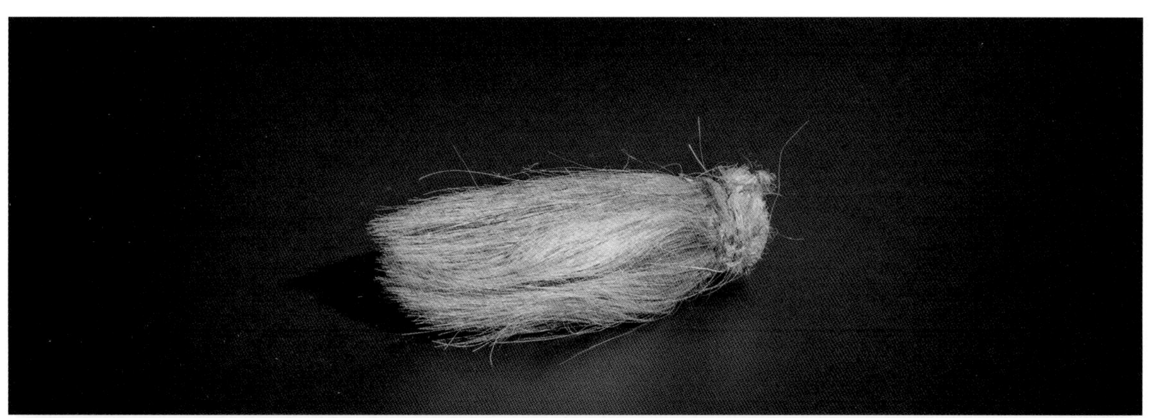

毛料（一）

毛料（二）

毛料

毛料是制作笔头的原材料，通常有羊毛、黄鼠狼毛、兔毛等。

泡料桶

泡料桶

泡料桶是在笔头制作过程中，将挑选出的毛料进行浸泡的工具，泡料桶通常盛装石灰水，以去除毛料中的油脂、腥味。

▶ 水盆

◀ 水板（一）

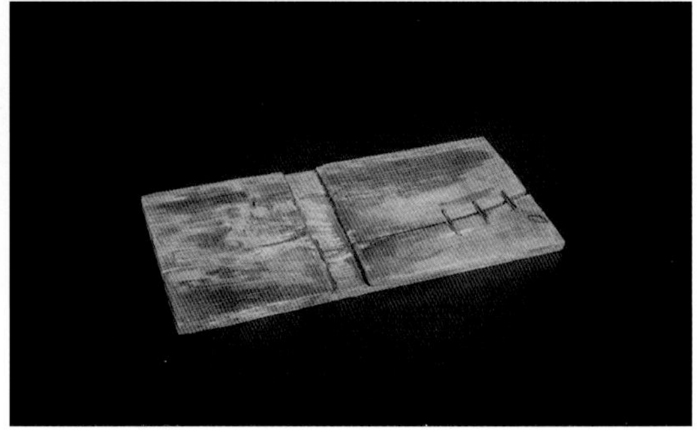
◀ 水板（二）

水盆与水板

水盆与水板是笔头制作中，水盆工艺所用的工具。水盆是用来盛装凉水，浸泡毛料的工具。水板是将浸水毛料摊平，进行梳、齐、定、切的木制平板垫具。

▲ 水盆工艺场景

▶梳毛场景

▶毛料梳（一）

◀毛料梳（二）

毛料梳

毛料梳是在制作笔头时，用来梳理毛料使其柔顺、剔除绒毛的木制或骨制工具。

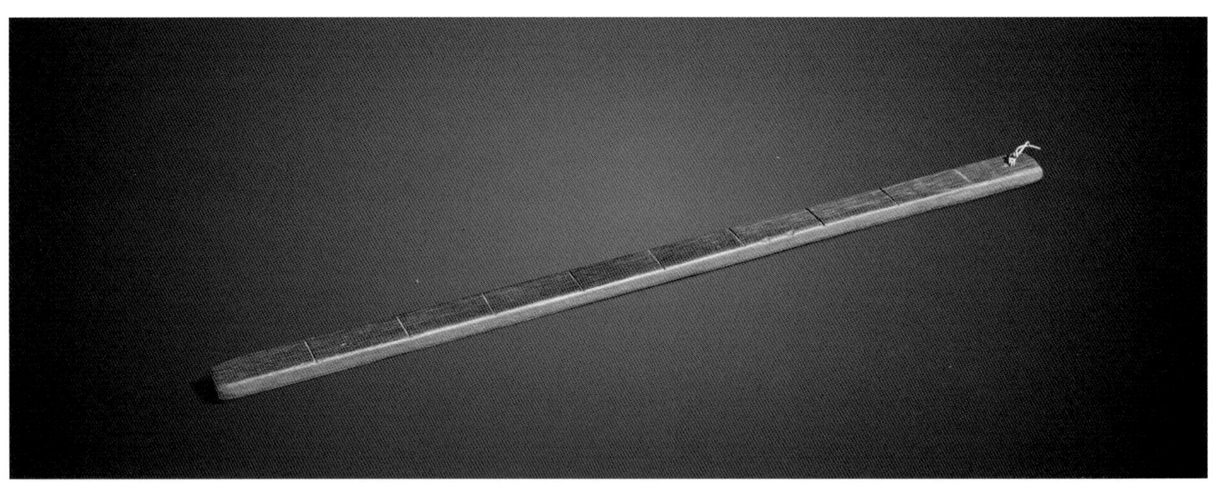

▲ 刻度尺

刻度尺

刻度尺是用来测量笔头或笔杆长度的木制测量工具。

▶ 齐板（一）

▶ 齐板（二）

◀ 齐毛定形场景

齐板

齐板是在制作笔头时，将挑选出的合适毛料进行铺排、整理的工具，也可用于切割笔头毛料，有木制、竹制、铁制或石制。

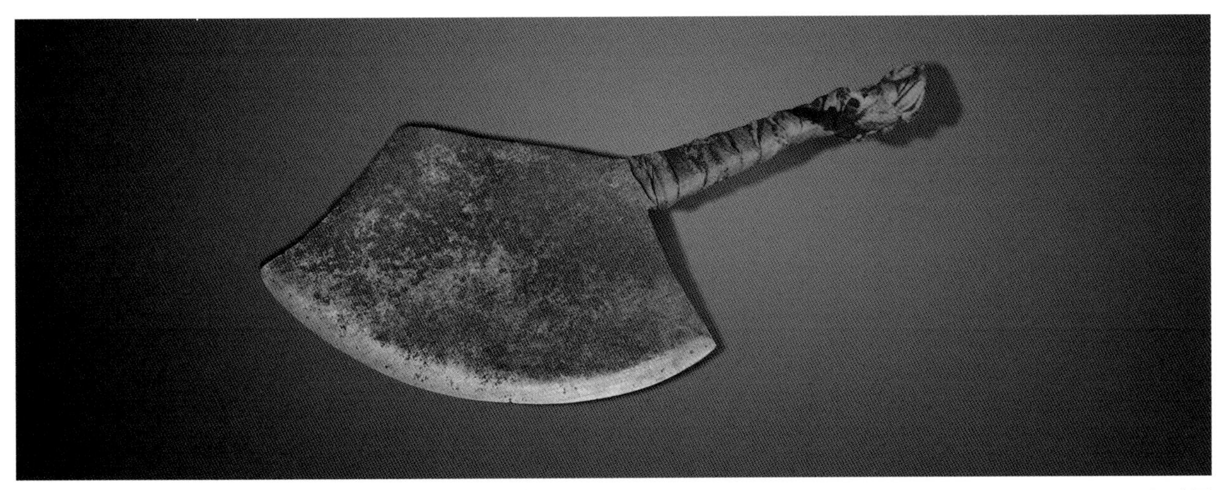

▲ 切毛刀

切毛刀

切毛刀是在笔头制作过程中，笔头根部用齐板整齐后，用来将多余部分切除的铁制工具。

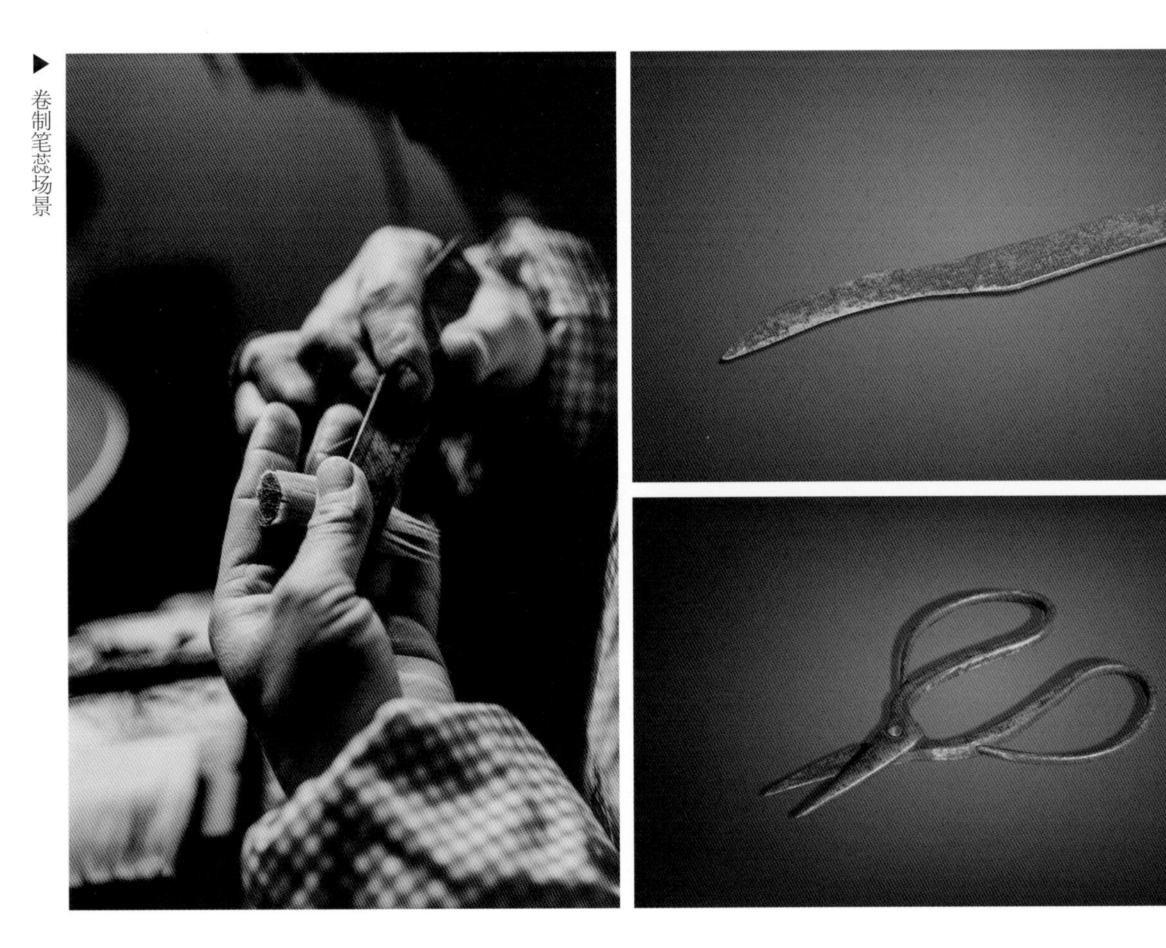

▶ 卷制笔芯场景

◀ 理毛刀

◀ 剪刀

理毛刀与剪刀

理毛刀是笔头制作时剔除杂毛、整理毛料的刀具，扎笔头时也用于将毛料卷成笔柱。剪刀主要用于扎笔头时剪线头等。

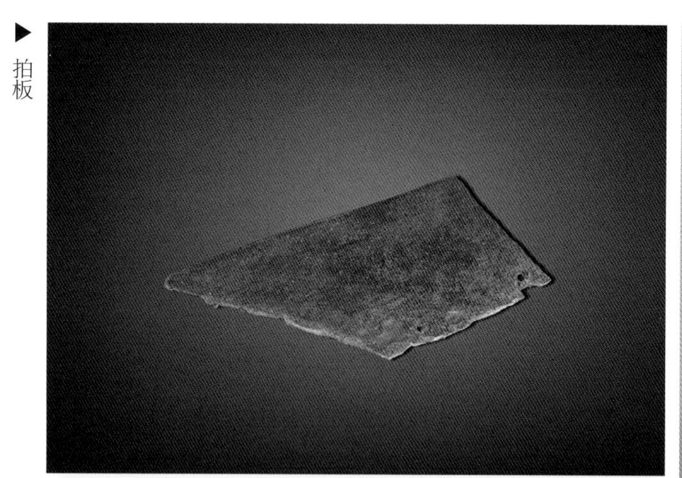

▶ 拍板

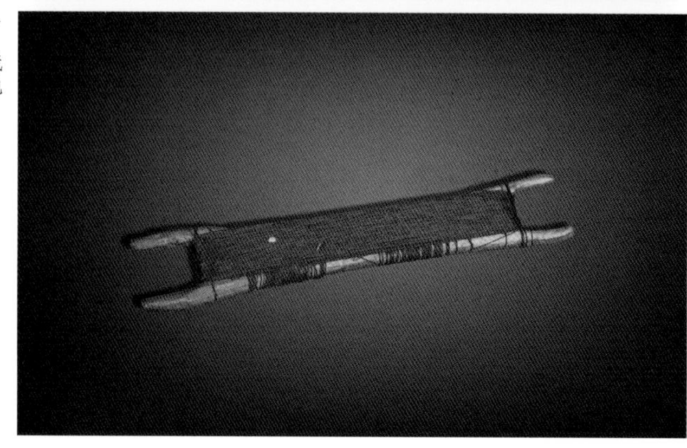

▶ 线绳

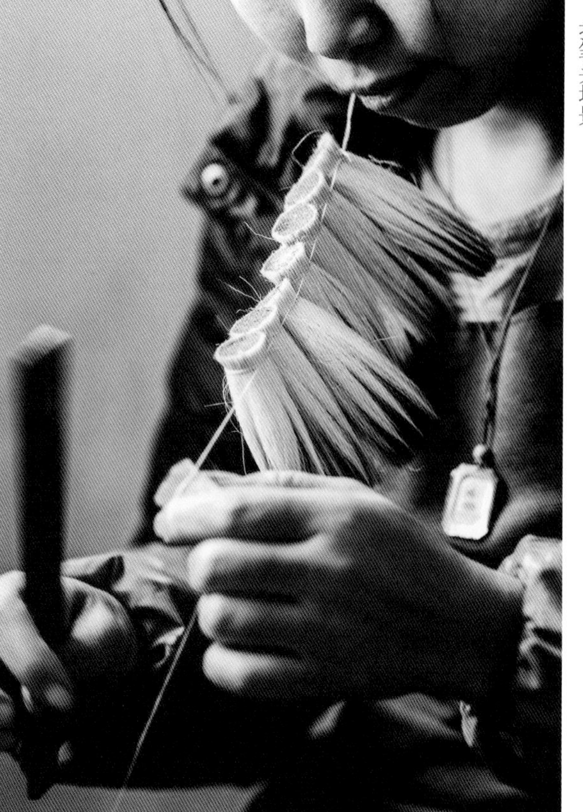

◀ 扎笔头场景

拍板与线绳

拍板是扎笔头时，轻拍笔头根部使其整齐紧实的工具，有铁制、木制、牛角制等。线绳是用来捆扎笔头的工具，通常采用棉线绳。

▶ 干燥完成的笔头

◀ 待绑扎的笔头

第二章 笔杆制作工具

毛笔笔杆取材以竹子、红木、象牙、骨料居多，其制作工艺，以竹竿为例，首先是选择合适的竹子进行砍伐，将砍伐的竹子根据笔杆的长短进行切割，切割好的竹料经水煮火烤后，利用钳子取直定型；用锉打磨，使其两端光滑；再用工具刀修整笔杆尖角部分，刨空笔杆头部内壁，在灯上加热松香粉，待其融化后，将笔头插入笔杆，使笔头与笔杆粘接牢固；最后敷上鹿角苔胶，一杆毛笔也就完成了。

笔杆制作工具主要有弓子锯、密齿锯、笔杆竹料、铁锅、火匣、拿子（直杆器）、扁锉、尖锉、圆锉、三棱锉等。

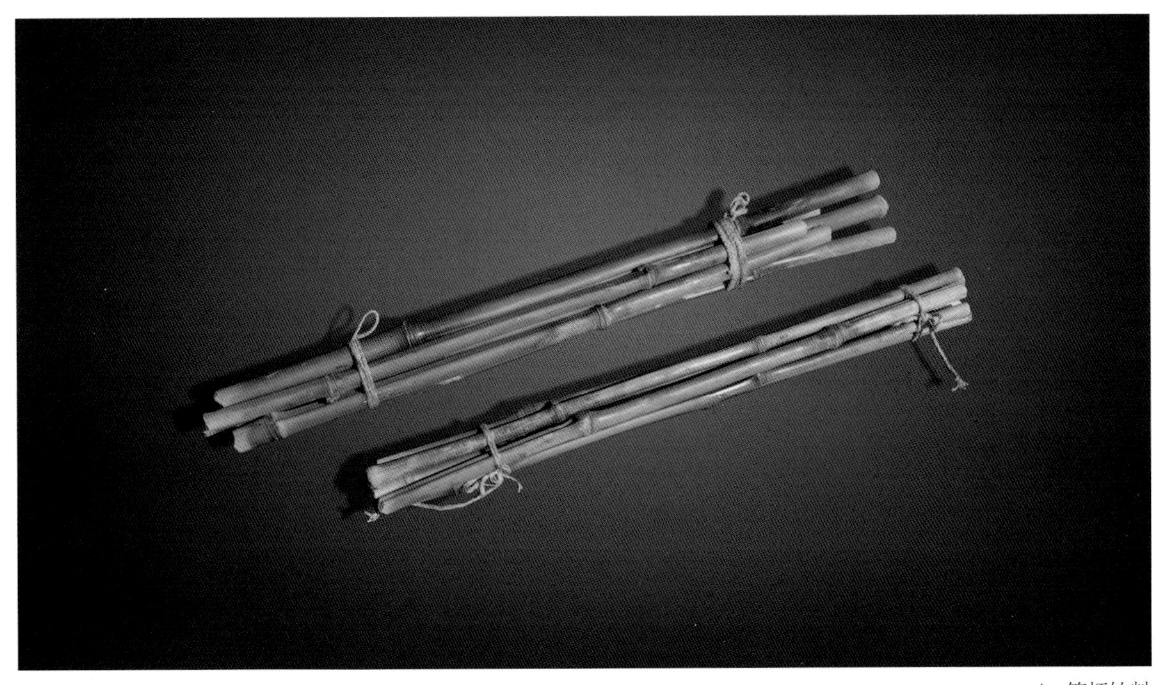

▲ 笔杆竹料

笔杆竹料

笔杆竹料是制作笔杆的原料，以白竹、方竹、棕竹、紫竹、斑竹、湘妃竹为主。

弓子锯

弓子锯是在制作笔杆过程中，用来锯割竹料的工具，锯身呈弓状，多为铁制。

▼ 弓子锯

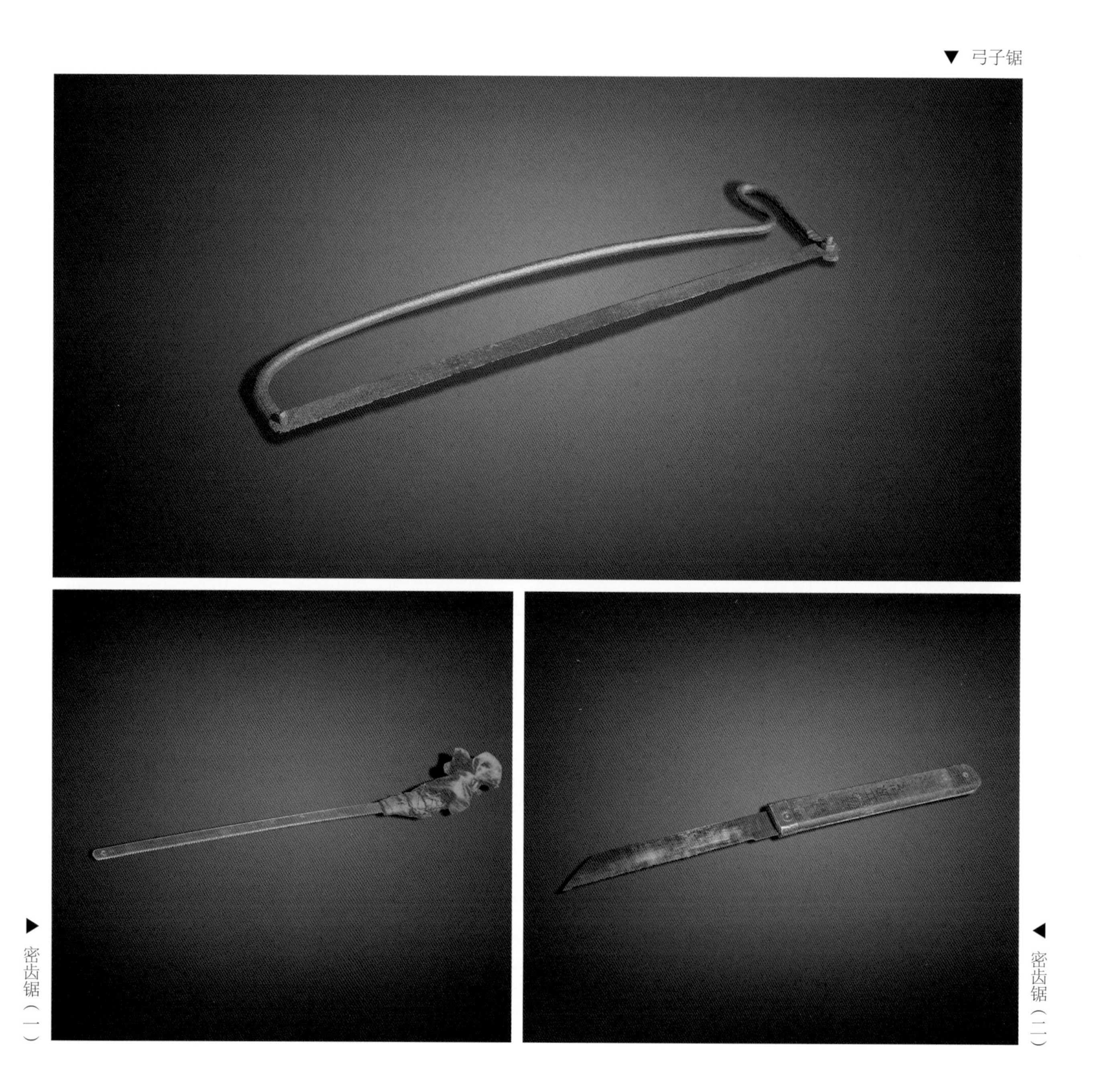

▶ 密齿锯（一）

◀ 密齿锯（二）

密齿锯

密齿锯是对竹料细部进行修整或精准锯切的工具，体型较小，通常为木柄、铁锯片。

铁锅

铁锅是在制作笔杆时，对笔杆竹料进行煮制，以增加韧性防止后续加工时变形开裂的工具。

▼ 铁锅

▶ 火匣

◀ 火匣局部

火匣

火匣是在制作笔杆时，用来加热笔杆使其变软易加工的工具。

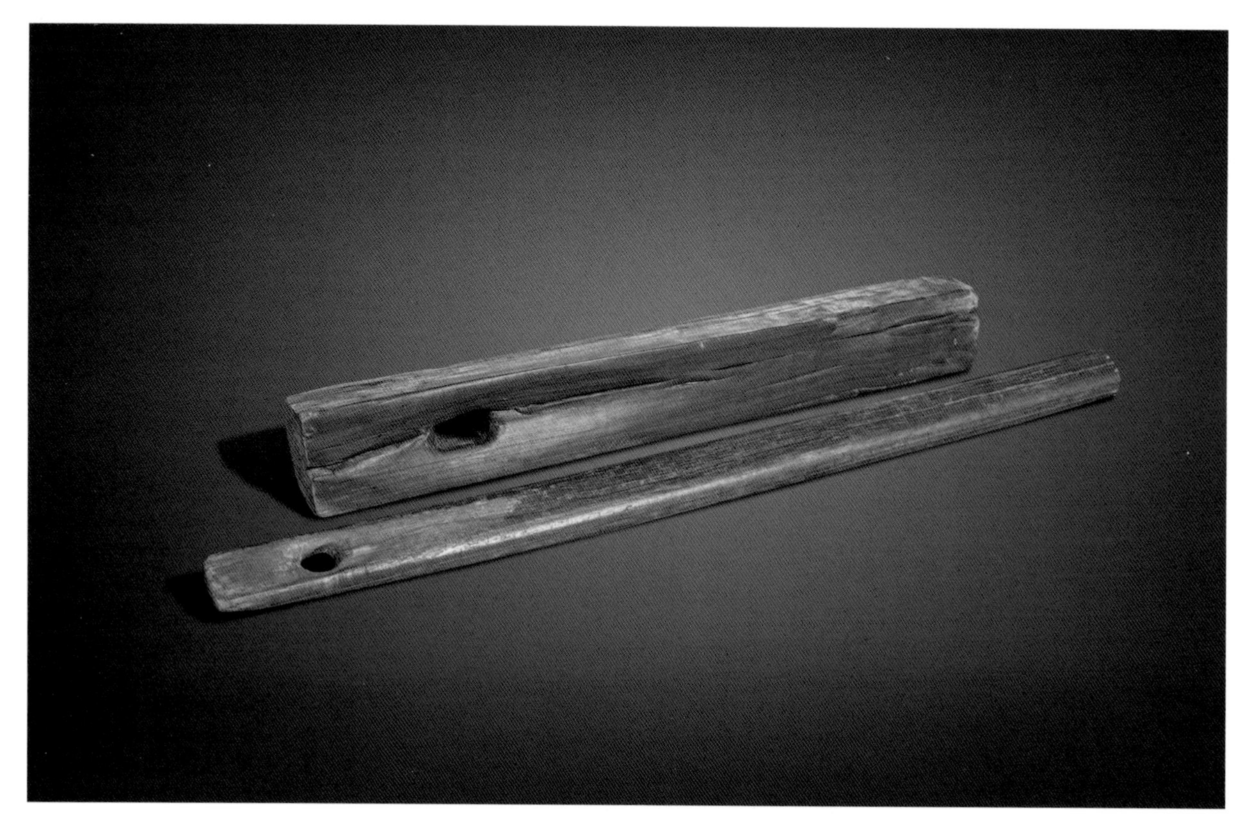

▲ 拿子

拿子

拿子（直杆器）是在制作毛笔笔杆时，对笔杆进行取直矫正的木制工具。

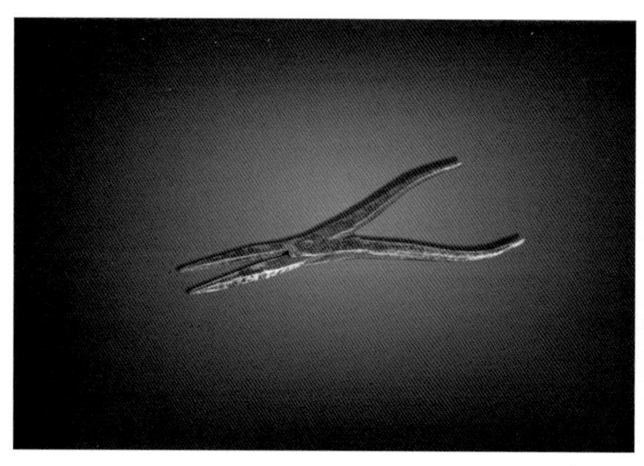

▲ 尖口钳

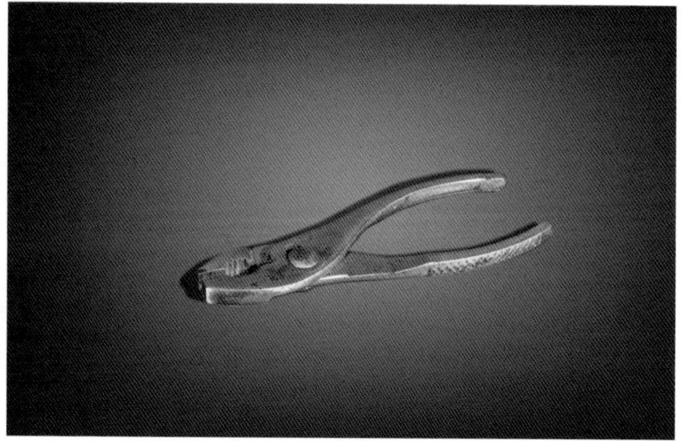

▲ 平口钳

钳子

钳子是对笔杆矫正、取直时用来拿捏笔杆的铁制工具。

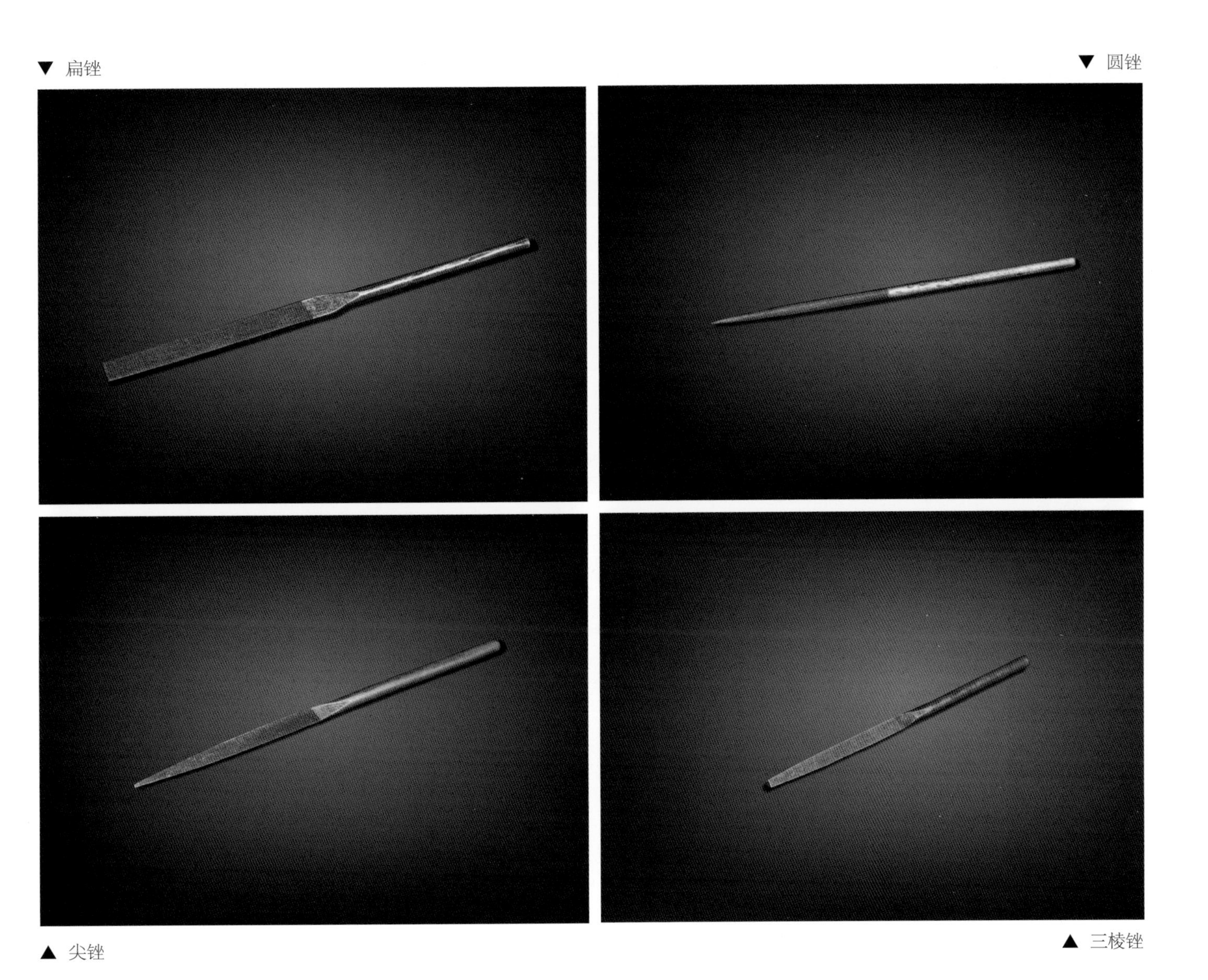
▼ 扁锉

▼ 圆锉

▲ 尖锉

▲ 三棱锉

什锦锉刀

什锦锉刀是对笔杆进行打磨，使其顺滑、出光及便于安装的工具，主要有扁锉、圆锉、尖锉、三棱锉等。扁锉是用来打磨笔杆两端使其光滑圆润的工具。尖锉是掏取笔杆放置笔头端孔洞的工具。圆锉是打磨笔杆放置笔头端圆孔的工具。三棱锉是打磨笔杆两端使其光滑平整的工具。

搓琵

捅钻（一）

捅钻（二）

搓琵与捅钻

搓琵是给笔杆穿孔开腔时，置放笔杆的垫具，使用时将捅钻正直插入笔杆腔孔，用另一只手向前搓笔杆，使其均匀钻入，笔杆形成中空。捅钻俗称“通条”，是对笔杆竹节捅穿，形成中空的铁制工具。

制作完成的笔杆

第三章　修笔工具

毛笔制作中的“修笔”，指的是对笔头和笔杆进行黏合安装，这一步也叫“装套”，同时对安装完整的笔进行再次修整、美化、检测，使其成为成品毛笔。修笔主要用到的工具有鳔胶、松香、油灯、用于雕刻的刻刀、钻孔的圆锥、修整笔头笔锋的修笔刀等。

◀ 鳔胶

▶ 坩埚

鳔胶与坩埚

鳔胶是用鱼鳔或猪皮熬制的胶，在毛笔制作中，主要用于黏合笔头与笔杆，通常与松香混合使用。坩埚是用来熔化盛放鳔胶的容器。

▶ 松香

▶ 油灯

松香与油灯

松香在毛笔制作工程主要用于粘连笔头和笔杆，但在某些制笔工艺中，松香也用于扎笔头时对笔头根部进行黏合。油灯在扎笔头中，主要用来对笔头根部的松香进行熔化，以方便黏合。

修笔刀

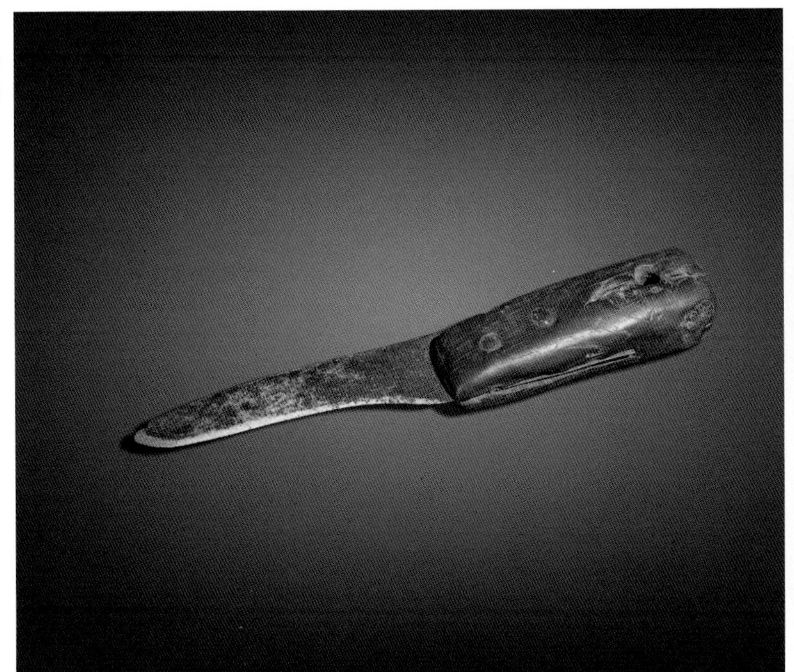

修笔场景

修笔刀

修笔刀是笔头、笔杆安装完成后，对笔头再次进行修整的工具，通常为木柄、铁刀片。

刻刀

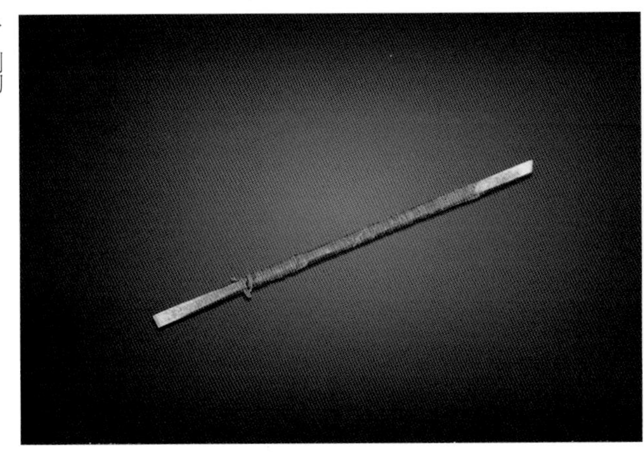

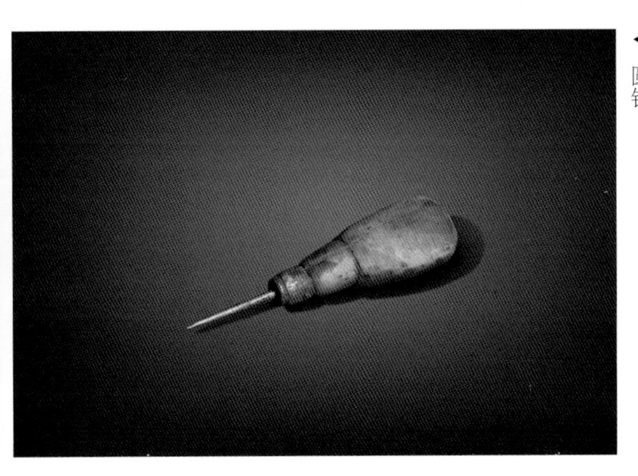
圆锥

刻刀与圆锥

刻刀是在制作笔杆时用来对笔杆进行雕刻美化或刻制笔庄名号的工具。圆锥是在笔杆后端钻孔使其能够穿线悬挂的工具。

▶石花菜

◀瓷碗

石花菜与瓷碗

石花菜又称“龙须菜”，是海藻的一种，在毛笔制作过程中，用来熬制海藻胶。瓷碗是用来盛放海藻胶，蘸取粘接毛笔头的工具。

第四章　辅助工具

辅助工具指的是辅助于毛笔制作过程中的其他工具。这些工具虽不直接参与毛笔的制作，但也是不可缺少的部分，如笔工挑子、工具匣、扁担、置笔架、放大镜、刷子等。

▲ 笔工挑子

笔工挑子

笔工挑子是笔工赶集、串街为人制笔、修笔时所使用的工具，通常由置笔架、工具匣与扁担组成。

▲ 工具匣

◀ 工具匣局部

▲ 工具匣插条

工具匣

工具匣是笔工用来盛放制笔工具、原料和钱财的木制工具箱。

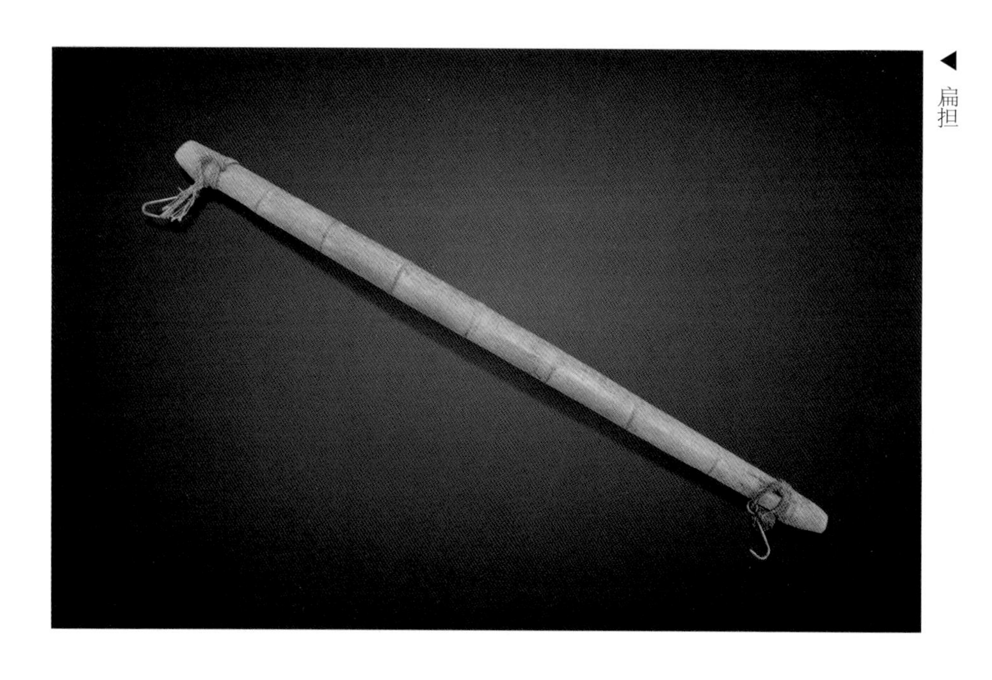
◀ 扁担

扁担

扁担是用来挑工具匣和置笔架的竹、木类工具。

▲ 置笔架

▲ 置笔架（不同角度拍摄）

置笔架

置笔架是笔工挑子的组成部分，是用来悬挂、放置成品毛笔和部分制笔材料与工具的木架。

▶ 刷子

刷子

刷子是在制作毛笔时用来清洁笔杆的工具。

▲ 放大镜

放大镜

放大镜是在制作毛笔时，用来放大观察笔头细微处工具。

▶ 成品毛笔（一）

▶ 毛笔使用场景

◀ 成品毛笔（二）

第二篇

书画装裱工具

书画装裱工具

装裱，是中国书画史上特有的美化和保护书画作品的技艺，又称“装潢”“装池”“裱褙”“揭裱”等。书画界素有：“三分画、七分裱”的说法，可见装裱的重要性。书画经过装裱才能登堂入室供人欣赏或收藏传世。中国装裱技艺由来已久，据目前的史料记载，早在魏晋时期，中国装裱技艺已经产生。到了宋代，名家书画层出不穷，这也促进了装裱技术的革新和发展，宫廷中还设立了专门负责装裱字画的作坊，并制定了装裱书画的格式，中国装裱技艺进入了成熟的阶段。明清以来，地区性的装裱中心开始出现，其中以北京和苏州最具代表性。民国时期，北京琉璃厂一带出现了许多驰名中外的装裱店铺，如竹林斋、宝华斋、玉池山房等，这些店铺以师徒相传的形式将中国书画装裱技艺不断推向新的高度，使装裱成为一种独立技艺流传至今。

书画装裱技艺门类庞杂，流派众多，其装裱技艺也各有不同，根据历史发展，装裱可以分为“手工装裱”“手工机裱”和“机器装裱”。根据装裱品式，有“条幅（卷轴）”“册页”“手卷”“碑帖”“镜框”“屏条”等。中国书画虽以水墨宣纸为主，但随着对装裱技法的研习和精进，装裱对象也拓展到“缂丝”“绣品”“油画”等材质。一些技艺精湛的装裱大师不仅能对新作书画进行美化装裱，甚至还能对残破不堪的古旧书画作品进行修复和揭裱，这就需要装裱师有深厚的文化底蕴和精湛的功力技法。因此，真正的装裱大师在拿到一幅书画作品时会仔细观察、思考采用何种材料、手法进行装裱或揭裱，经过这样的装裱师装裱后的书画作品，无论是色彩笔墨、神韵笔迹、尺寸品式都能为原本的作品增光添彩。

书画装裱工具篇以中国传统水墨宣纸书画为装裱对象，以轴裱和框裱为例，介绍书画装裱过程中常用的工具，分为画芯托裱工具、卷轴与画框制作工具、装裱辅助工具。

▲ 书画装裱场景

第五章　画芯托裱工具

中国传统手工书画装裱，无论采取何种技法，往往都是从画芯托裱开始的，而后根据装裱品式来进行取材、加工、制作。托裱指的是用纸或丝织品作为衬托，将所裱书画加镶边粘贴起来，使其美观而易于保存的过程，装上卷轴的称“轴裱”，镶嵌入框的称“框裱”。画芯指的是未装裱的书画作品原件。画芯托裱用的工具主要有喷壶、排笔、棕刷、毛刷、挣板、启刀、拐尺、裁纸刀、剪刀、镊子、毛笔、砑石、蜡板、收边器、小烙铁等。

▲ 装裱台

装裱台

装裱台又称“案台”，是装裱书画时进行相关操作的木制工作台。

▲ 喷壶

喷壶

喷壶是在画芯托裱过程中，为画芯喷水加湿的工具。传统喷壶多为铜制，喷水嘴要求达到能够充分雾化、水汽均匀。

▲ 排笔

▲ 排笔使用场景

排笔

排笔是用来给画芯涂刷浆糊或扫平的工具，羊毛笔头，竹制笔杆。

◀ 棕刷

▲ 棕刷使用场景

▲ 毛刷

棕刷

棕刷是在画芯托裱过程中，用来刷平、赶走覆背纸与书画纸之间气泡，增强两纸之间黏合度的工具，也可用来代替喷壶对画芯洒水。

毛刷

毛刷是在画芯托裱过程中用来给细节处刷补浆糊的工具。

◀ 挣板

◀ 启刀

挣板与启刀

挣板也叫“挣墙”，是在画芯托裱中用来取平、晾干裱件的工具。启刀是将托好晾干的画芯从挣板上取下的工具，多为竹木、牛角制成。

▲ 拐尺

拐尺

拐尺是在裁切字画、装裱材料时用来校正垂直的工具。

▼ 拐尺使用场景

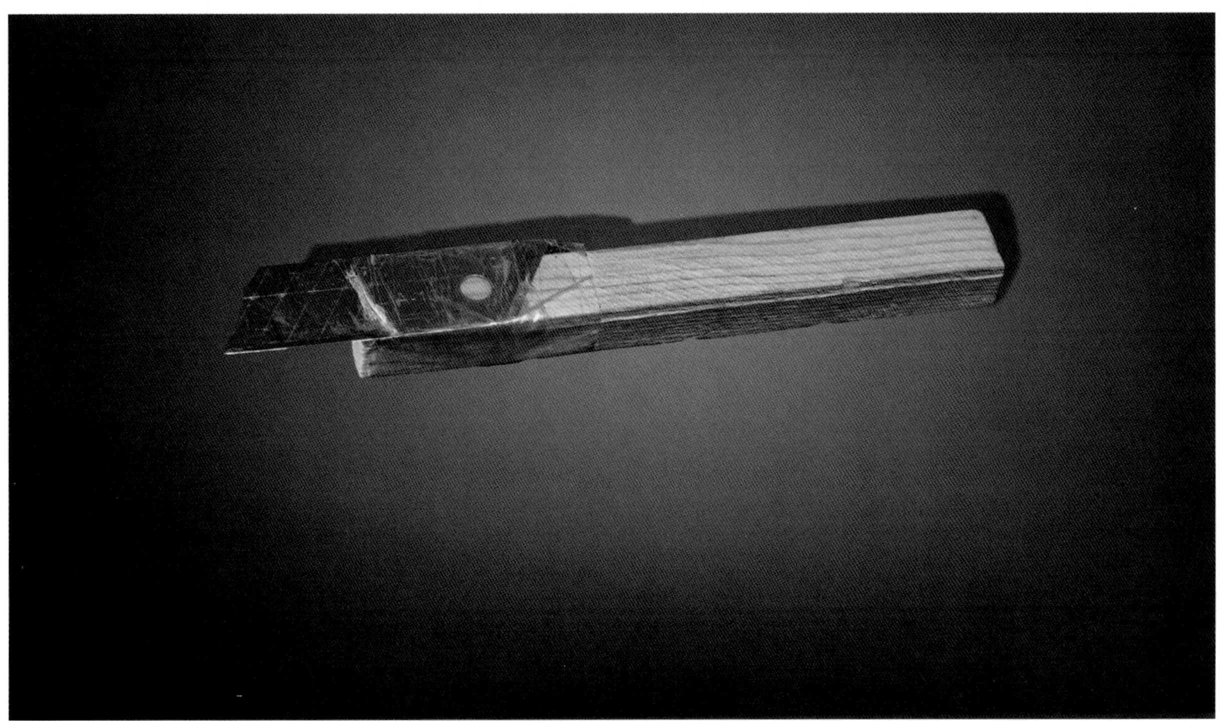

▲ 裁纸刀

◀ 裁纸场景

裁纸刀与剪刀

裁纸刀是用来裁切装裱材料的工具，有时也用来对画心边沿裁切取直。剪刀是用来裁剪装裱材料的工具。

▼ 剪刀

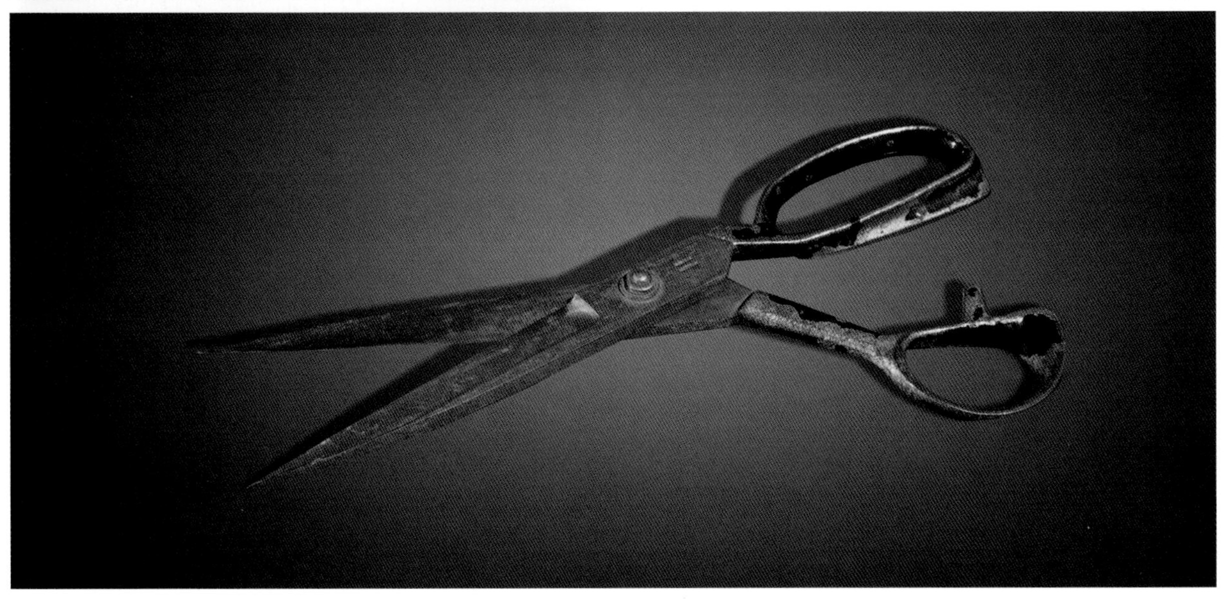

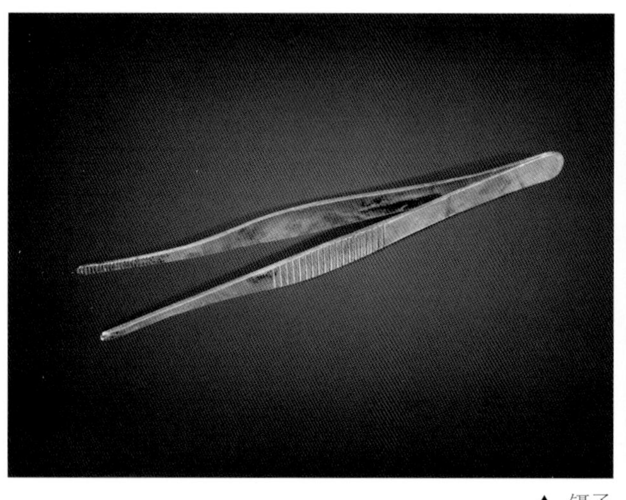

▲ 镊子

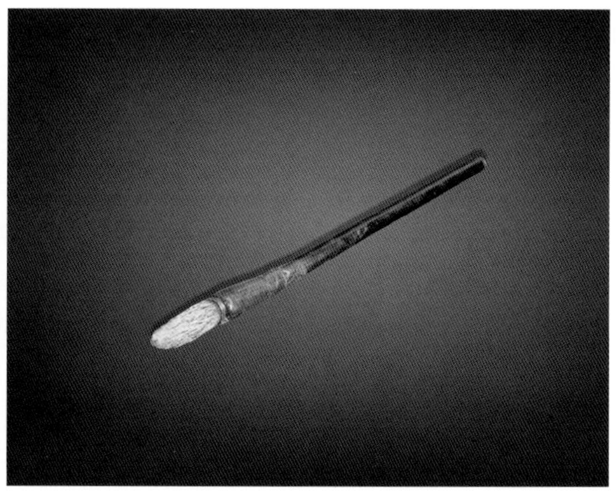

▲ 毛笔

镊子与毛笔

镊子是在画芯托裱中用来夹取画芯表面杂物的工具，也在揭裱时用来夹取书画原件残片等。毛笔是用来修补裱件破损、缺笔处的工具。

▲ 砑石

▲ 蜡板

砑石与蜡板

砑石是用于裱件背面砑光、磨平的工具，通常选用圆润光滑的鹅卵石或坚细玉石。蜡板是用于砑光时磨擦裱件背面的料具。经过砑石与蜡板磨平后的裱件在卷舒时不易磨损，同时形成一层保护层，使裱件不易受潮，因此多用于卷轴装裱。

收边器

收边器，是卷轴装裱时用于给裱件收边的工具。

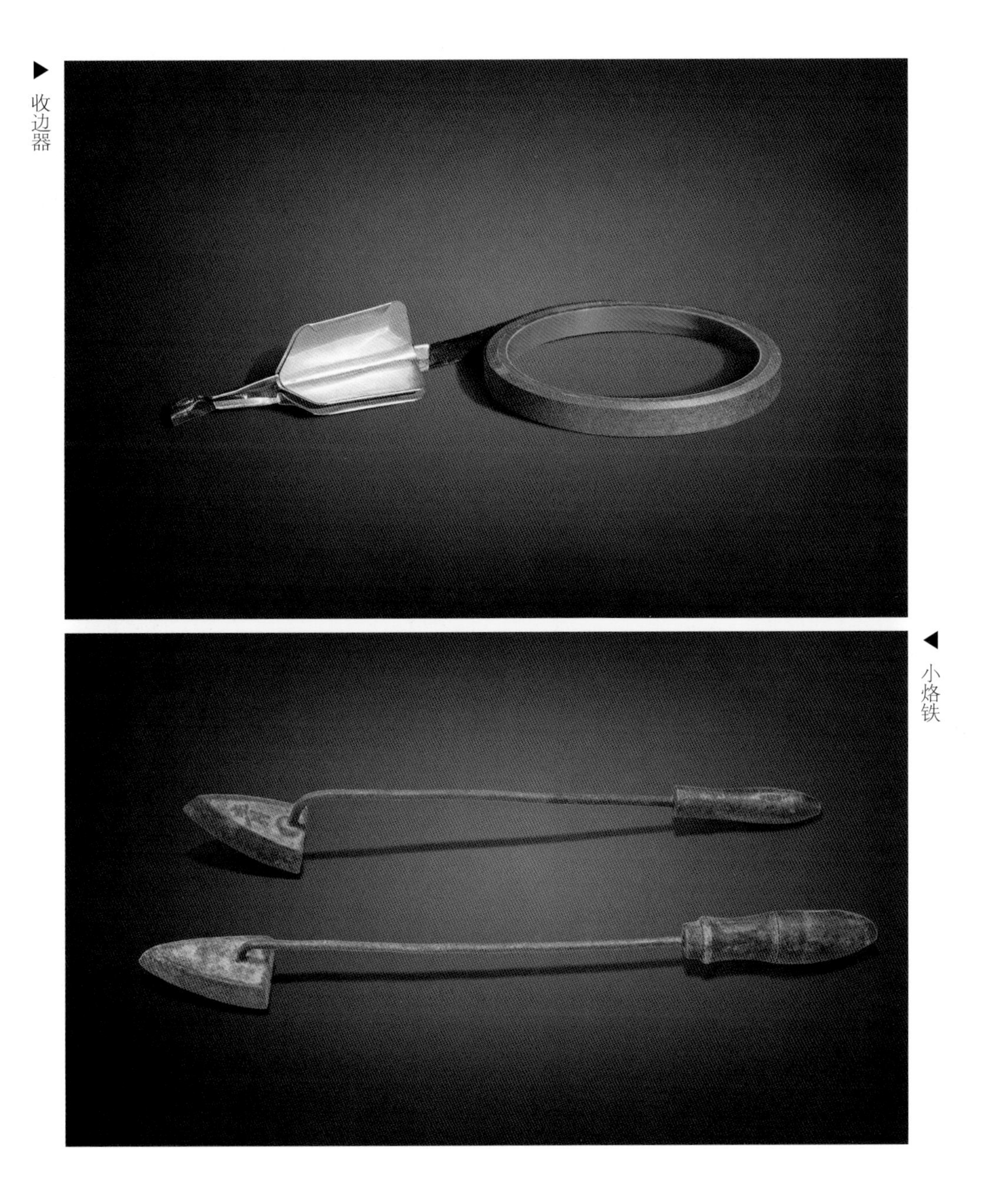

▶ 收边器

◀ 小烙铁

小烙铁

小烙铁是在书画装裱时，用来加热镶压书画边条和矩条的工具。

第六章　卷轴与画框制作工具

卷轴和画框是最为常见的两种装裱形式，俗称“轴裱”与“框裱”，卷轴与画框的材料多为木制，因此其加工制作工具以木工工具居多，主要有框锯、弓子锯、刨、小锤、钉子、钳子、螺丝刀、螺丝钉、手锥、木锉、砂纸等。

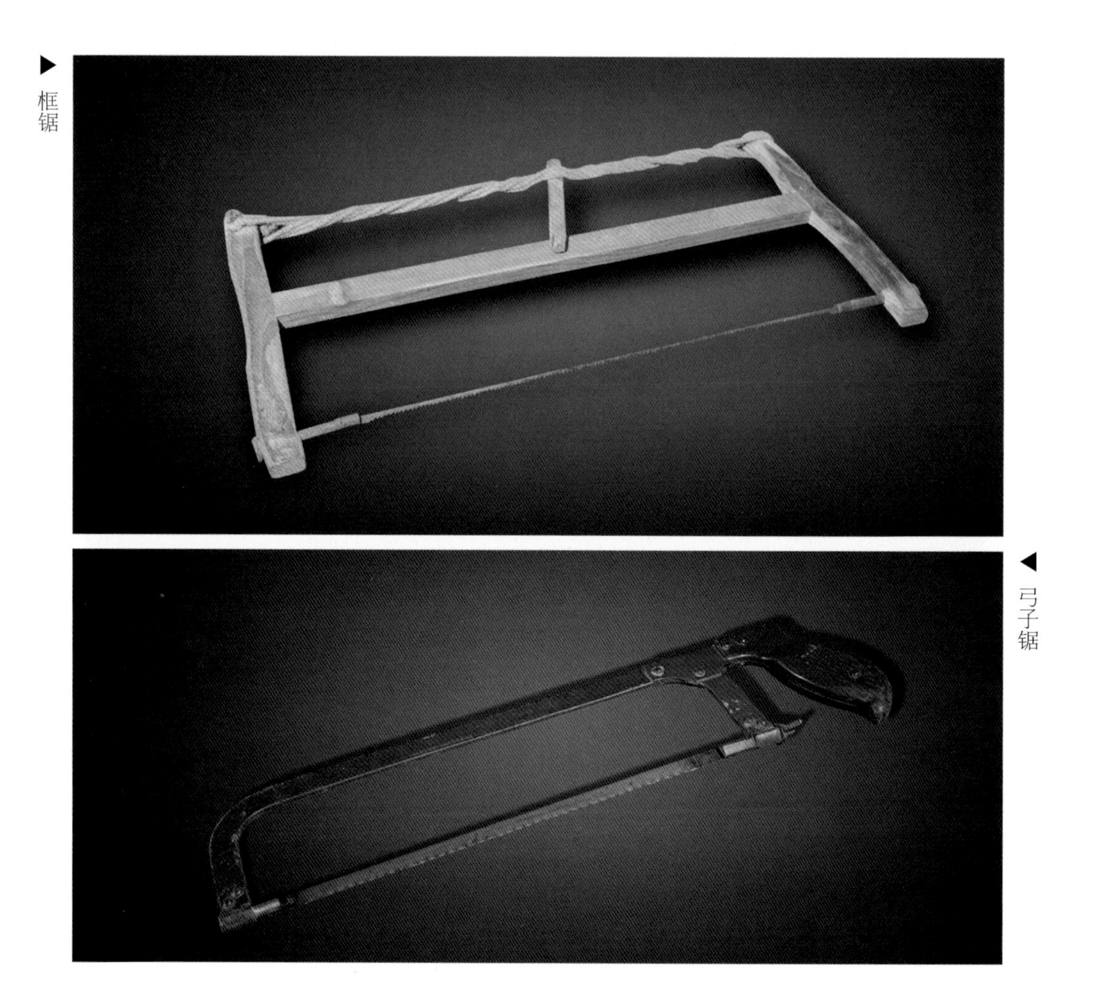

▶框锯

◀弓子锯

框锯与弓子锯

框锯是在画框与卷轴制作中用来锯割画框、画轴、天杆等材料的工具。弓子锯，是用来锯割铁片、铁钉等相关部件的工具。

刨

刨是用来刨修画框、天杆、地杆等材料的工具。

▼ 刨

▶ 小锤与钉子

◀ 小锤使用场景

小锤与钉子

小锤与钉子是用来敲、钉、组装画框的工具。

钳子

钳子是在画框制作中，用来剪切铁丝、拔除铁钉的工具。

▼ 钳子

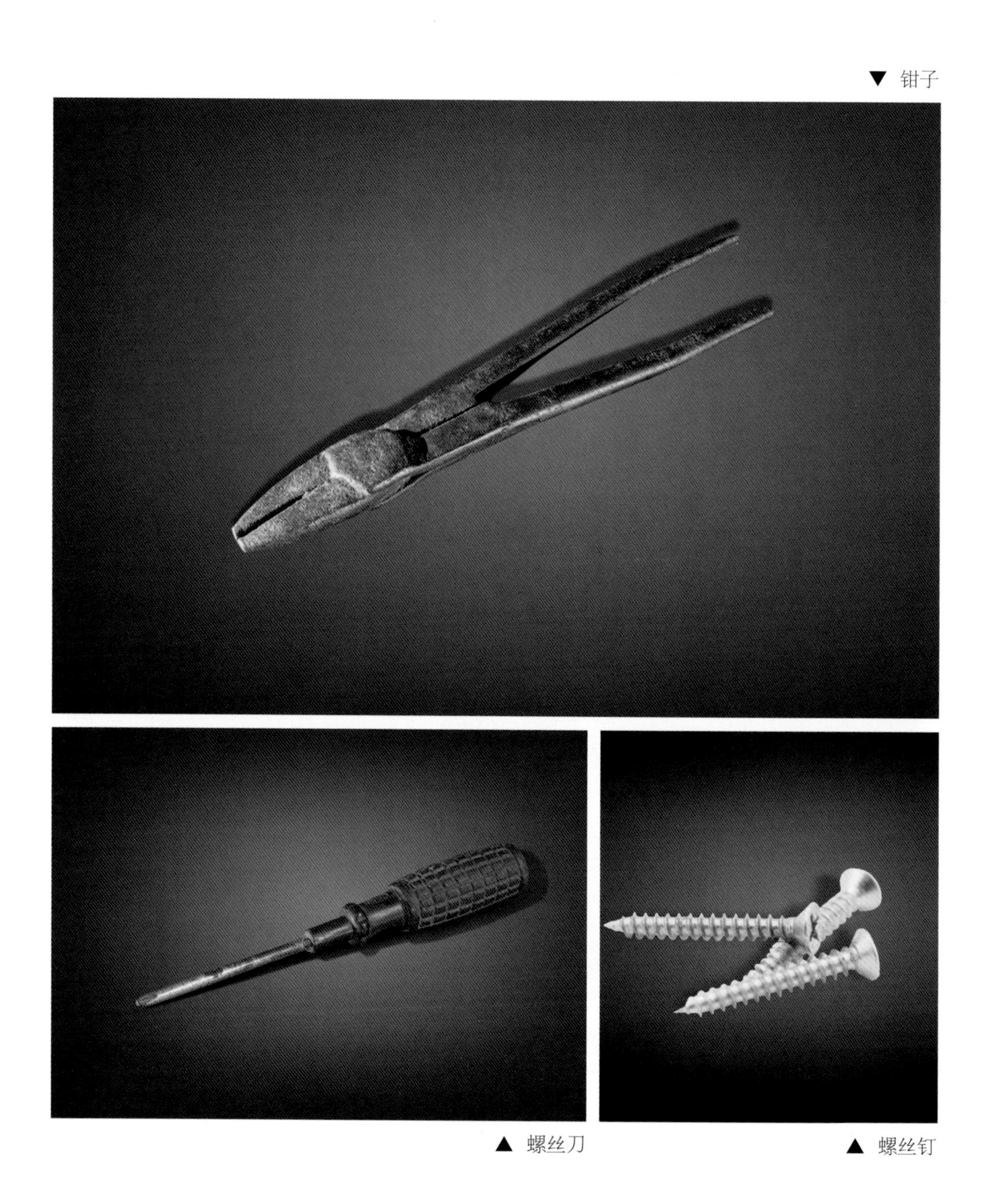

▲ 螺丝刀

▲ 螺丝钉

螺丝刀与螺丝钉

螺丝刀与螺丝钉是用来安装或拆解画框的工具。

▶ 手锥

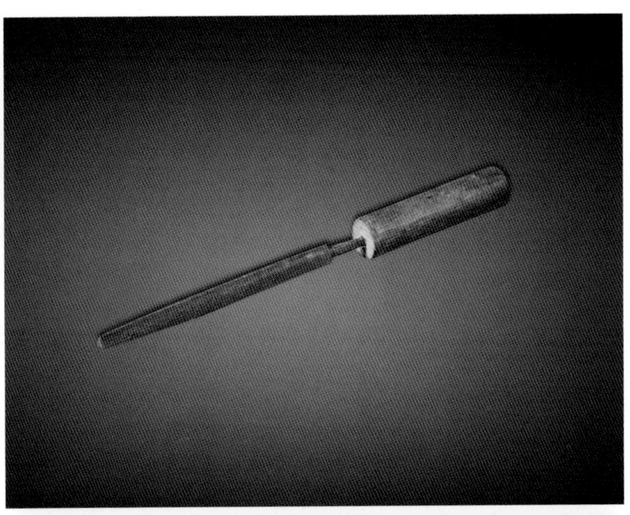
◀ 木锉

手锥

手锥是用来给装裱材料打孔、标记的工具。

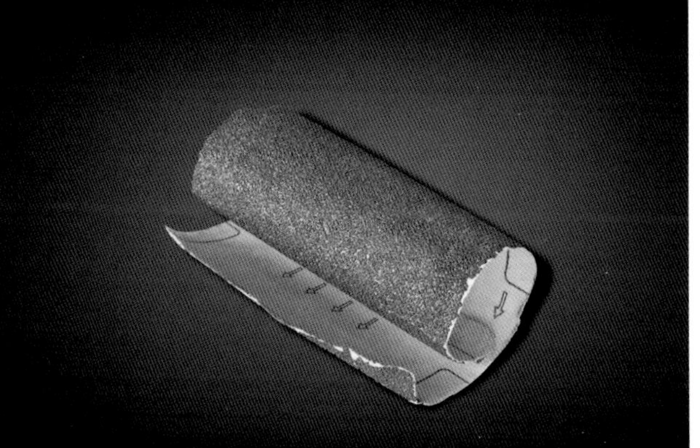
◀ 砂纸

木锉与砂纸

木锉是用来锉磨、整修画框、轴头等的工具。砂纸是用来为画框、轴头打磨出光的工具。

▶ 地杆

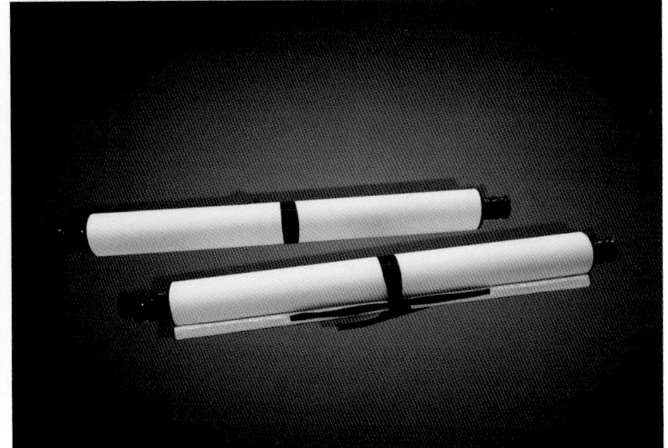
◀ 卷轴天地杆

天地杆

天地杆是卷轴式书画中的上下木杆，其上端略细的称“天杆”，下端略粗的称“地杆”。

▶画框

▶底板

画框与底板

画框是规整、装饰字画的工具。底板是承托、固定画心的工具，两者多为木制。

第七章　装裱辅助工具

装裱辅助工具指的是书画装裱过程中，辅助于装裱各环节的工具，也包括装裱过程中所用的料具，主要有火炉、铁锅、宣纸、绫子、惊燕、杌凳、木盆、浆糊盆、胶矾水、燎壶、放大镜等。

▶火炉

◀铁锅

火炉与铁锅

火炉与铁锅是在书画装裱时，用来熬制浆糊或蒸书画芯时的加热工具。

▼ 木盆

▼ 浆糊盆

木盆及浆糊盆

木盆是在书画装裱过程中用来调制、盛放浆糊或清水的工具。浆糊盆，是用来盛放浆糊、方便装裱使用的工具。浆糊一般为裱画师自制，面粉用花椒水洗去面筋后，在炉火上慢慢熬制而成，具有粘合紧密、防虫蛀、防变形的特点。

◀ 油纸

油纸

油纸又称“浆纸”“隔糊纸”，主要用于镶嵌边料时隔浆糊使用。

▼ 胶矾水

胶矾水

胶矾水是用胶、明矾与水混合后调配而成的装裱重要材料，可以起到加固裱件颜色和纸绢质地的作用。

▼ 宣纸

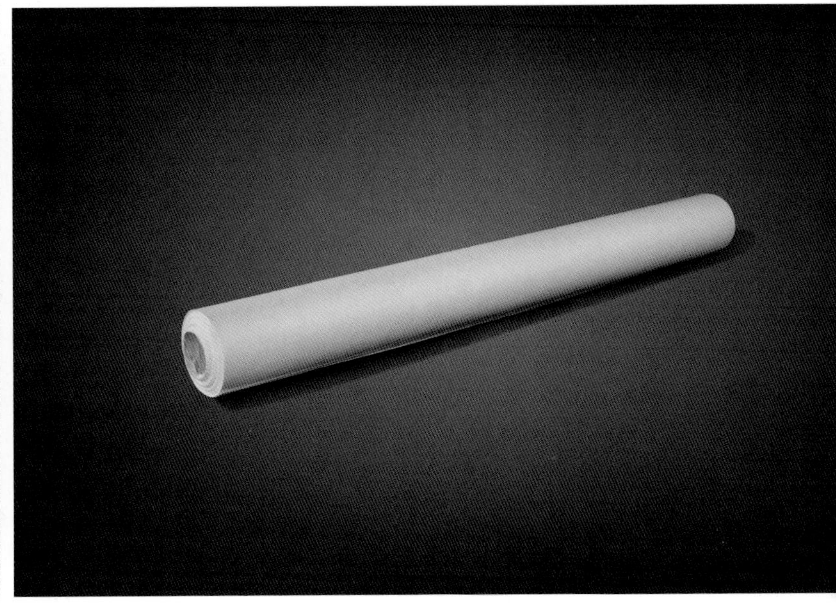

宣纸

宣纸是书画装裱的主要材料，主要用于画芯托裱时的覆背使用。宣纸有多种品类，装裱时多用棉料单宣。

绫子

绫子又称“花绫”“绫布”，是书画装裱时用来衬托画芯，提升装饰效果的材料，多为桑蚕丝织成。

▶ 绫子

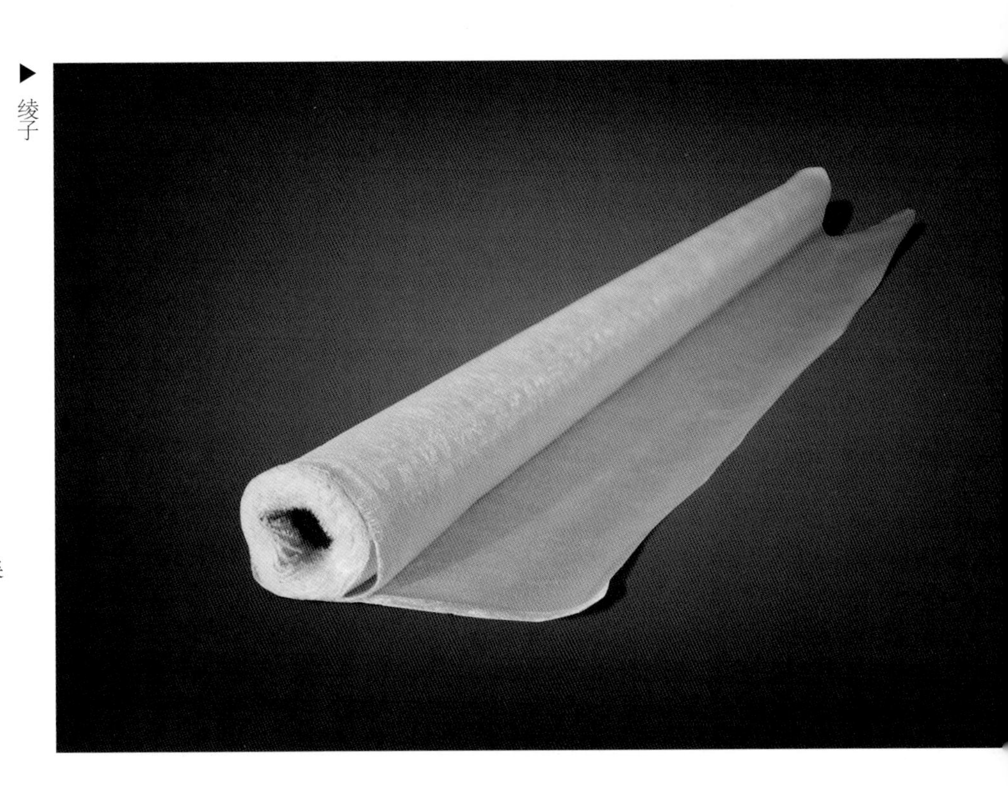

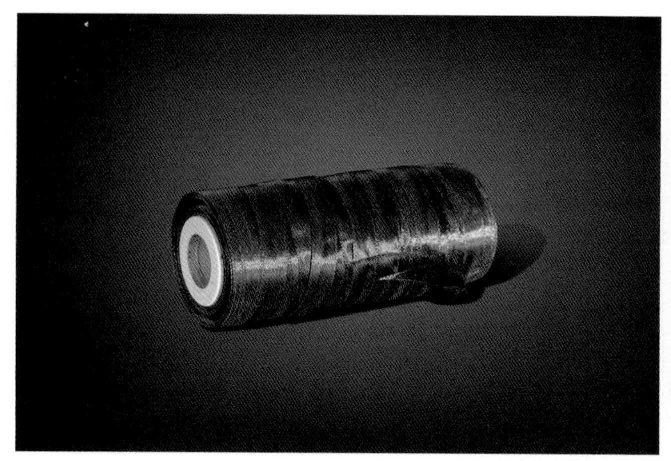

▲ 惊燕

惊燕

惊燕是装裱书画时装配于天杆上，方便拴系、挂放的绸绳。

▲ 放大镜

放大镜

放大镜是装裱书画及揭裱修复时，用来放大观察、检验画芯或裱件细微处的工具。

▲ 杌凳

杌凳

较大尺幅的裱件通常要在大型挣板上完成画芯托裱，杌凳是供装裱师上下踩蹬的工具。

▲ 燎壶

▲ 燎壶烫画场景

燎壶

燎壶又称“烧水壶”，是在装裱过程中用来盛装热水、烫平书画保护膜的工具。

▼ 吹风机

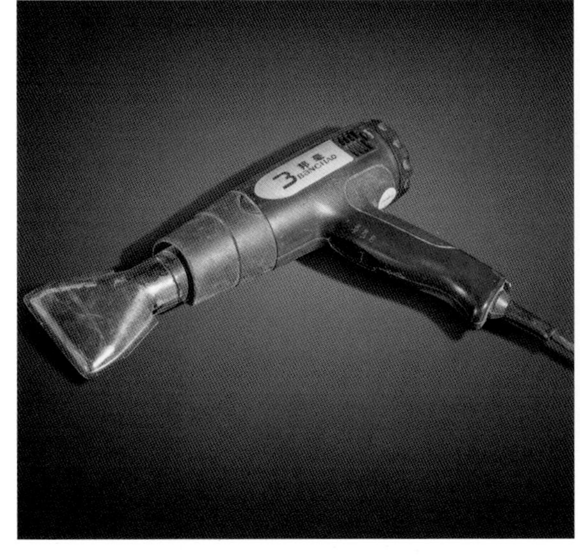

▼ 抹布

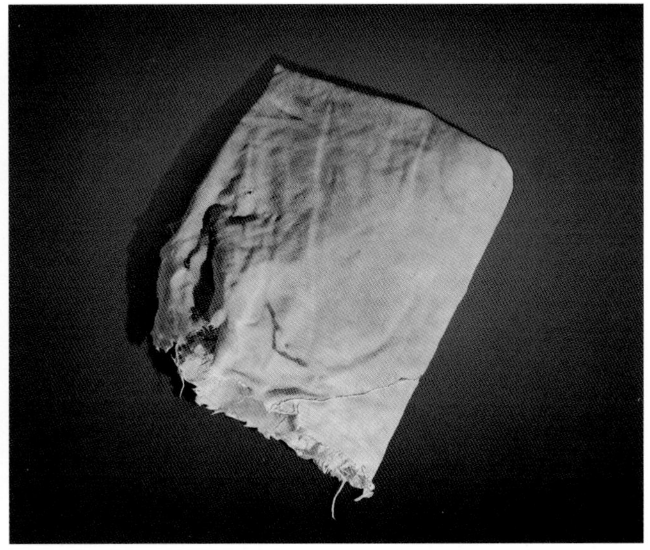

吹风机

吹风机是对裱件进行加热吹平，使裱件表面平整没有褶皱的工具。

抹布

抹布是在书画装裱过程中用来清洁工作台以及相关器具的棉布类工具。

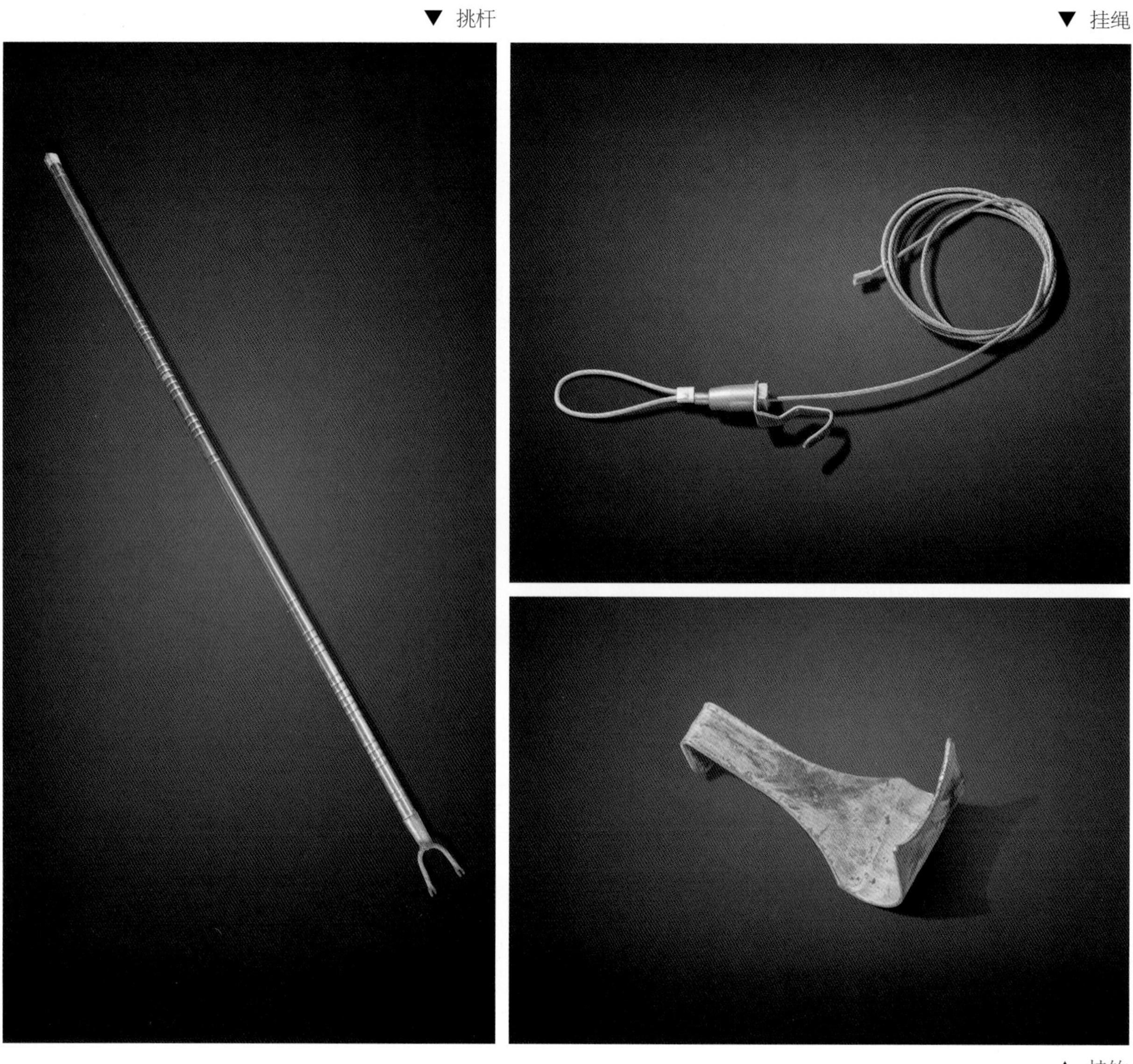

▼ 挑杆

▼ 挂绳

▲ 挂钩

挑杆、挂绳与挂钩

挑杆是在书画装裱过程中用来挑、挂轴裱书画成品的工具，通常为竹木或铁制杆，铁叉头。挂绳是用来悬挂框裱书画作品的线绳。挂钩是悬挂书画作品的铁制钩状工具。

第三篇

印刷工具

印刷工具

印刷术是中国古代劳动人民的四大发明之一。印刷术的诞生和普及为知识的传播、交流创造了条件，加快了人类文明的进程，所以，印刷术也被誉为“人类近代文明的先导”。

中国传统印刷大体经历了起源、雕版印刷、活字印刷三个阶段。人类早期出现了符号、文字之后，主要是将其凿刻或用自然颜料涂画于岩洞石壁上。到了商周时期，人们已经能够将其刻制于钟鼎或甲骨之上，这就是所谓的“钟鼎文”和“甲骨文”。秦汉时期，人们开始将文字、符号制作于铜牌、泥板上，成为“印章”，多用于政府行文，这算得上是印刷的起源了。中国历史上真正意义上的“印刷”要从“雕版印刷”说起。雕版印刷可以简单地理解为用木板雕刻印刷内容，再以纸覆盖，用油墨等颜料进行印刷。这其中笔、墨、纸的发明和成熟是印刷的先决条件。而纺织染布中的雕版印刷和石碑拓片也对印刷起了很大的借鉴作用。中国大约在盛唐至中唐时出现了雕版印刷，并传入当时的日本和朝鲜，对周边地区的印刷技术产生了巨大影响。

北宋时期民间经济十分繁荣，加之统治者对文人阶层的重视，使得民间文风日盛，凡士子书生所用科举经典，文人官宦品评诗词雅集，普通市民阅读话本野史，都需要大量的印刷品来流通，雕版印刷也在宋代达到了巅峰。宋代雕版印刷书籍规模很大，有许多书都是大部头的，如当时的《太平御览》《册府元龟》《文苑英华》都是上千卷，《太平广记》500卷。在四川成都雕版的《大藏经》规模更大，共有1046部，5048卷，用了12年时间，雕版达13万块之多。如此看来，雕版印刷也是费时、费力、费钱的印刷方式。到了北宋仁宗年间，发明家毕昇对雕版印刷进行了升华，发明了活字印刷术。活字印刷是用胶泥将每个字做成四方长柱体，一面刻上单字，再用火烧硬。印刷时将其放置铁板内排好版，辅之以松香和蜡进行加热使其紧实，随后就可以进行印刷了。这种印刷方式最大的特点是印版可以重复使用，大大降低了制版时间和印刷成本。活字印刷术传入西方以后，经过改良、完善，一度成为全世界范围内的主流印刷方式。

中国作为印刷术的发源地，很多国家的印刷术或是由中国传入，或是受中国印刷术的影响而发展起来。中国传统印刷技术中所用的主要工具，以“雕版”和“活字”为例，可以归纳为雕版制字工具、拣字排版工具、校对印刷工具及装帧工具四类。

▲ 印刷工具组合

第八章　雕版制字工具

雕版指的是雕刻制作印刷的版面内容。制字指的是制作活字印刷的活字。因为雕版的原材料多为木板，所以用于雕版的工具多为木工和木雕工具，而活字有胶泥活字、木活字和铅锡活字，因此所用工具除了木工、木雕工具，还有模具。

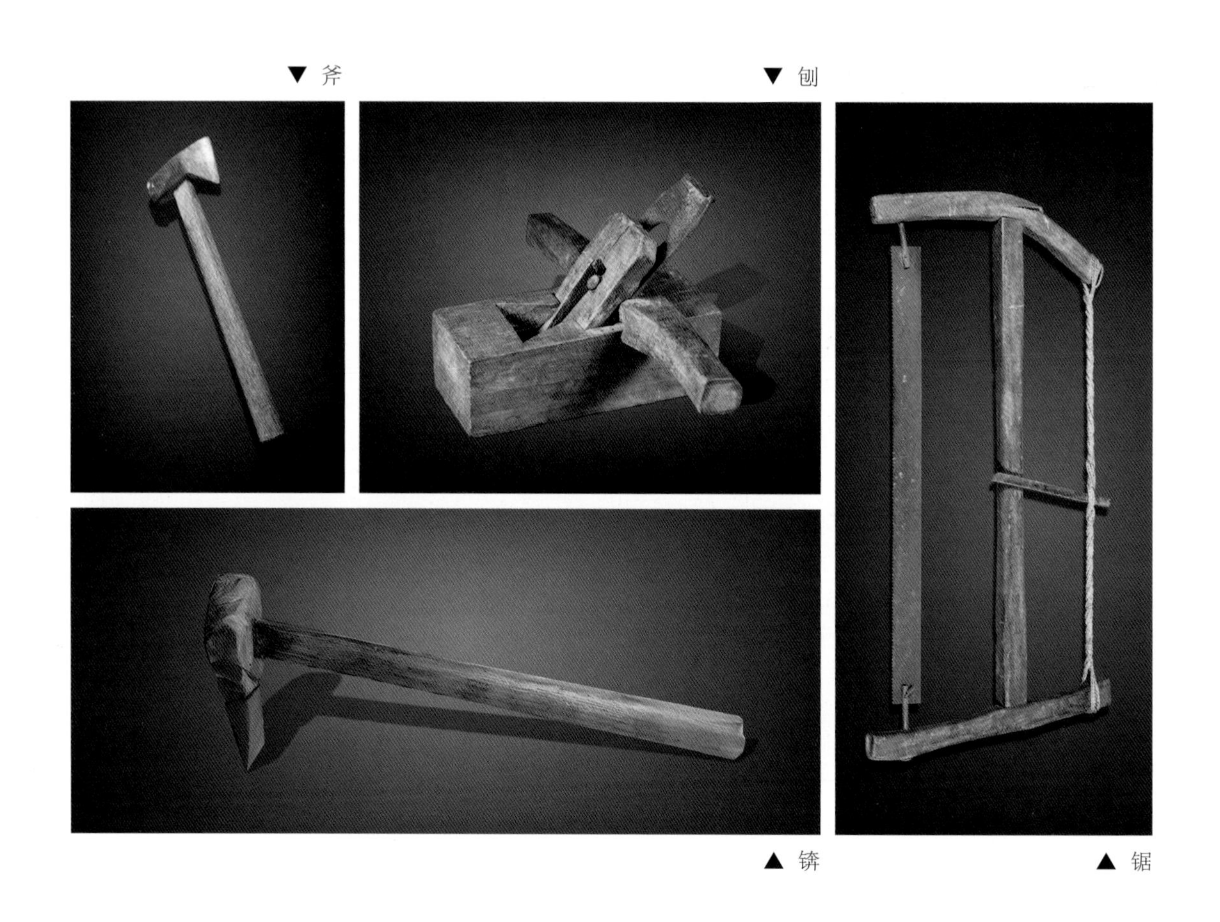

▼ 斧　▼ 刨

▲ 锛　▲ 锯

锯、斧、刨、锛

锯、斧、刨、锛是在雕版制作中，用来制作雕版木板的工具。斧和锛是对原始木材进行粗加工的工具。锯，主要用来将木板锯割成适合雕刻的木板，俗称“手板”。刨，是将木板表面刨光平整，达到适合雕刻程度的工具。

▲ 雕版场景

雕版刻刀

雕版刻刀是用来雕刻版面内容的刀具，根据雕刻内容的不同，雕刻刀型号与样式各异，通常为木柄铁制刀头。

▼ 板片（一）

▲ 板片（二）

板片

板片是雕版印刷中用于印刷的木制版面，雕版印刷因一次成型，一般不存在排版和校样等工序。

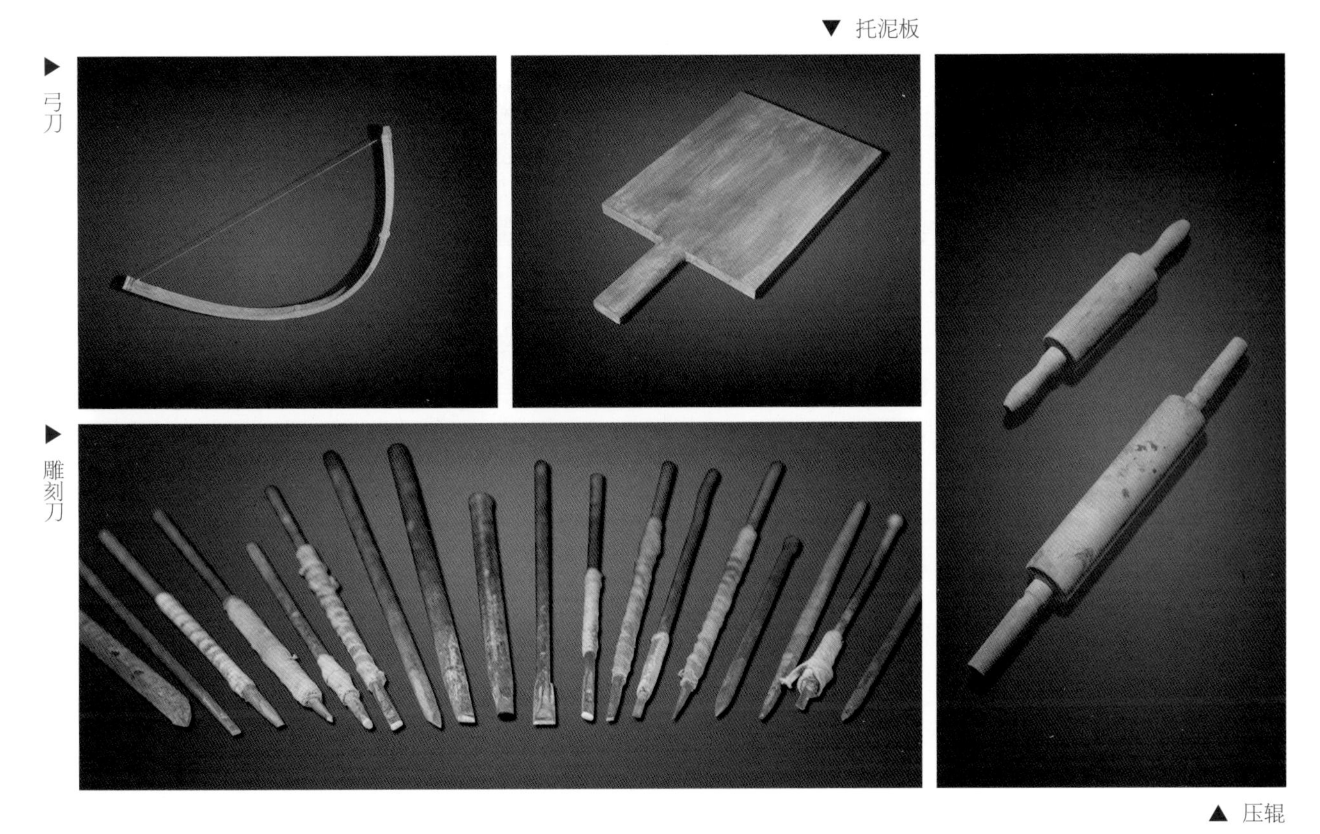
▶ 弓刀
▼ 托泥板
▶ 雕刻刀
▲ 压辊

弓刀、托泥板、压辊、雕刻刀

弓刀、托泥板、压辊、雕刻刀是用来制作胶泥活字的工具。弓刀主要对胶泥坯料进行切割。托泥板是用来盛托胶泥的木制工具。压辊是对胶泥进行压擀的工具。雕刻刀是雕刻胶泥活字的工具，通常为铁制。

▲ 胶泥活字

▲ 木活字

▲ 字模

▲ 铅块

字模与铅块

字模是在活字印刷中，用来铸字的模具，多数为凹形字符，通常为铜制。铅块是用来铸造铅字的材料。

▲ 铅字（一）

▲ 铅字（二）

▲ 活字架

活字架

活字架是排版前用来存放活字的木制架子。

▲ 字模箱

字模箱

字模箱是盛放字模的木制箱子，活字按笔画次序排列在诸多抽屉内，方便查找。

第九章　拣字排版工具

拣字排版指的是按印刷内容需要，将活字从字架或字模箱中取出，按照排版要求排列到排字盘内，盘内预先放置松香、石蜡、纸灰的混合物，加热烘烤，以压板压平，冷却后即完成制版。拣字排版所用的工具大致有拣字盒、竹镊、转轮排字盘、印板、松香、石蜡等。

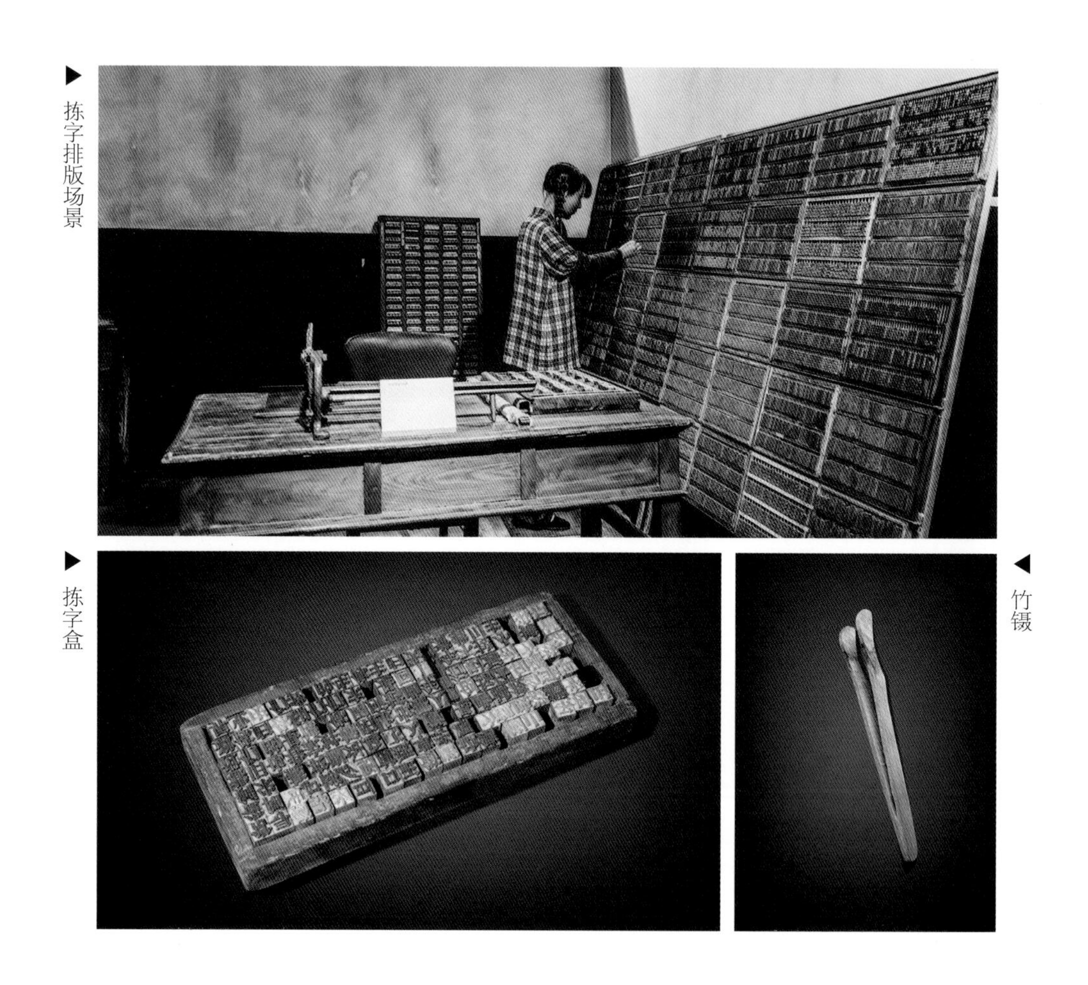

▶拣字排版场景

▶拣字盒

◀竹镊

拣字盒与竹镊

拣字盒是排版过程中，将单字从字架或字箱中取出，暂时存放以待排字使用的木盒。竹镊是用来夹取较小字号单字的工具。

▲ 转轮排字盘

转轮排字盘

转轮排字盘是元代著名农学家、活版印刷改革家王祯发明的一种排字盘。这种排字盘由原来的“以人就字”改为“以字就人”。字盘为圆盘状，分为若干格，活字字模依韵排列在格内，下有立轴支承，立轴固定在底座上。排版时两人合作，一人读稿，一人转动字盘，方便取出所需要的字模排入版内。印刷完毕后，将字模逐个还原在格内。转轮排字盘的发明既提高了排字效率，又减轻了排字工的劳动强度，是排字技术上的一个创举。

印板

板框

印板

印板是在排版印刷时，用来承托活字、排版印刷的盒状工具，主要由板框、板楔、水线组成。

▶ 松香

◀ 石蜡

松香与石蜡

松香与石蜡是用于印刷前制版的材料。松香、石蜡与纸灰调和后制成药剂，铺设于印板底部，加火烘烤熔化后可以紧固活字。石蜡也用于印刷前涂抹于笣刷，减少印刷时印纸的摩擦。

第十章　校对印刷工具

校对是印刷前的一道工序，指依据定本核对校样，改正差错。印制是在版形上刷墨、覆纸，加压印成印物成品的过程。印制所用工具主要有棕刷、油墨滚、墨盆、墨碟、笣刷、擦子、油印机等。

▼ 棕刷（一）

▲ 棕刷（二）

棕刷

棕刷是在印刷过程中用以蘸取颜料或油墨，均匀涂刷于印刷版上的工具。

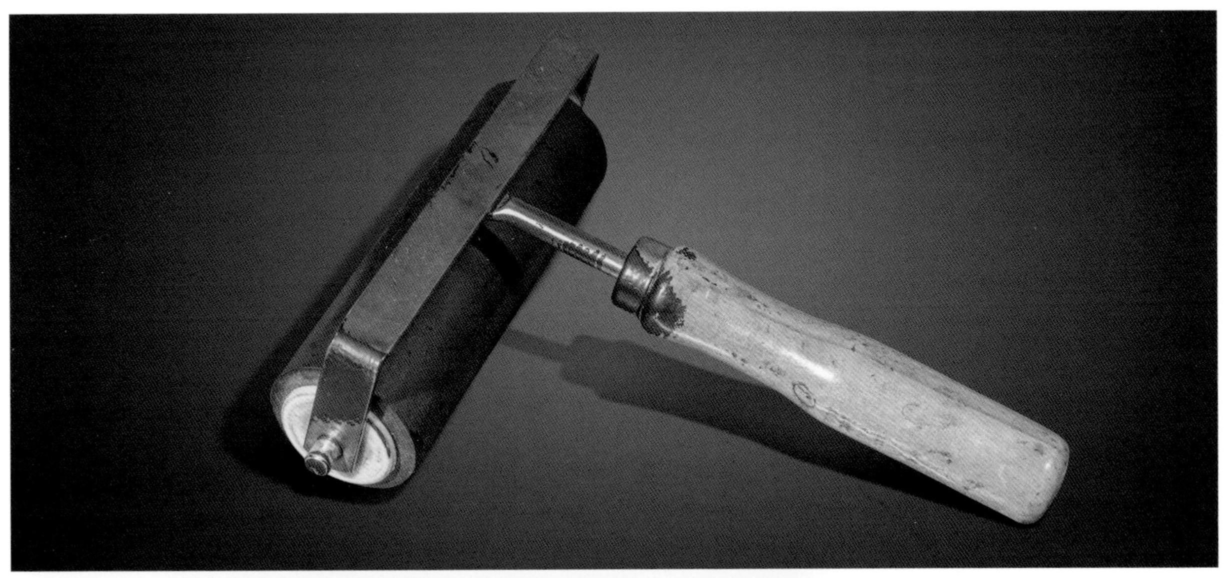

▲ 油墨滚

◀ 滚筒印刷场景

油墨滚

油墨滚是在印刷过程中用以滚压纸张进行印刷的工具。

▲ 墨盆

▲ 墨碟

墨盆与墨碟

墨盆、墨碟是在印刷过程中盛放印刷油墨或颜料的瓷质工具。

筢刷

筢刷是在印刷过程中用以擦拭印纸进行印刷的工具。

▼ 筢刷

▲ 擦子

擦子

擦子是用来擦涂印刷墨汁或颜料的工具。

▼ 油印机　　▼ 纱网

▲ 蜡纸　　▲ 铁笔

油印机

油印机是将刻好的油印蜡纸放在手动油印机上印刷的工具，由印刷机座、纱网、油墨滚组成。这是近代一段时期内油墨印刷的一种方式。

▼ 老式油印机

老式油印机

老式油印机是带有滚筒装置，利用人工手摇来进行油墨印刷的工具。

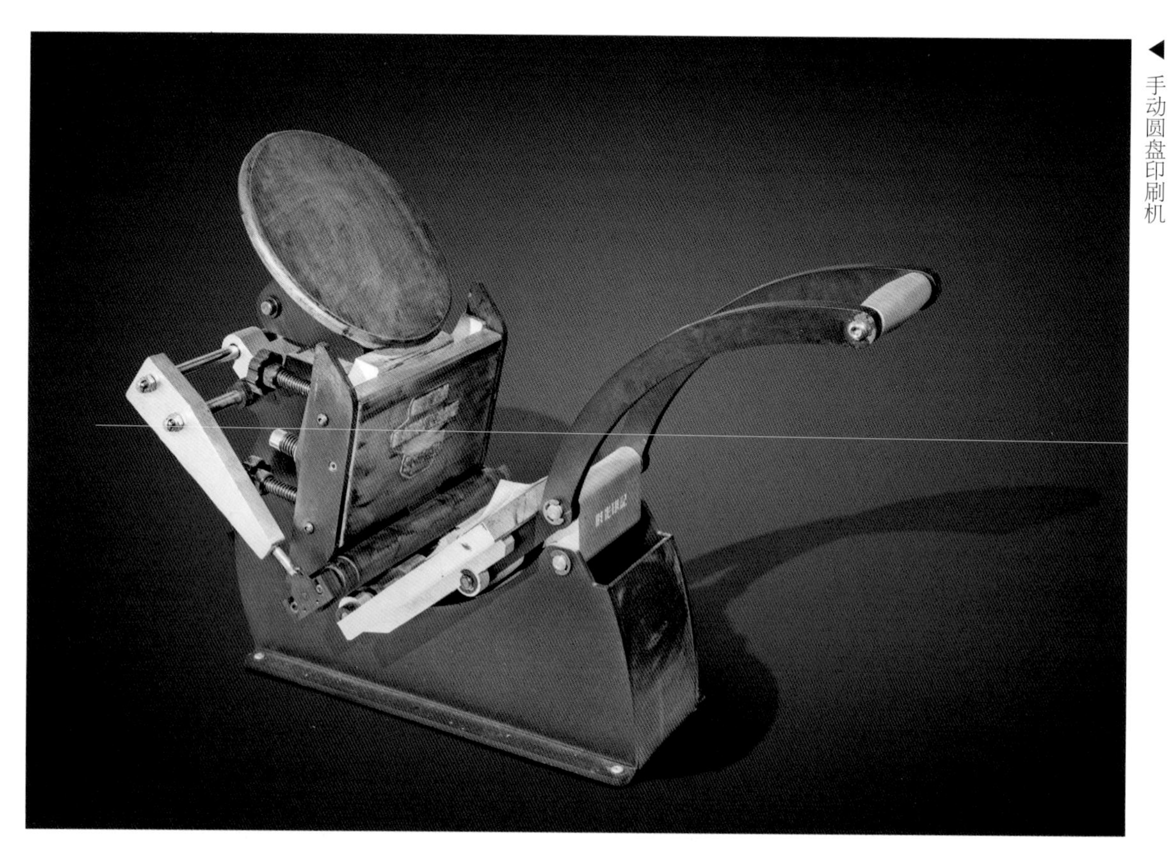

◀手动圆盘印刷机

手动圆盘印刷机

手动圆盘印刷机是以圆盘作为印刷颜料盘的手动印刷工具。

◀八页机

八页机

八页机是以印刷尺寸最大四开，一次可印刷八页的早期手摇印刷机。

第十一章　装帧工具

装帧指的是将印制完成的印品进行装订，形成成品书籍或册页的过程。传统印刷中的装帧主要是线装，所用工具主要有拐尺、裁纸刀、整理夹、起脊夹、手锥、木槌、剪刀、装订线、毛刷、浆糊等。

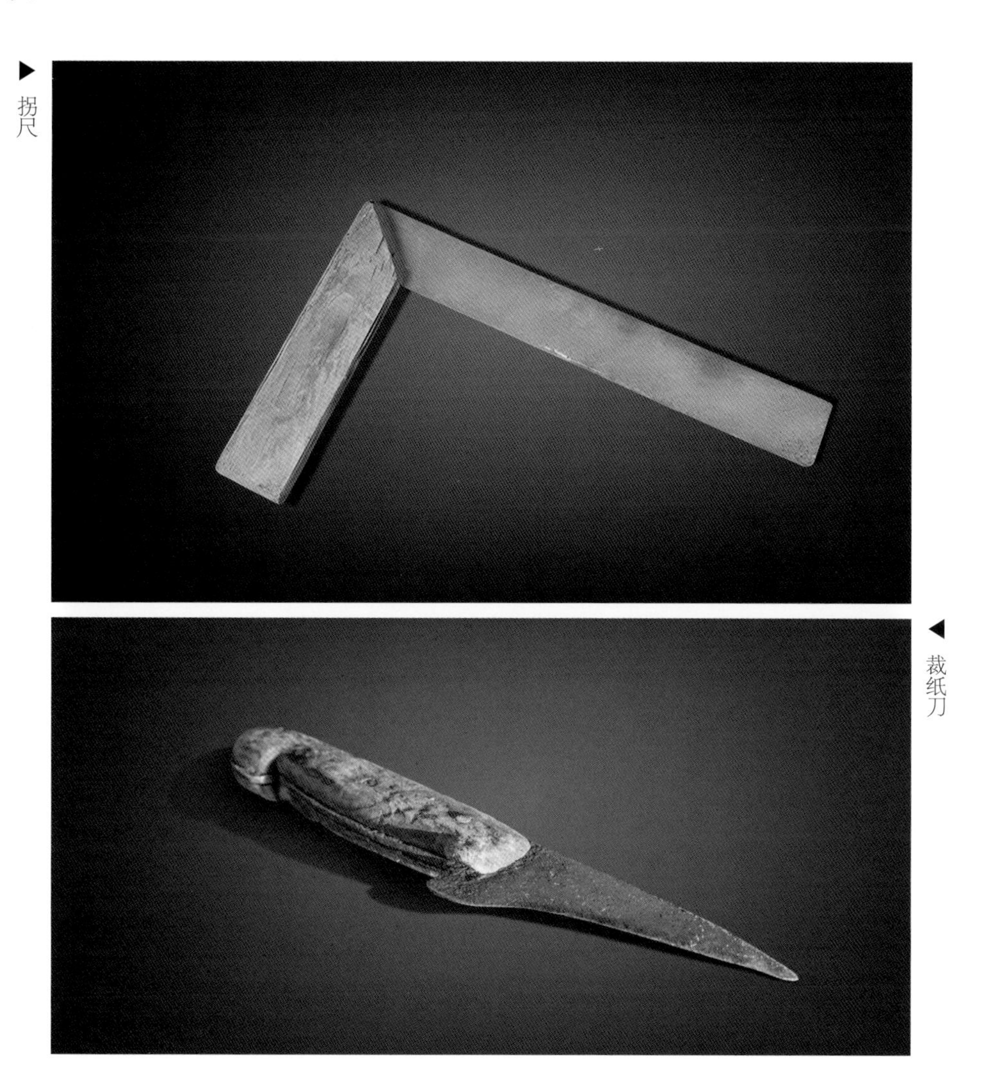

▶ 拐尺

◀ 裁纸刀

拐尺与裁纸刀

拐尺是装订过程中用来测量或取直的工具。裁纸刀是对印刷纸张进行修边裁切的工具。

整理夹

整理夹是整理印刷品使其平整，便于装订的木制工具。

▼ 整理夹

▲ 起脊夹

起脊夹

起脊夹是线装时用来将成册印刷品整理完成后，压制规整书脊，使其便于装订的木制工具。

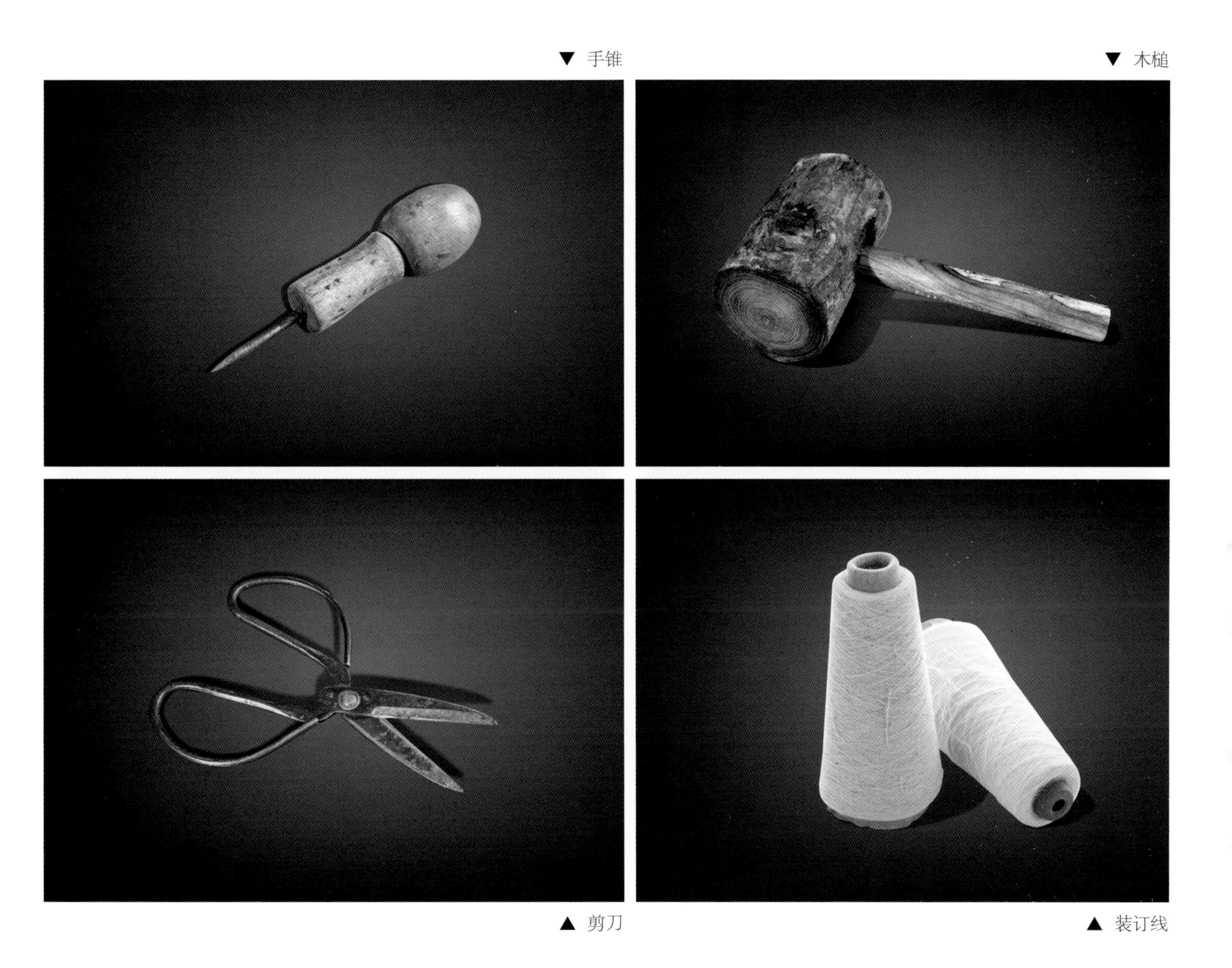

▼ 手锥

▼ 木槌

▲ 剪刀

▲ 装订线

手锥、木槌、剪刀与装订线

手锥是在印刷品装订过程中用于钻孔，方便下捻或穿线的工具。木槌是下捻时锤平蚂蟥钉突出部分的工具。装订线是装订印刷刊物的料具，通常为纸捻、棉线、丝线等。剪刀是在装订过程中，剪切装订线或纸捻的工具。

◀毛刷

▶浆糊

毛刷与浆糊

毛刷是在装订过程中用来给印刷品刷浆糊的工具。浆糊是粘合封面或书页、书脊时所用的材料。

第四篇

折扇制作工具

折扇制作工具

折扇是中国传统古扇的一种，究竟起源于何时，历史上众说纷纭，一种普遍观点是折扇起源于汉末、流行于魏晋，当时叫作“腰扇”。《乐府诗集》有晋诗一组，其中《夏歌二十首》的第五首曰：“叠扇放床上，企想远风来。轻袖佛华妆，窈窕登高台。”

这里所说的“叠扇”很可能就是今天的折扇。折扇在历史上有很多名称，除了刚刚提到的“腰扇”“叠扇”，还有“撒扇”“聚头扇”“聚骨扇”“掐扇”等。折扇本是一件用来驱暑避夏、扇风纳凉的生活日用品，却在历代文人墨客的手中成了一种玩物、把件，有时还是身份和地位的象征，同时它也在历代制扇匠人的精工细作中，逐步超越了其实用功能，成为一件工艺品并跨入了艺术品的门类。这一点，在明清两代尤为突出，那时，江南一带名士云集，他们常常将自己的歌赋和江南的氤氲美景，通过折扇为媒介，流传于宫苑、府第、闺阁、海外，这也使得一把小小的折扇身价百倍。制扇匠人也追赶时髦，深研技法、遍寻名材，制作出精美的折扇，流行于文人墨客之间，这也催生了一批以制扇为生的“扇庄”，并涌现出了一批制扇名家。这些技法流传到今天，大多已经是非物质文化遗产，是古代劳动人民留给我们的宝贵财富。

传统手工古法制扇其工艺极为细致繁复，以“姑苏”折扇为例，总结起来主要有开纸、净面、挂矾、裱扇、制边骨、制扇骨、穿扇骨等几大步。按照折扇的组成部分，我们可以将折扇制作工具分为扇面制作工具、扇骨制作工具和折扇组装工具三类。

▲ 古代折扇制作场景复原图

第十二章　扇面制作工具

工序一：开纸

开纸是制作扇面的第一步，指的是将成摞的宣纸按照扇面形状进行裁切。开纸考验的是手艺人的臂力和控制力，将手臂中的力道集中于裁刀的一角，然后成一定弧度压下手腕，将整个裁刀切下。做扇面用的纸张，本身价格不菲，开纸的规模一次是200张宣纸，切刀下去稍有差错，宣纸就全部报废不能使用了，因此需要高度集中精力，才能够裁切出适用的纸张。

▲ 操作台

操作台

操作台是制扇匠人进行裁切宣纸、刷矾、裱糊、劈修边骨、扇骨等的案台。

▲ 裁刀

裁刀

裁刀是在扇面制作时用于裁切宣纸的铁制工具。

工序二：净面

制作扇面的宣纸是以青檀和稻草等农作物为原料制成，所以难免会有一些杂质在上面，因此制扇匠人需要用修纸刀将表面的纸粒、纸屑、草筋等杂质进行剔除，使纸张变得光滑、整洁。这一步就叫作“净面”。

▼ 修纸刀

修纸刀

修纸刀是在制作扇面过程中，用来去除宣纸表面的草筋、斑点等杂质的铁或竹木类工具。

工序三：挂矾

挂矾又叫“挂头矾”，是对扇面宣纸刷涂胶矾水的过程。宣纸有生宣、熟宣之分，一般的熟宣纸达不到制扇匠人的要求，因此匠人多采用质量上乘的生宣纸，自己来熟化，胶矾水的调配、刷涂的方法、晾晒的方式都有自己的讲究。

▶ 矾水盆

◀ 排刷

矾水盆与排刷

矾水盆是在扇面制作过程中，用来调配、盛装胶矾水的工具。排刷是用来蘸取胶矾水，对扇面宣纸进行涂刷的工具。

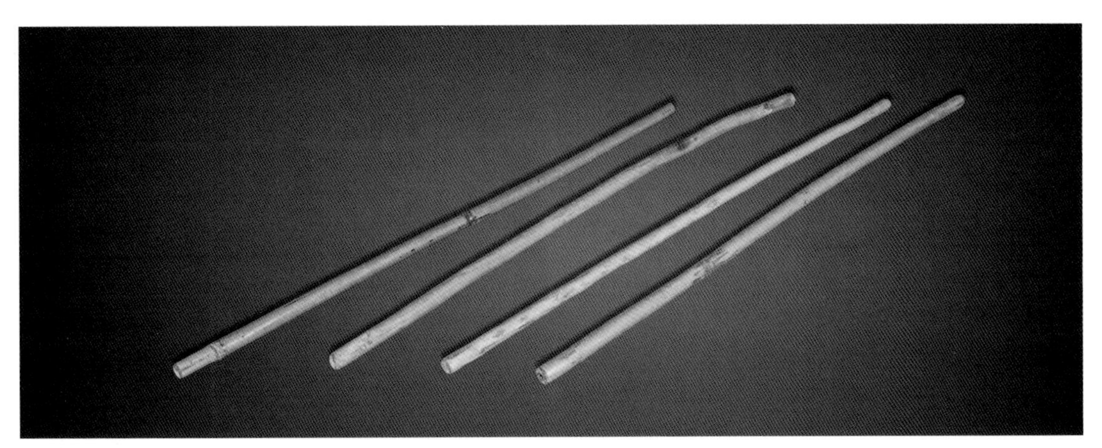

▲ 晾晒杆

晾晒杆

晾晒杆是在折扇制作过程中用来晾晒宣纸扇面的工具，多为竹木制。

工序四：裱扇

将挂好矾的宣纸用三到四张裱糊在一块，这个环节叫作“裱扇”。好的扇面讲究的是既轻巧又结实，如果对着光看，扇面是透明的，非常轻薄，但同时又要非常结实。裱糊好的扇面还要经过一道工序，那就是刷二遍矾水，叫作“套矾”，这样处理可以让矾水与宣纸充分地融合，可以加强扇面的透墨性和挺括性。将加工好的宣纸进行折叠、裁切等工序，至此，一张白素扇面就此诞生了。

▲ 排刷

▲ 浆糊盆

排刷与浆糊盆

排刷又称“排笔”，是在裱扇过程中对扇面进行涂刷浆糊的工具，通常是成排的羊毛笔组成。浆糊盆是在裱扇过程中用来盛装浆糊的工具。

▲ 扇面模具

▲ 成品素扇面

扇面模具

扇面模具是用来折叠扇形宣纸，使其成为折面的工具，通常用硬壳纸制成。

第十三章　扇骨制作工具

工序五：制边骨

边骨是一把扇子合上时，两边侧面的部分。用来制作边骨的材料较多，如紫檀、竹子等，都是传统折扇边骨所使用的材料。对于一把合起来的折扇来说，边骨犹如门面。边骨的制作需要先进行修型，以棕竹为例，需要先锯出合适的长度，根据边骨大小进行判断，再将竹料锯片，进行打磨。自古以来，每一个制扇艺人都会在制作边骨的环节里倾注大量的心血。边骨的造型与尺寸比例有着非常精确的要求。首先，弧度必须与扇子整体的尺寸比例完全适宜。如果弧度小了，打开扇子的时候就会发出声响；如果弧度大了，那么扇子就合不紧，甚至会自己划开。其次，两个边骨的弧度还要做到规格相同，毫厘不差。

▲ 框锯

框锯

框锯是在扇骨制作过程中用来锯割竹料的工具。

▲ 蒸煮锅

▶ 经蒸煮后的竹料

蒸煮锅

蒸煮锅是在扇骨制作过程中，为确保边骨、扇骨不变形，增强其韧性而将竹料进行蒸煮的工具。

▲ 劈刀（一）

◀ 劈刀（二）

劈刀

劈刀在扇骨制作过程中是将竹料进行劈片、刮皮的工具。

◀ 劈扇骨场景复原图

▶ 削刀

◀ 木砧

削刀

削刀是在扇骨制作过程中，用来削修边骨、扇骨的工具。

木砧

木砧是在扇骨制作过程中配合各类劈砍刀具使用的垫具。

▲ 扇骨坯料

工序六：制扇骨

扇骨是一把折扇的骨架，被选择制成扇骨的竹子需要存放多年，在此期间需要经常查看、观察竹子所发生的微妙变化，一旦出现开裂的情况，就会被挑出来淘汰掉。这个存放的过程正是对竹子的一次严格筛选，存放八年之后仍旧完好的竹子才最终有资格成为做扇骨的原料。苏州折扇中有一种扇骨被称为水磨古玉，这种扇骨经过手艺人的精心磨制，具有了美玉的润泽和手感，可谓是折扇中的上乘扇骨。

▲ 榜刀

榜刀

榜刀是在扇骨制作过程中用来打磨边骨、扇骨的工具。

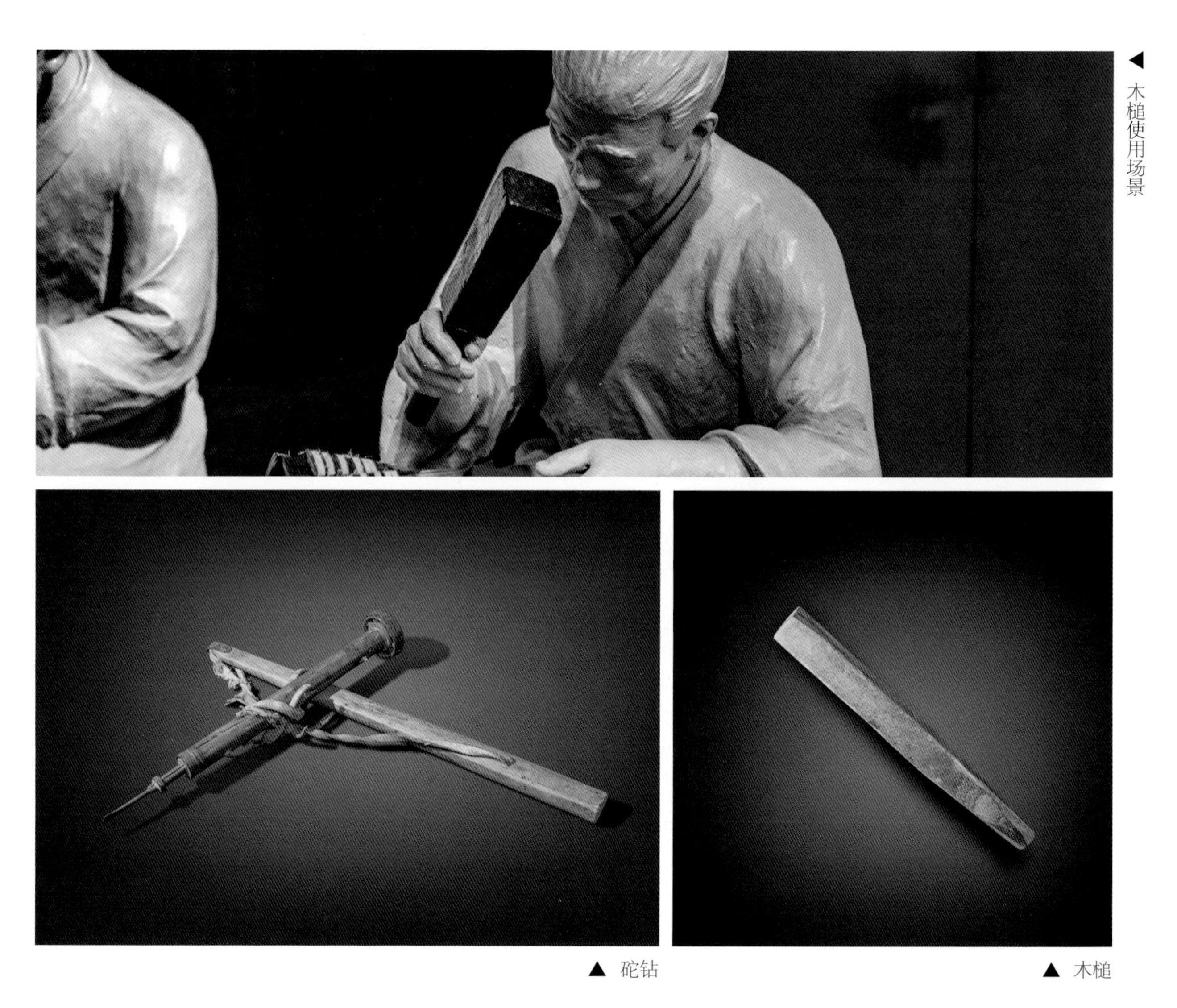

◀ 木槌使用场景

▲ 砣钻

▲ 木槌

砣钻与木槌

砣钻是在扇骨制作过程中为扇骨、边骨钻孔，便于安装梢轴的工具。木槌是安装梢轴时进行锤砸的木制工具。

▼ 边骨料

▼ 成品扇骨

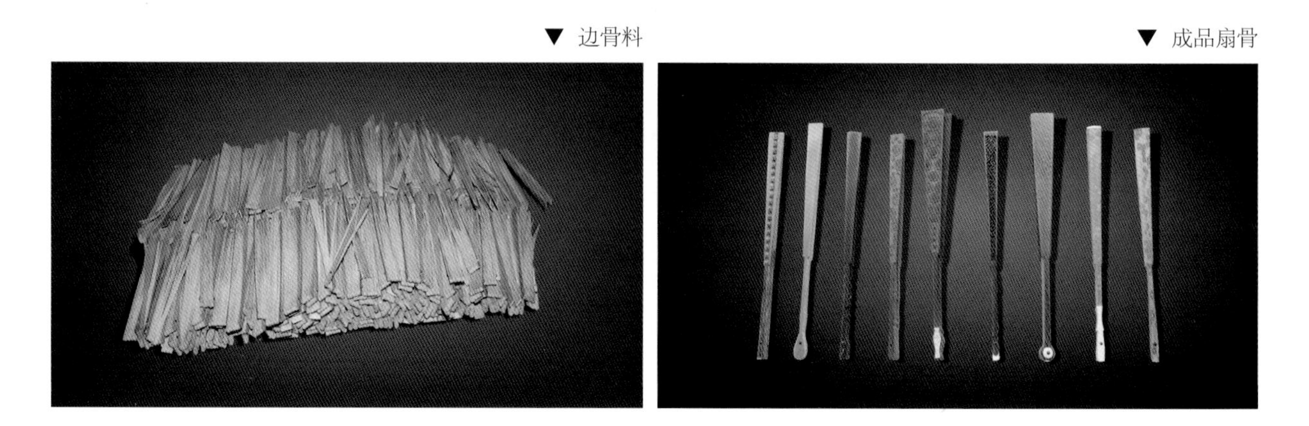

工序七：雕饰

雕饰指的是在边骨、扇头部位雕刻花纹图案以进行装饰美化或刻字。雕饰是对折扇的进一步美化和艺术提升，但不是所有的折扇都要进行雕饰，如以棕竹、湘妃竹材料制成的折扇，其自身的花纹若运用得当则有一份自然逸趣，若再加雕刻反倒画蛇添足。在雕刻完成后利用锉进行细致的打磨，一套精致典雅的扇骨也就制作完成了。

▶ 刻刀

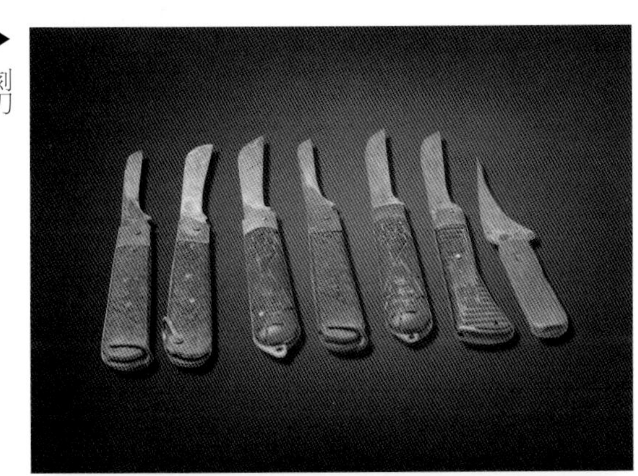

刻刀

刻刀是在折扇制作过程中，用来雕刻、修饰边骨、扇头的工具。

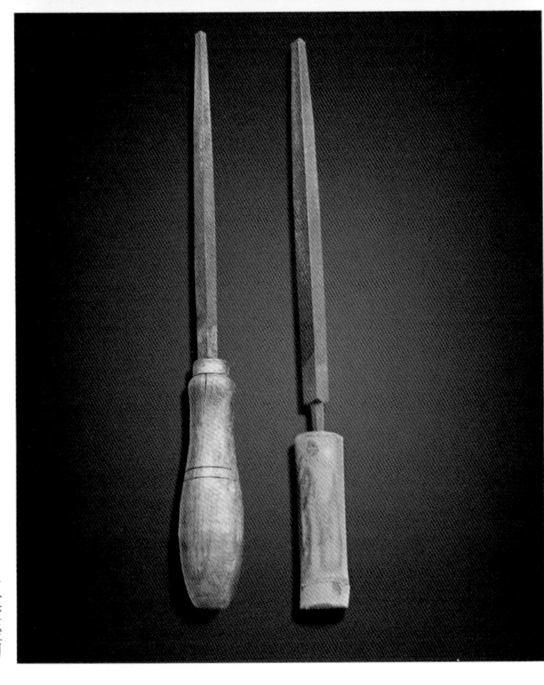

▶ 三棱锉刀

◀ 扁锉与半圆锉刀

锉刀

锉刀是在扇骨制作过程中用于打磨边骨、扇骨及扇头的工具，根据不同需要有扁锉刀、三棱锉刀、半圆锉刀等。

第十四章　折扇组装工具

工序八：穿扇骨

制作折扇的最后一步是将扇面和扇骨组合起来，这一步就是“穿扇骨”。一把制作精良的折扇其扇面和扇骨是不能粘连的，必须可以灵活取下来，而且不能伤及扇骨和扇面。古人做扇往往在扇骨与扇面中穿有“夹条”，但现在已经很难做到，主要是因为现代的纸张纤维密度不够，加上夹条之后，折扇展开后会显得笨重。组装完成的折扇还要经过反复打磨，上乘的折扇通常不用现代的工具进行打磨，而是用“沙叶”等天然物质反复磨擦，使其光泽自然、包浆充分。

▲ 竹签

竹签

竹签是在折扇组装过程中，插入扇面的夹层中为扇骨留出预留空间的竹制工具。

▲ 切纸刀

切纸刀

切纸刀是在折扇安装过程中，按照扇骨的轮廓将多余的扇面裁切去除的铁制刀具。

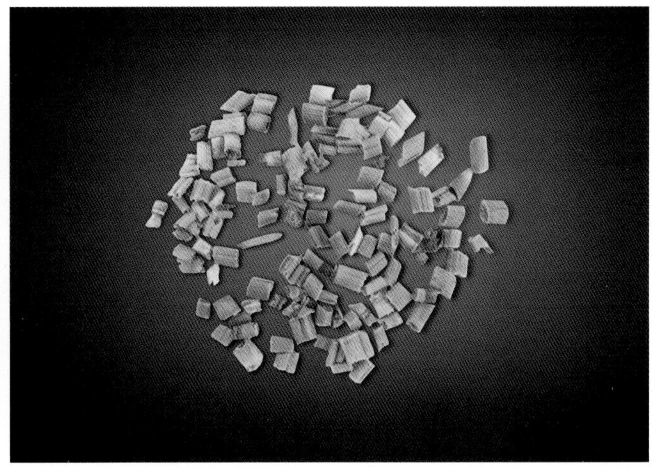

▲ 木贼草

木贼草

木贼草又叫“节节草”“沙叶”等，其表面较为粗糙，是一种用来细磨扇骨及配件的天然植物打磨工具。

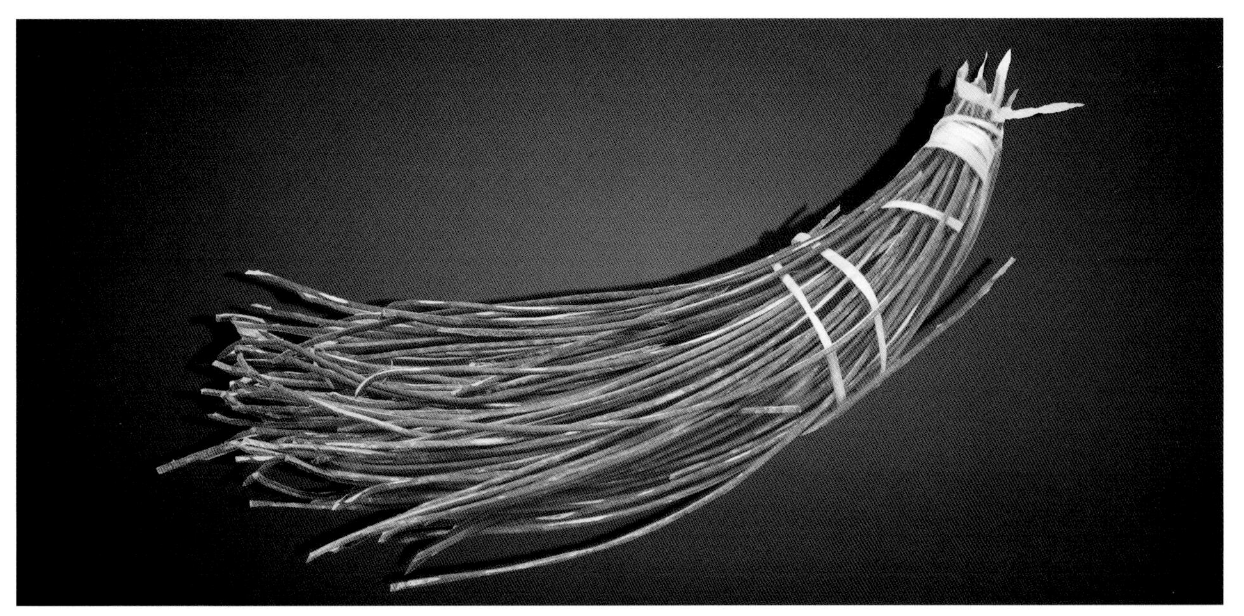

▲ 扇轴

扇轴

扇轴是用于串联扇骨的穿轴，一般为牛角制，也有金属制。

▲ 毛笔、砚台、墨

毛笔、砚台、墨

毛笔、砚台、墨是在扇面上进行书写、绘画的工具。未经过书写、绘画的扇面，通常称为“素扇面”。

▶ 素面折扇（一）

◀ 素面折扇（二）

▶ 成品折扇（一）

◀ 成品折扇（二）

第五篇

油纸伞制作工具

油纸伞制作工具

伞是一种用来遮蔽雨雪、阳光的日常生活用具。民间传说，伞的发明者是春秋时期的木匠鲁班。据说当时鲁班常在乡间为百姓做活，妻子云氏往来送饭，如遇雨季，常常被雨水淋湿，鲁班见状，于心不忍，便在沿途设置了一些简易的亭子，以备雨天遮雨，但俗话说“六月天，娃娃脸”，一阵急雨而来，云氏免不了又要挨淋。鲁班突发奇想：“何不把这小亭子，做成可以随身携带、移动的呢?”于是他便以兽皮为盖，以木杆为骨，制作出了第一把雨伞。鲁班是中国古代劳动人民智慧的化身，伞虽不一定真是鲁班发明的，但的确体现了古代劳动人民的巧思。伞在中国古代被人们称为“簦”。伞也被用于官仪，老百姓将其称为“罗伞”。官阶大小高低不同，罗伞的大小和颜色也有所不同。皇帝出行要用黄色罗伞，以表示“荫庇百姓”，其实主要目的还是为了遮阳、挡风、避雨。在刘春华创作的油画《毛主席去安源》中，毛主席手中所拿的就是一把油纸伞。

油纸伞是中国传统伞之一，也是历史最悠久的伞，唐代时油纸伞已经应用普遍，那时油纸伞被称为“唐伞”。“唐伞”传到了日本、朝鲜、越南、缅甸、泰国及东南亚其他国家，并发展成了当地特色。伞的繁体字，其上部有五个“人”字组成，寓意“子孙众多”，伞盖圆形的造型也寓意“生活美满、团圆”，因此除了作为一种遮蔽雨雪、阳光的日常用具，油纸伞也被作为一种婚丧嫁娶的礼仪用品。古代新娘下轿，媒婆都会撑一把红色油纸伞以避邪祟。这种风俗也流传至日本，至今有所保留。传统的油纸伞的制作过程非常繁琐，全部依赖手工完成。民间有谚语：“工序七十二道半，搬进搬出不肖算。”大致来讲，可以分为号竹（选竹料）、做骨架、上伞面、绘花（在伞面绘制图案花纹）、上油五步。其所用工具，大致可以分为伞骨架制作工具和伞面制作工具。

▶油纸伞

◀油纸伞制作场景

第十五章　伞骨架制作工具

伞骨架指的是油纸伞中除伞面部分，用于支撑、开合的竹木构件，主要有伞骨、上巢、下巢、伞杆、伞柄等几部分组成，其制作工艺主要有锯、劈、刮、修、开槽、挖孔、打眼等。所用工具主要有水缸、取料木架、条凳、框锯、刮青刀、篾刀、凿子、扁头锤、木锉、双头刻刀、手锥、刨刀、削刀、簸箕、手拉钻、折子、弯针、粗丝线、细丝线、尖嘴钳、斜口钳、剪刀、跳子等。

▲ 伞骨架

水缸

水缸是在伞骨架的制作过程中浸泡伞骨原材料的陶瓷工具。

▲ 水缸

▲ 取料木架

取料木架

取料木架是在伞骨架制作过程中用来放置待加工竹木原料的木制工具。

▲ 条凳

条凳

条凳是用来锯竹、修骨的辅助工具。

框锯

框锯是用来锯割竹木原料及相关配件的工具。

▼ 框锯

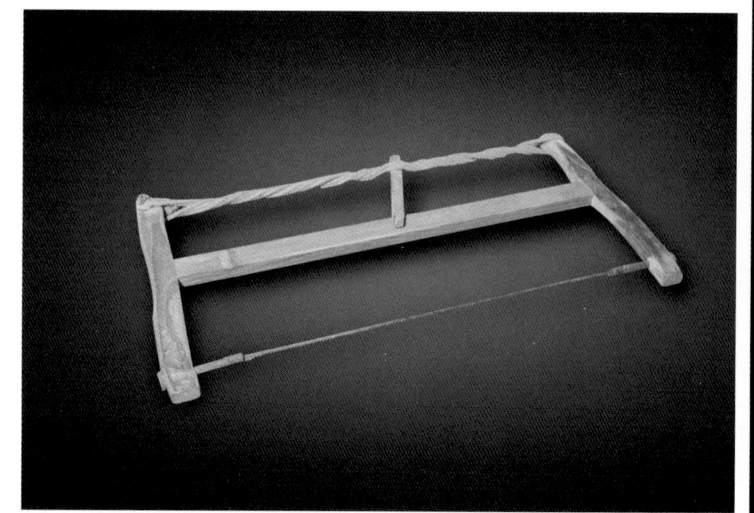

▼ 伞骨原料

▲ 锯料场景

▲ 刮青刀

刮青刀

刮青刀是将青竹去皮的双柄曲刃铁制工具。

篾刀

篾刀是在伞骨架的制作过程中劈竹成篾的铁制工具。

▼ 篾刀　　▼ 劈竹篾场景图

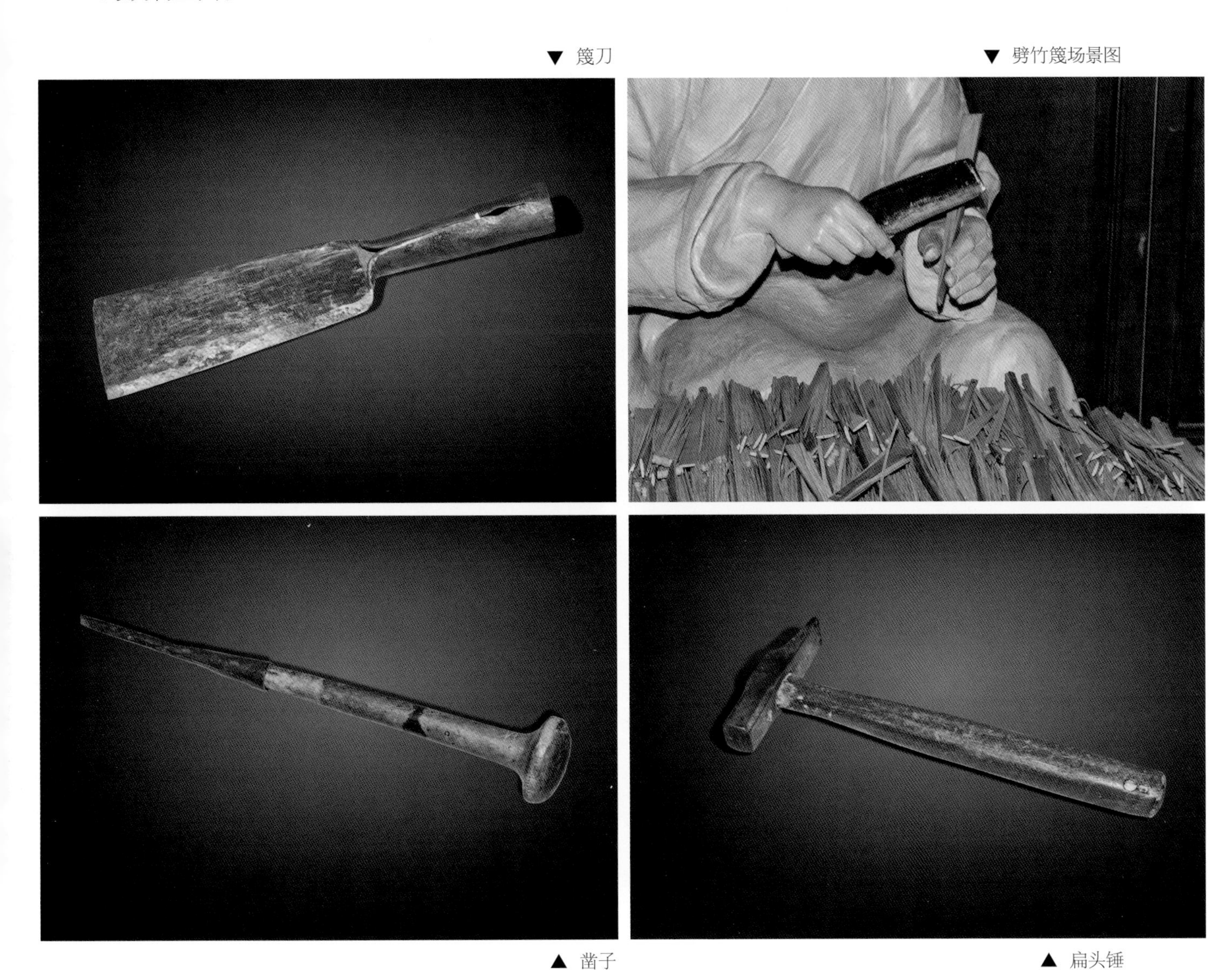

▲ 凿子　　▲ 扁头锤

凿子

凿子是在伞骨架制作过程中用来开槽、凿孔的工具。

扁头锤

扁头锤是在伞骨架的制作过程中，配合凿子使用，进行开槽、凿孔的敲击工具。

双头刻刀

双头刻刀是在伞骨架制作过程中用来开槽、精修伞骨、雕刻伞杆、伞柄等配件的工具。

▼ 双头刻刀（一）　　▼ 双头刻刀（二）

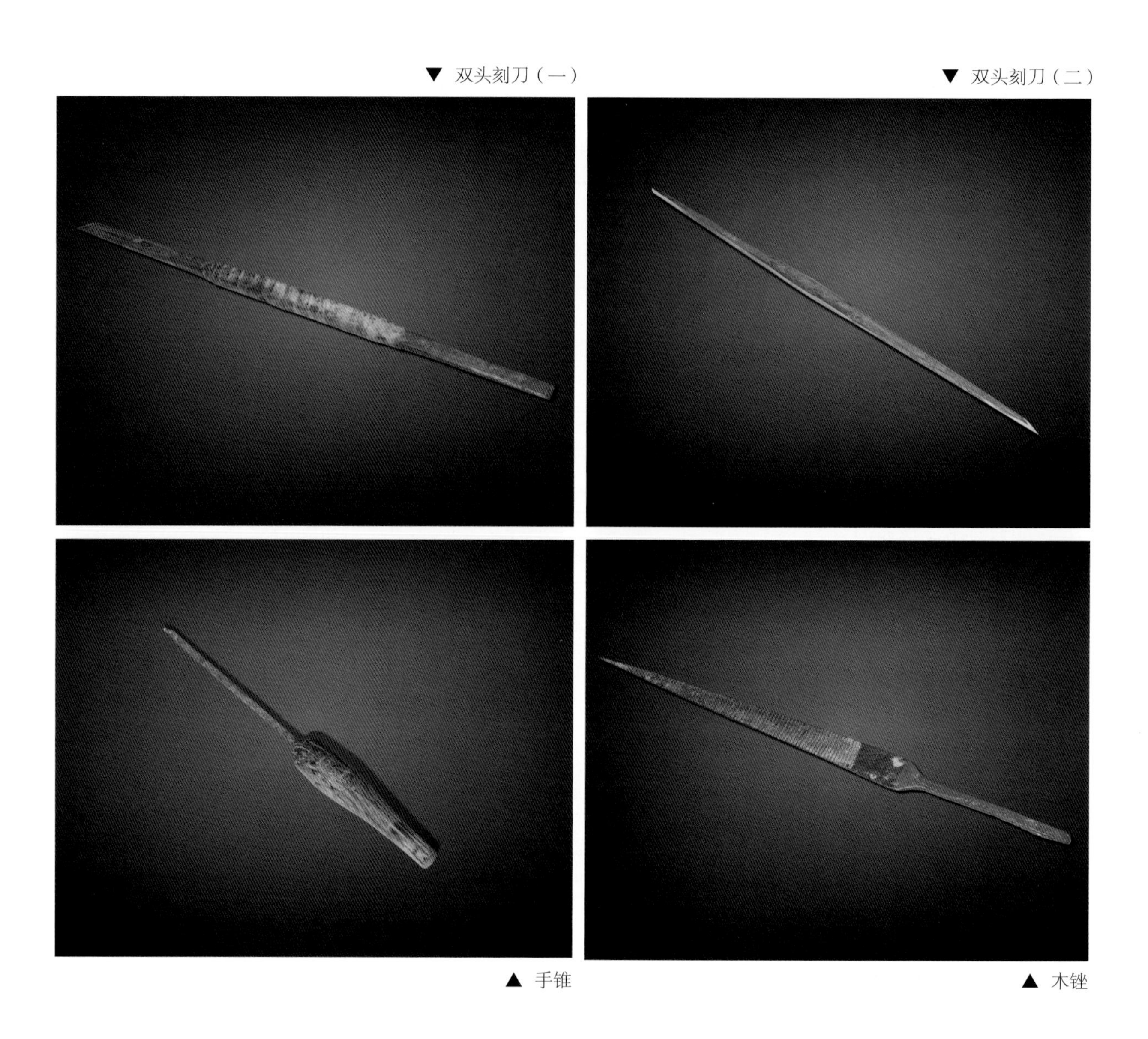

▲ 手锥　　▲ 木锉

手锥与木锉

手锥是在伞骨架的制作过程中给相关配件钻孔的工具。木锉是锉磨伞骨、伞杆、伞柄等配件的铁制工具。

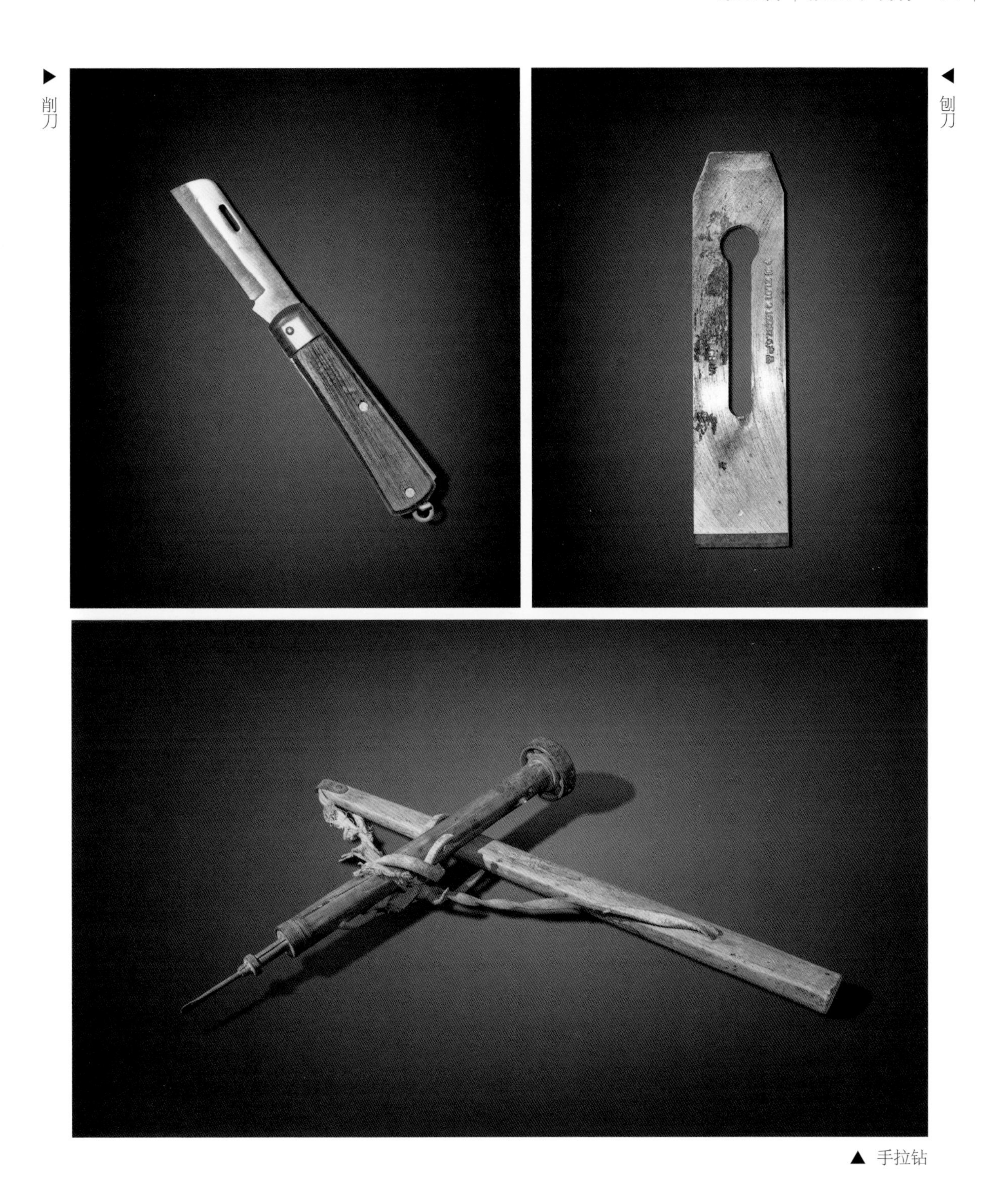

▶ 削刀

◀ 刨刀

▲ 手拉钻

削刀、刨刀与手拉钻

削刀是在伞骨架的制作过程中用于精修伞骨及相关配件的工具。刨刀又称“兵平”，是用来戗、削竹节的工具。手拉钻是给伞骨等配件进行钻孔打眼的工具。

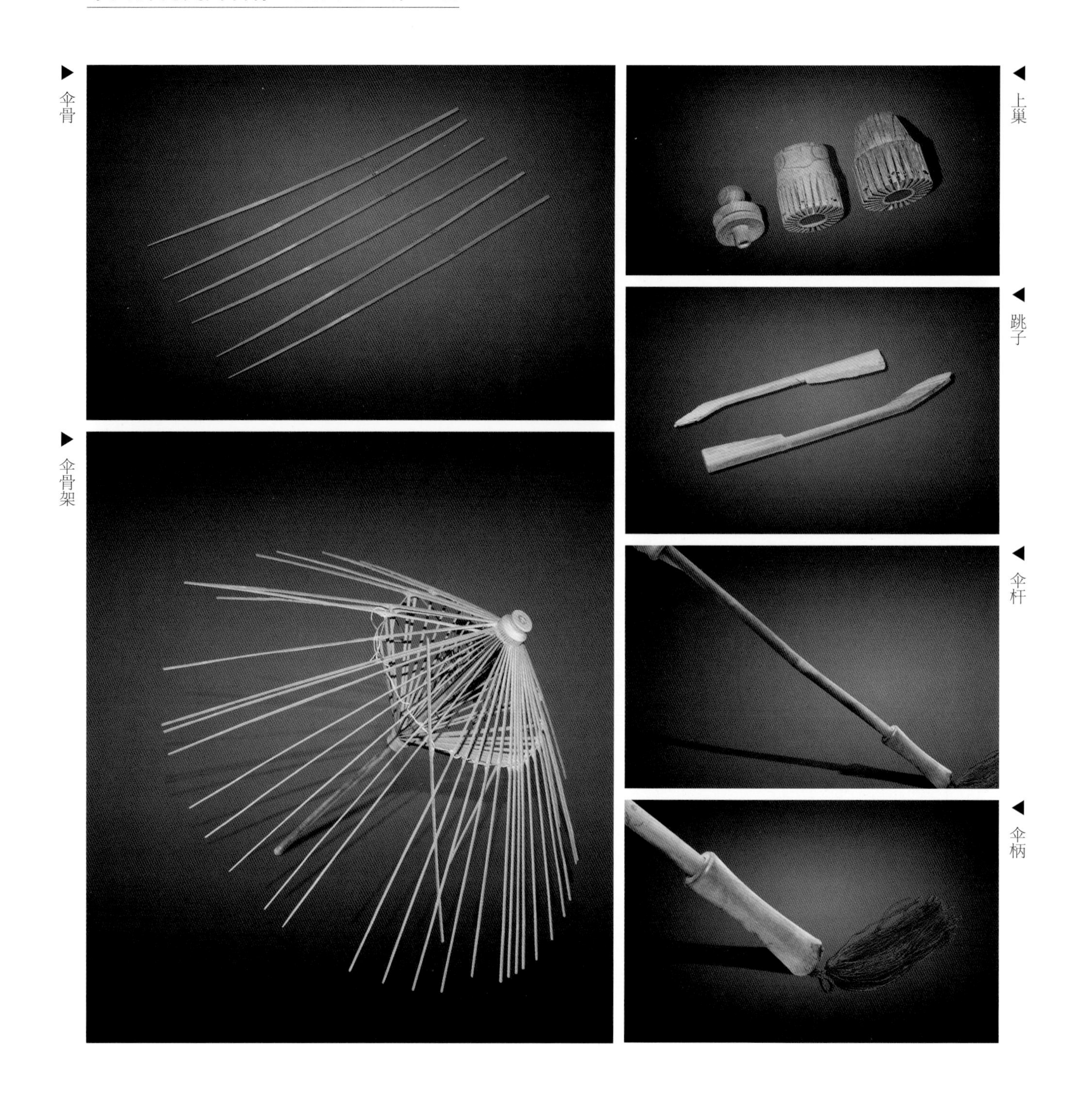
伞骨

伞骨架

上巢

跳子

伞杆

伞柄

伞骨架

伞骨架主要由伞骨、上巢、跳子、伞杆、伞柄等组成。伞骨是用来支撑伞面的竹木骨料。上巢又称“上巢体”“上斗”，是连接伞骨和伞杆的木制构件。跳子是开伞后支撑下巢所承受伞骨及伞面重量的木制构件。伞杆又称“伞中棒”，是连接伞杆的上巢、下巢的中杆，通常由顺直的水竹制成。伞柄是位于伞杆底部用于持握的部分。

簸箕

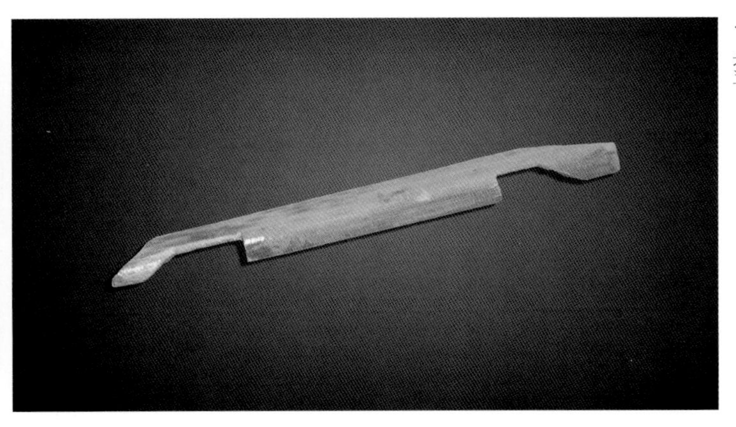

折子

簸箕

簸箕是在油纸伞的制作过程中用来盛放配件、材料的工具，通常由竹篾编制而成。

折子

折子是网伞时固定骨架间距的木制或竹制工具。

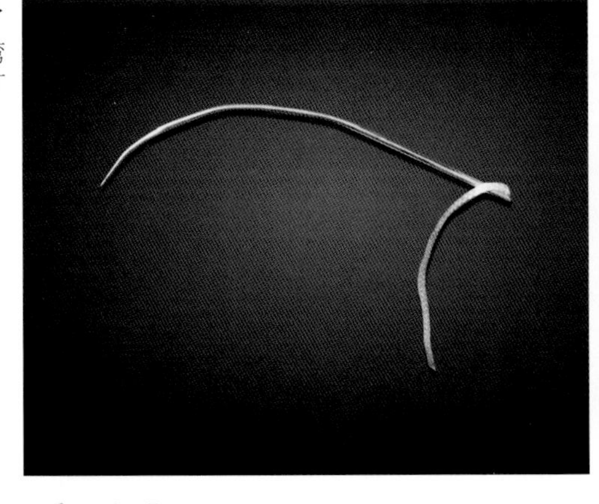

弯针

安装伞骨场景图

弯针

弯针是安装伞骨时的穿线工具。

粗丝线

细丝线

粗丝线与细丝线

粗丝线是在伞骨制作过程中用来连接上伞骨和上巢、下伞骨和下巢的丝线。细丝线是网伞时用的线。

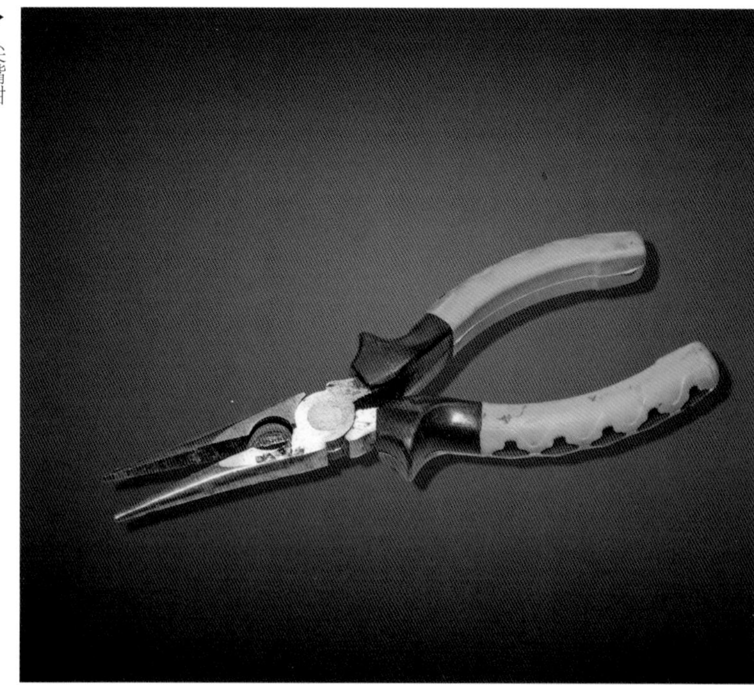

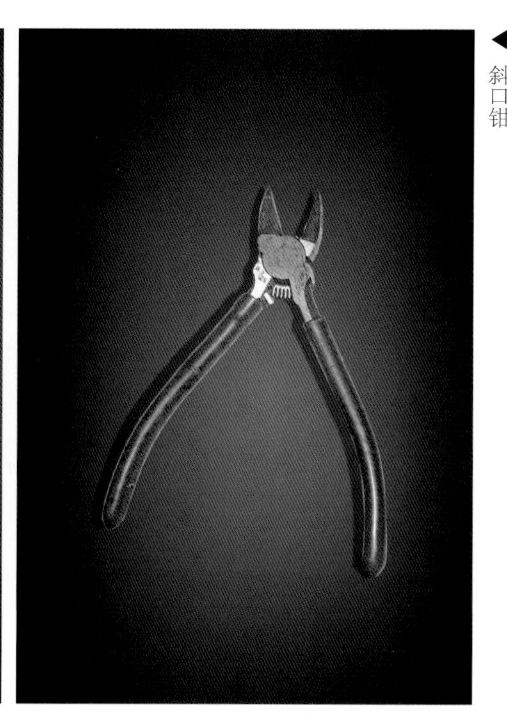

斜口钳

尖嘴钳与斜口钳

尖嘴钳与斜口钳是在伞骨架制作过程中，穿线时拽拉或剪切铁制构件的工具。

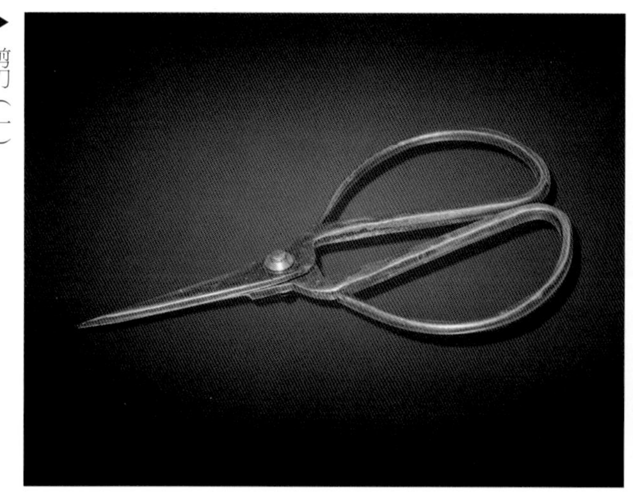

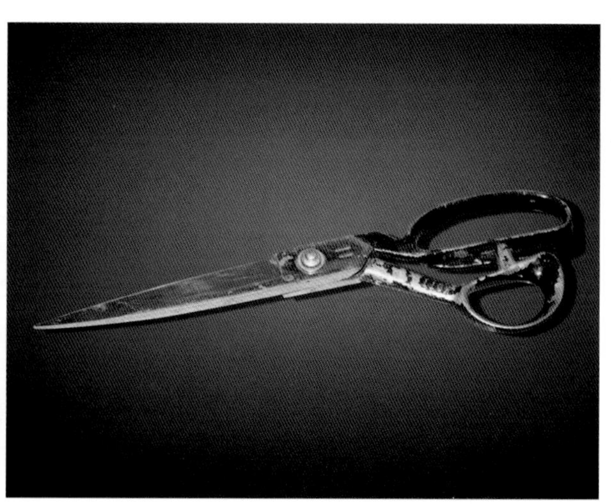

剪刀（二）

剪刀

剪刀是在伞骨架制作过程中，用来剪切伞骨、配料的工具。

第十六章 伞面制作工具

制作油纸伞伞面的材料主要是皮棉纸。其工艺细分为切纸、上漆、糊伞、晒伞、刷桐油、渡伞等工序。其所用工具主要为皮棉纸、宣纸、画笔、棕刷、木牙棕刷、浆糊盆、桐油盆、伞面烫平固定器、毛刷、彩绘模板、刷子、油伞挑子等。

◀ 糊伞纸

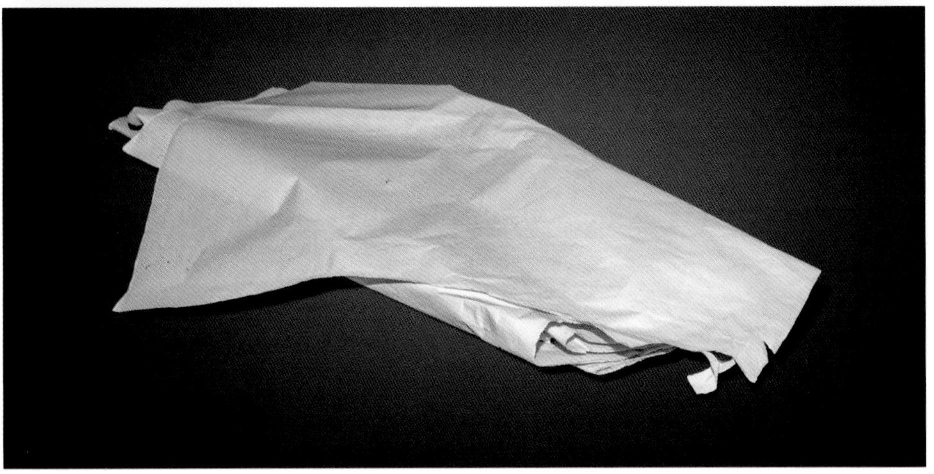

◀ 皮棉纸

皮棉纸

皮棉纸是用于糊制油纸雨伞伞面的主要材料。

▲ 宣纸

宣纸

宣纸是用于糊制遮阳油纸伞伞面的材料。

▲ 浆糊盆

浆糊盆

浆糊盆是盛装粘合伞面浆糊的工具。

▶ 棕刷

◀ 棕刷刷浆场景

棕刷

棕刷是糊伞时刷浆糊的工具，由棕榈树的棕丝制作而成。

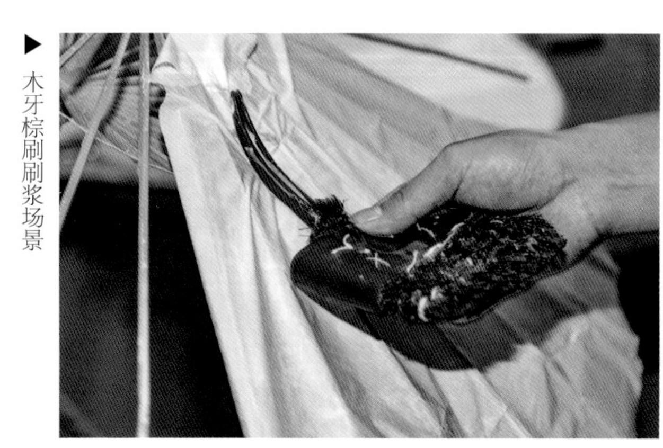

▶ 木牙棕刷刷浆场景

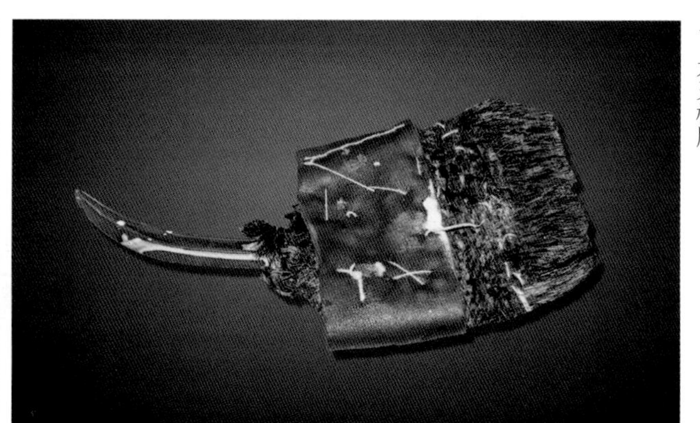

◀ 木牙棕刷

木牙棕刷

木牙棕刷是糊伞时刷浆糊的工具。伞骨夹角处可用弯柄进行涂抹。

▶ 伞面烫平固定器

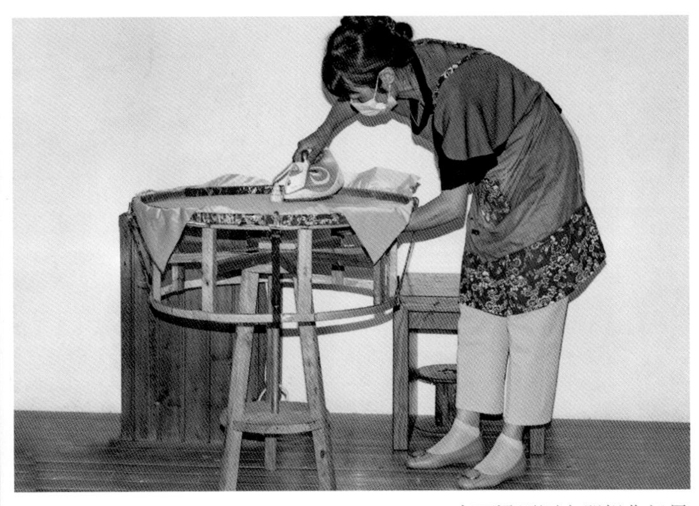

▲ 伞面烫平固定器操作场景

伞面烫平固定器

伞面烫平固定器是在伞面的制作过程中将伞面固定，便于烫平成形的木制工具。

▶ 刷子

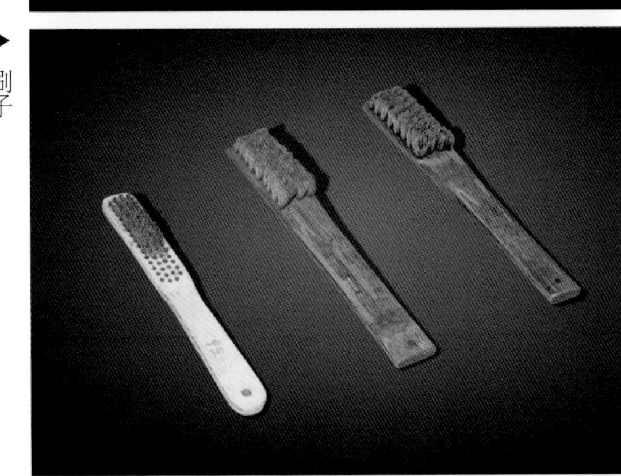

▲ 彩绘模板

▶ 调色板

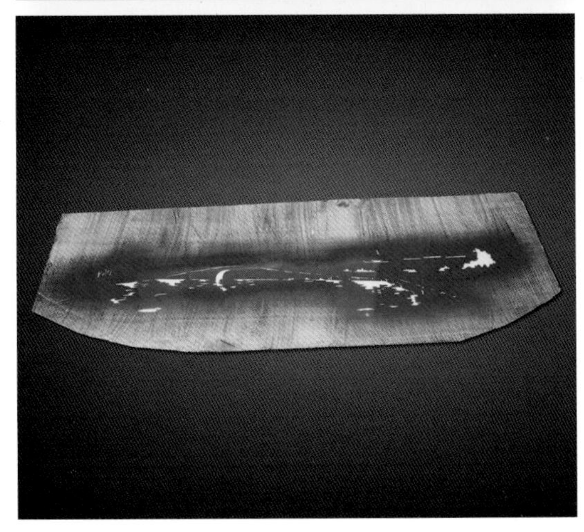

刷子、调色板与彩绘模板

刷子是在伞面的制作过程中涂刷染料的工具。调色板是用来调制染料、颜色的工具，一般为竹制或木制。彩绘模板是用来装饰伞面，进行彩绘的模板；制伞匠人会将常用图案、花纹制成模板，方便涂刷装饰。

▲ 糊伞支架

糊伞支架

糊伞支架是在上伞面时用来置放伞骨架，便于上伞面、裱糊、绘画、上油的支架，通常为竹木制成。

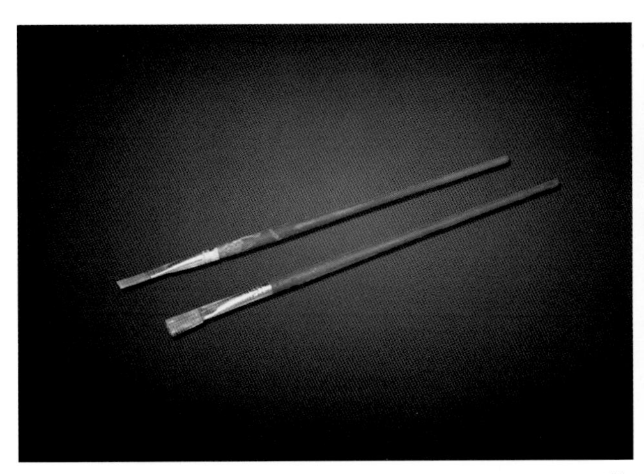

▲ 画笔

▲ 伞面绘制场景

画笔

画笔是在伞面的制作过程中用于绘制伞面图案的工具，以毛笔、油画笔居多。

▲ 桐油盆

▲ 毛刷

桐油盆与毛刷

桐油盆是盛装桐油的工具。桐油是伞面制作时涂刷在伞面上的防水材料。毛刷是用于涂刷桐油、浆糊等的工具。

▲ 油纸伞挑子

油纸伞挑子

油纸伞挑子是修伞匠赶集、串街时盛装修伞器具及材料的工具。

▼ 油纸伞成品（一）

▶ 长杆油纸伞

◀ 油纸伞成品（二）

◀ 油纸伞成品（三）

▲ 油纸伞成品（四）

第六篇

古筝制作工具

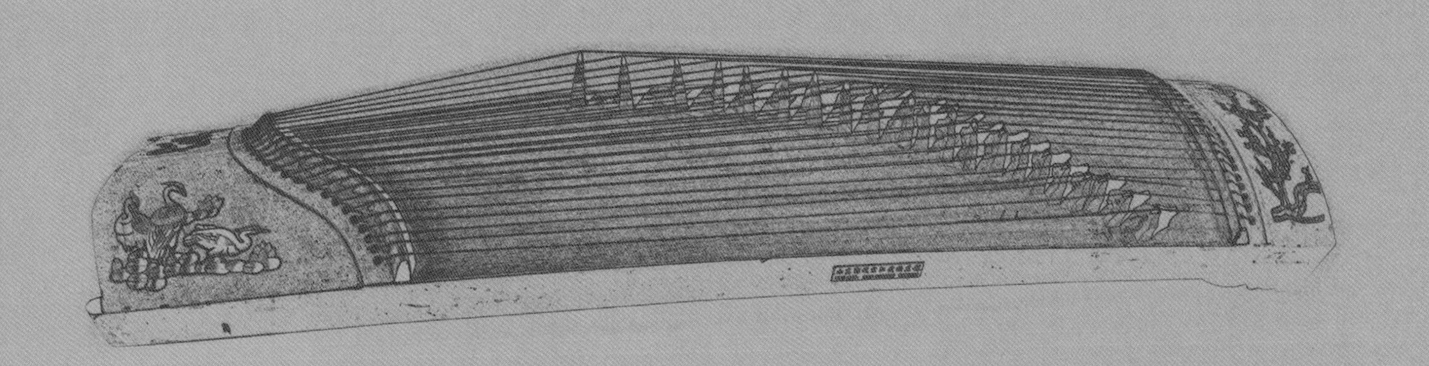

古筝制作工具

筝，又名“秦筝”“汉筝”，因历史悠久，故又称“古筝”。又因流传较广，很多人也将“古筝”和“古琴”混淆，两者虽都是弹拨弦鸣乐器，但却不是一种物件。单就音色上来说，古琴陈静古朴，古筝婉转清越，因此有“古琴悦心，古筝悦耳”的说法。

古筝起源较早，据考证，早在2500年前的战国时代，已经出现了古筝这种乐器。那时陕西一代土地肥沃、草木葳蕤，生活在这里的人们以桐木为身，以白松为骨，取马筋、鹿筋做弦，创造了这种乐器，后来流传于全国各地。当然，关于“筝”的起源也有其他说法，如“蒙恬造筝”说、“分瑟为筝”说、“京房造筝”说、“起源古越”说等。无论是何人何时何地发明了“筝”这种乐器，都可以被视作是中国古代劳动人民智慧的结晶，是古人陶冶情操、表达情感的一种媒介。时至今日，古筝因其音色优美、音域宽广、入门简单而被很多喜爱音乐的人所接受和推崇，成为中国民族乐器大家庭中的重要一员，被誉为“东方钢琴”。

古筝主要由面板、底板、边板、筝头、筝尾、岳山、码子、琴钉、出音孔和筝弦等部位组成。古筝的优劣取决于各部分材料质地及制作工艺的高低。筝的共鸣体由面板、底板和两个筝边组成。在共鸣体内有音桥，呈拱形，它除了共鸣效果的需要外，还起着支撑的作用。共鸣体的质量和结构对筝的影响很大。古筝是一种木制乐器，其每一步制作都关乎其使用和效果，按照其制作步骤，制作古筝的工具可以分为构件制作工具和安装调试工具两大类。

◀古筝

第十七章　构件制作工具

古筝虽有各种型号，但也有统一规格，统一规格的古筝通常为长163cm的21弦筝，其面板大多数采用河南兰考的桐木制造，框架为白松，筝首、尾、四周侧板有红木、老红木、金丝楠木、紫檀等名贵木材，古筝的音质取决于面板和琴弦，周边用料对古筝的音色略有改善，以老红木、紫檀、金丝楠木为佳。制作古筝构件的工具主要有操作台、工具盒、拐尺、折尺、墨斗、铅笔、条凳、锛、刨、框锯、线锯、手锯、麻花钻与锥钻、水缸与压辊、木槌与凿刀、木锉与砂纸、头板模具、后岳山模具、弦轴板模板、底板模板、侧板模板、尾板与音梁板模板等。

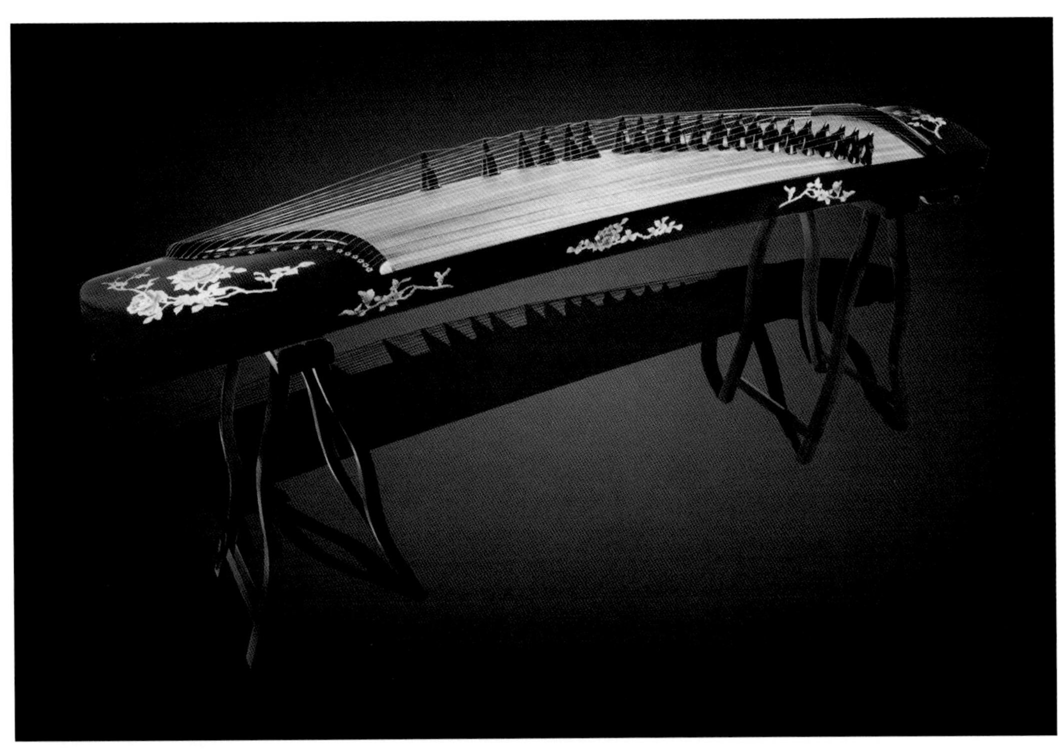

▲ 成品古筝全貌

▲ 操作台（一）

操作台与工具盒

操作台是在古筝制作过程中，匠人操作时使用的木制工具。工具盒是匠人盛放古筝制作器具的木制工具。

▼ 操作台（二）

▼ 工具盒

▲ 拐尺

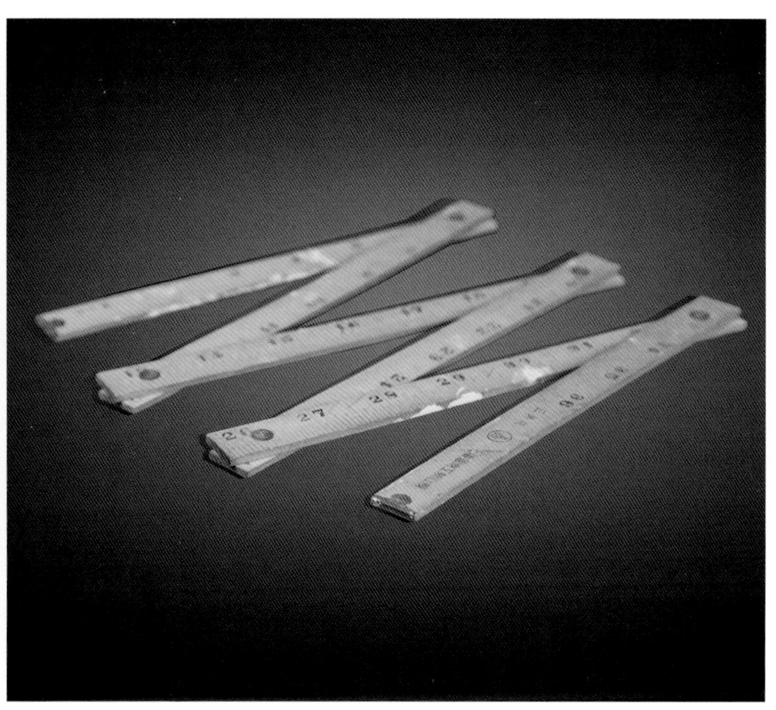

▲ 折尺

拐尺与折尺

拐尺与折尺都是用来测量、取直、画线的工具，在古筝制作过程中，多用来测量板材及确定各构件的长度。

墨斗与铅笔

墨斗是在古筝制作过程中用来弹画直线的工具，多用于初期板材的加工。铅笔是标记、划线的工具。

▼ 墨斗

▼ 铅笔

▲ 条凳

条凳

条凳是在古筝制作过程中，匠人作业时配合使用的木制工具，多用于对古筝板材的锯割、刨削等。

▲ 锛

▲ 刨

锛与刨

锛是在古筝制作过程中用于锛砍毛料的工具，木柄铁锛头。刨是用来刨平古筝板材及配件的工具。古筝的面板、侧板、底板等，对古筝使用时的效果起到关键作用，板材的刨削要求薄厚一致、平整光滑，因此，刨是古筝制作时使用频率较高的工具。

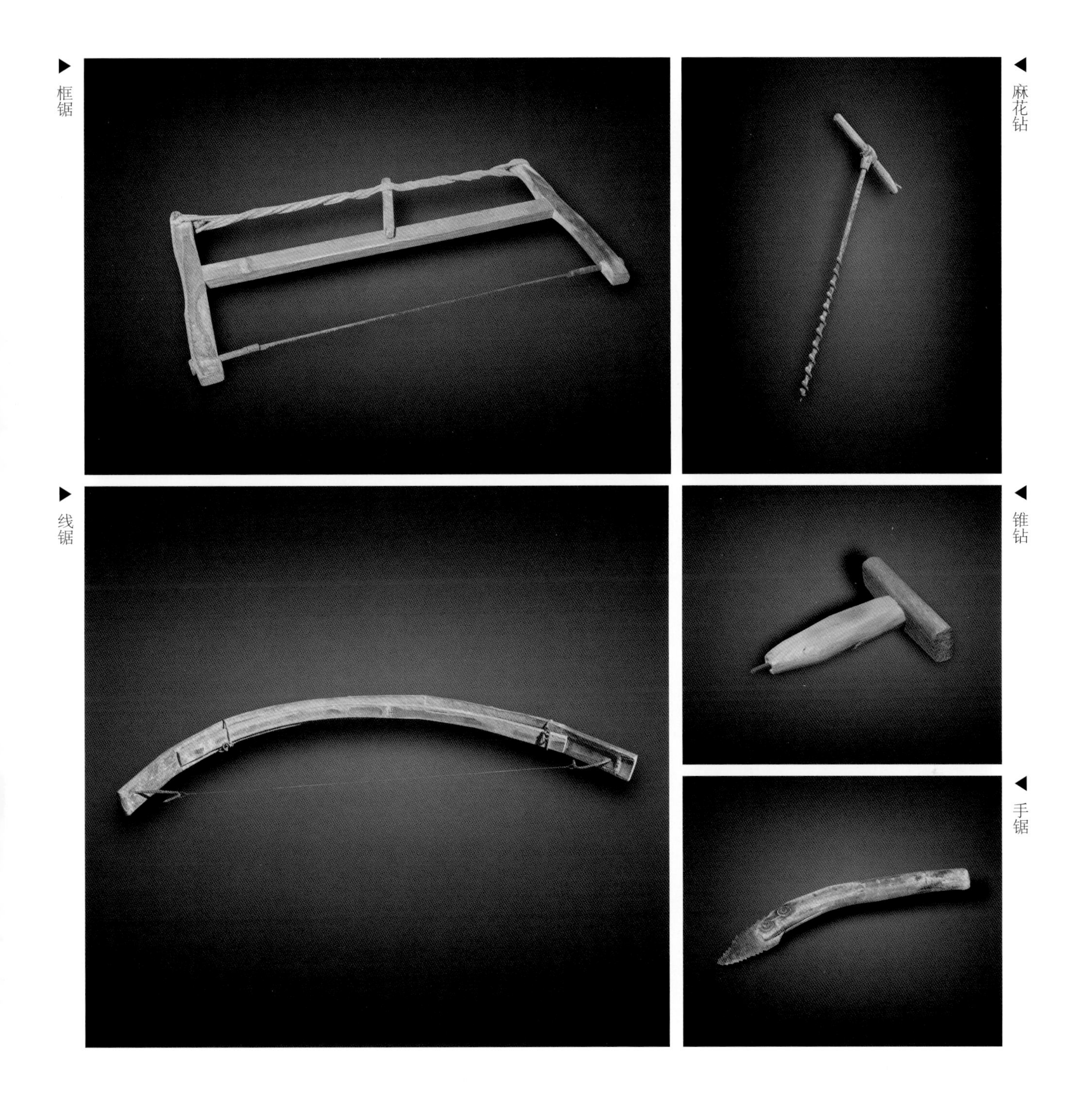

▶ 框锯

◀ 麻花钻

▶ 线锯

◀ 锥钻

◀ 手锯

框锯、线锯、手锯、麻花钻与锥钻

框锯在古筝制作过程中，是用来锯割木料板材及各种配件的工具。线锯是用来锯割转角部位的工具。手锯是用来锯修缝隙的工具。麻花钻是用来钻深孔的工具。锥钻是用于钻浅孔的工具。

水缸

压辊

水缸与压辊

水缸是在古筝制作过程中用来盛水的工具，多用来浸润面板，以备加热弯曲。压辊是烤制、弯曲面板前对面板单面进行蘸水润湿的工具。

木槌

凿刀

木槌与凿刀

木槌是在古筝制作过程中用来安装、敲击的工具，其大小有各种，以适用不同的敲击对象。凿刀是对古筝各部位进行凿修、凿雕的工具，通常为木柄铁凿头。

木锉

▲ 砂纸（一）

砂纸（二）

木锉与砂纸

木锉与砂纸都是用来对古筝各部位进行打磨出光的工具。木锉有各种型号和大小；砂纸通常选用细砂纸，主要用来出光。

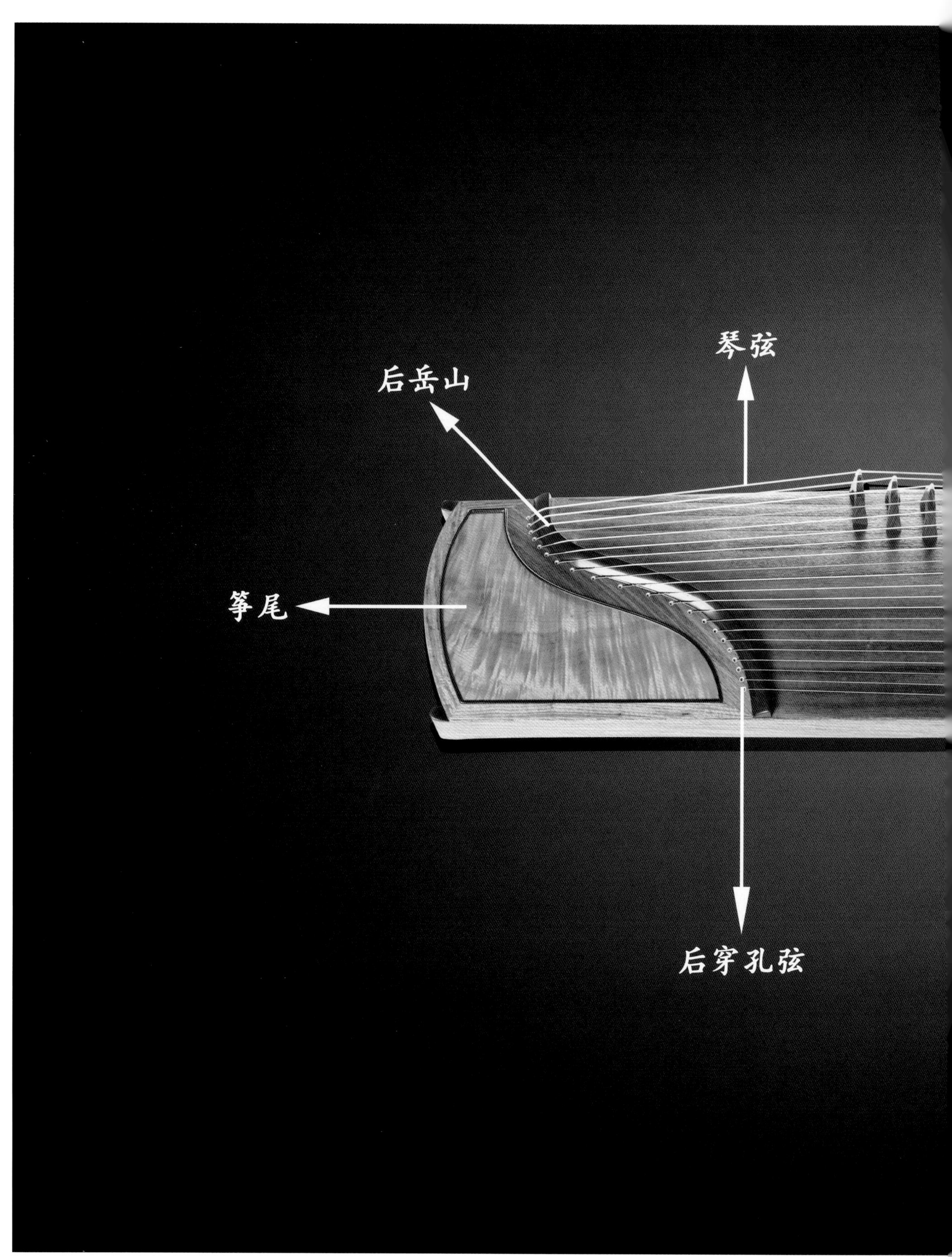

▲ 古筝各部位名称

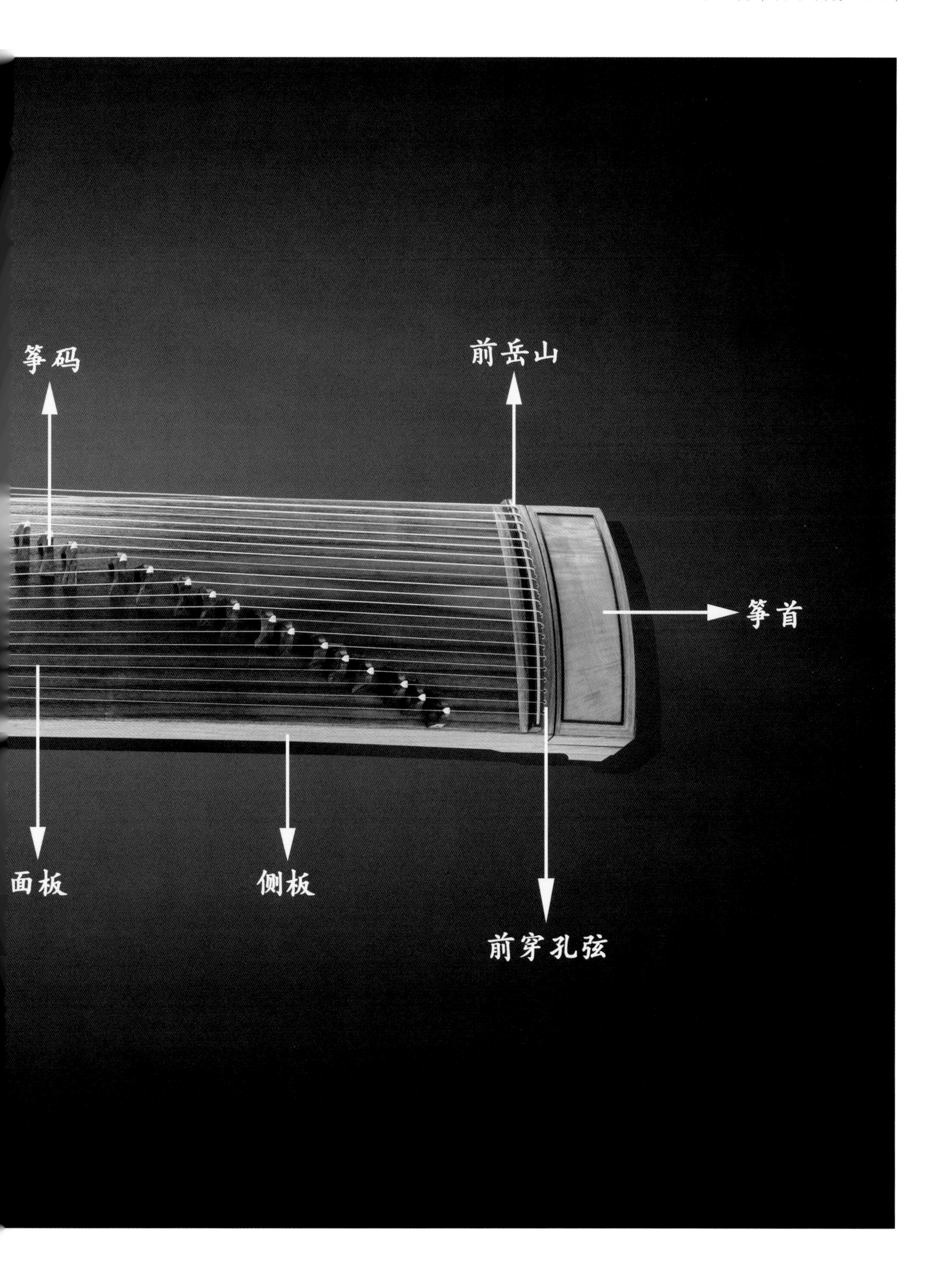
筝码
前岳山
筝首
面板
侧板
前穿孔弦

头板模具

头板模具是裁切筝首头板的模具。

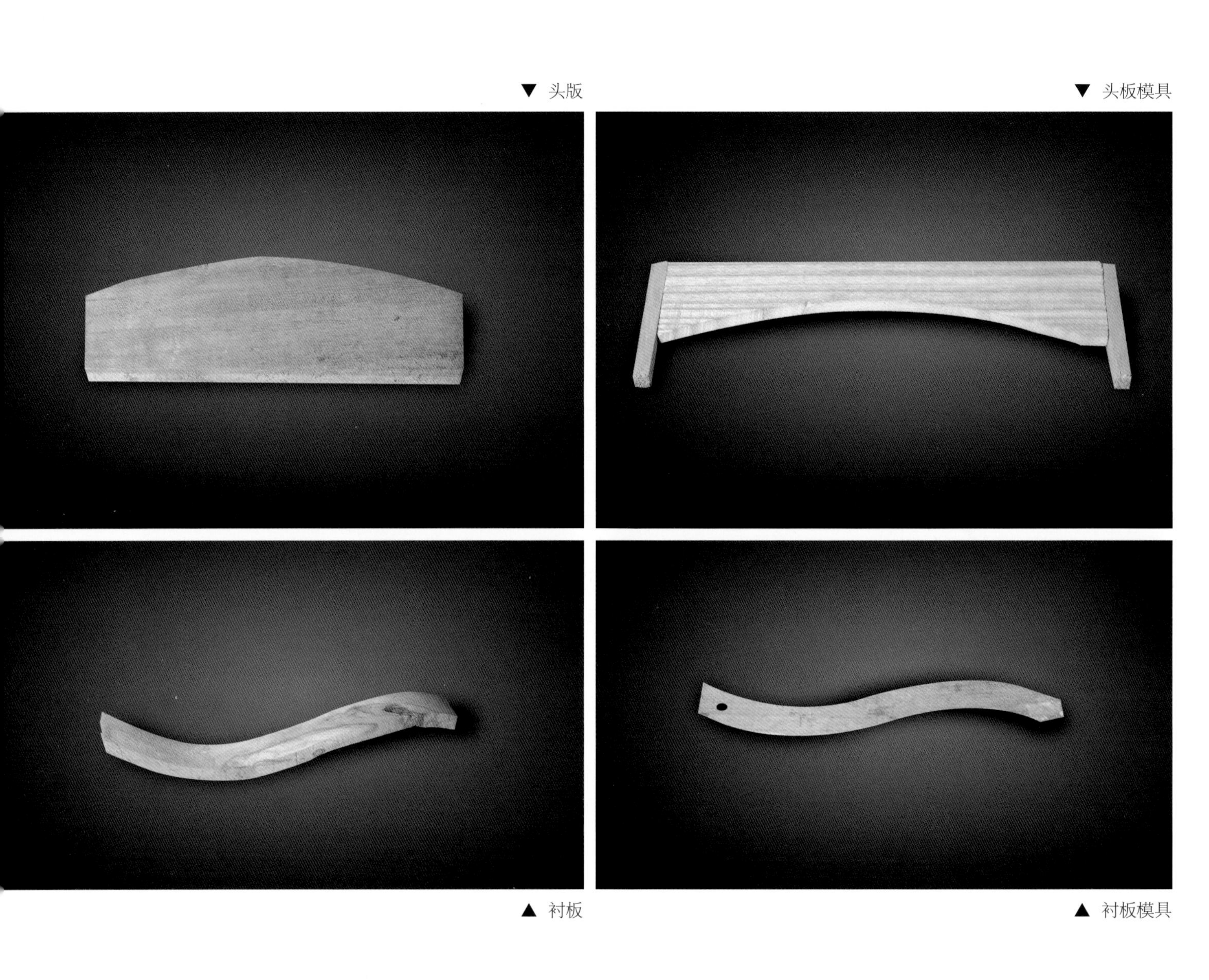

▼ 头版

▼ 头板模具

▲ 衬板

▲ 衬板模具

后岳山模具

后岳山模具是用于裁切后岳山的模具。

弦轴板模板

弦轴板模板是用来标记弦轴板打孔位置的工具。

▼ 衬板

▼ 衬板模具

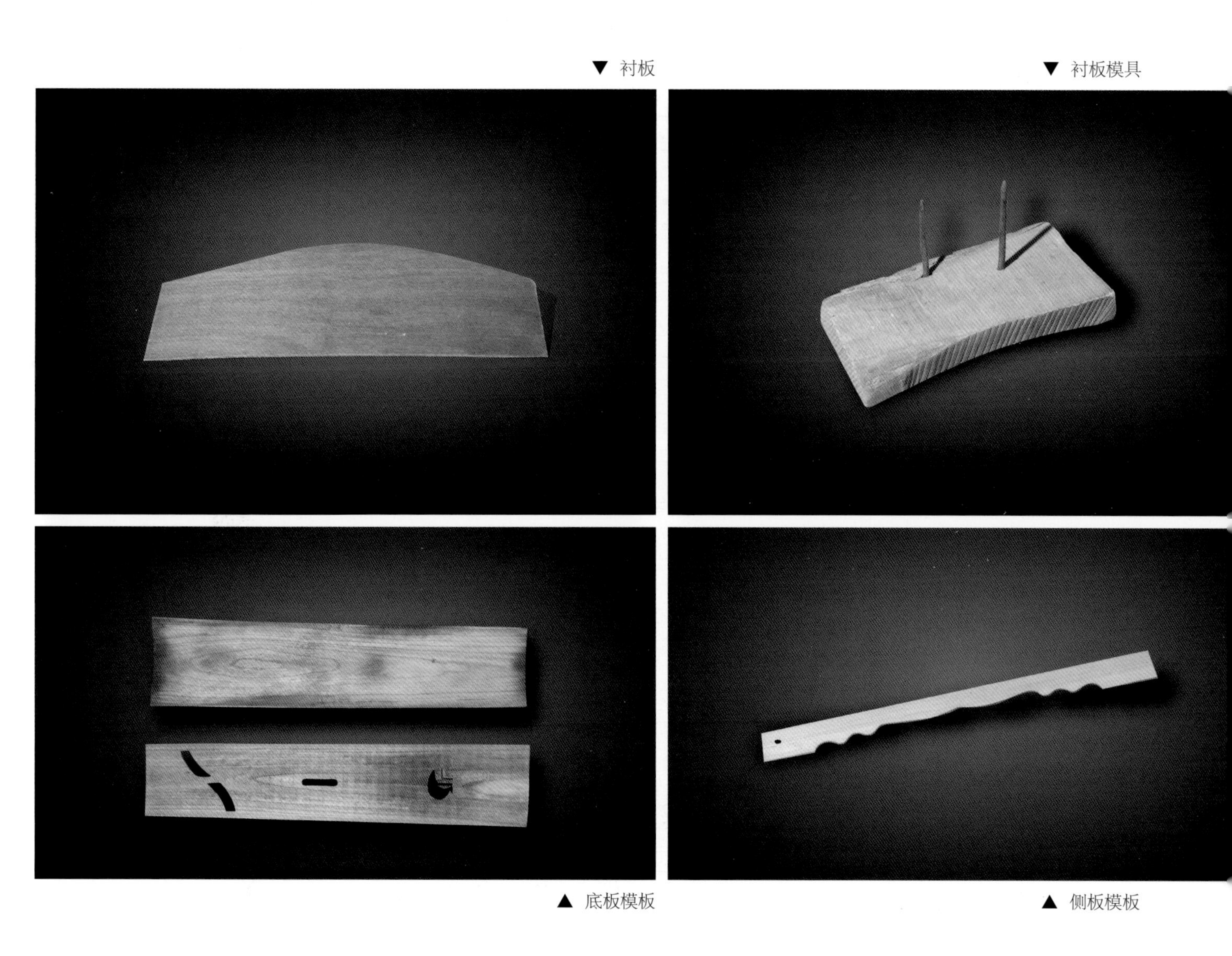

▲ 底板模板

▲ 侧板模板

底板模板

底板模板是画出底板轮廓线、音孔、穿弦空的模具。

侧板模板

侧板模板是用于裁切侧板的模具。

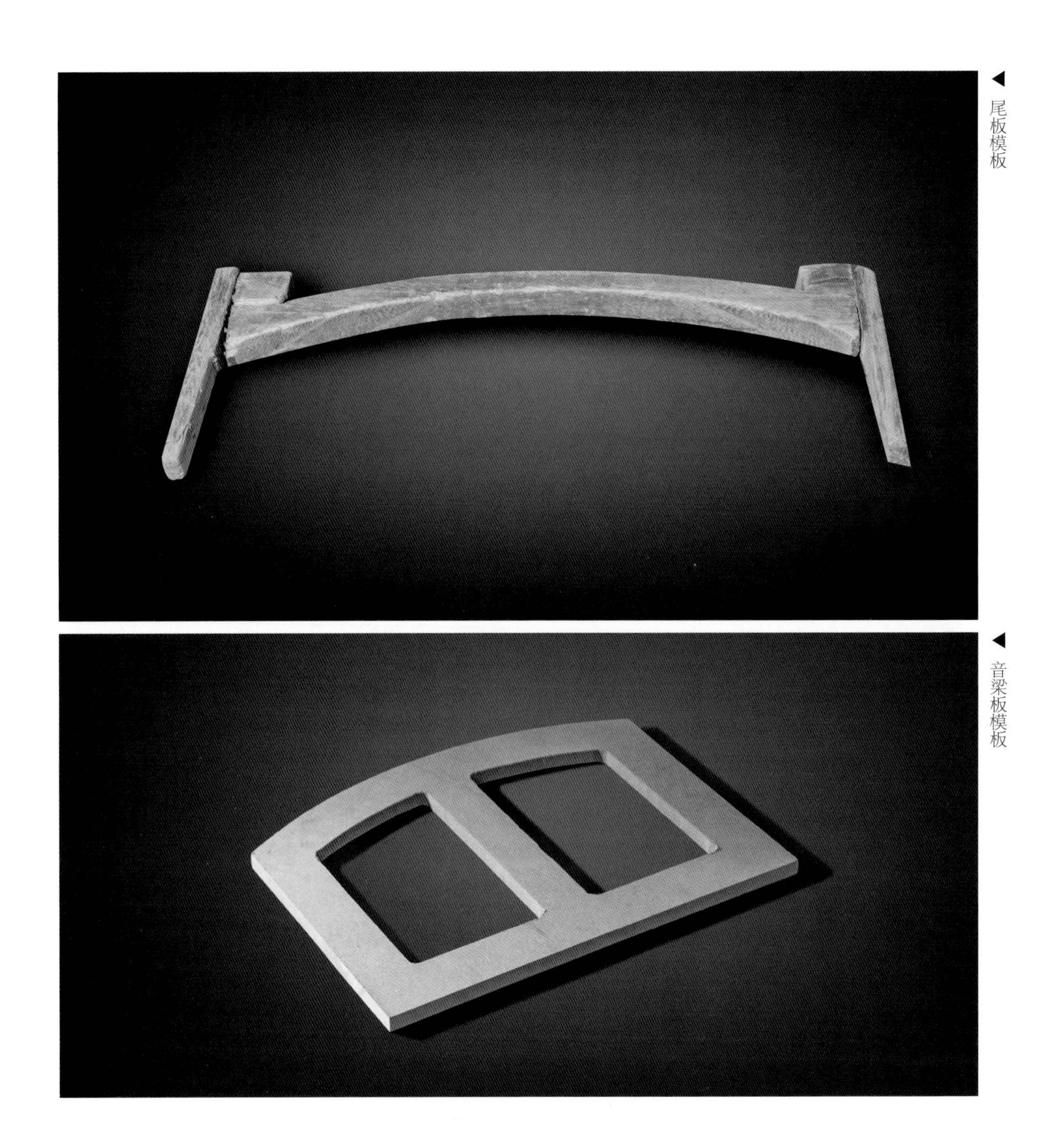

◀尾板模板

◀音梁板模板

尾板与音梁板模板

尾板模板是用来裁切筝尾尾板的模具。音梁板模板是用来裁切音梁板的模具。

第十八章　安装调试工具

安装对于一把古筝的好坏起到了决定性的作用，其材质、形状和内部组合都会对音色、音质起到很大影响。调试，指的是对安装完成的古筝进行调音。安装调试所用的工具主要有乳胶、骨胶、胶盆、蟹刨、钉子、羊角锤、钳子、麻绳、木楔、步步紧、六棱套筒、合页、刮刀、调音器、剪刀、琴码样板、喷漆台、螺丝刀、台虎钳等。

▶乳胶

◀骨胶

▶胶盆

◀毛刷

乳胶、骨胶、胶盆与毛刷

乳胶与骨胶是在古筝制作过程中用来粘合相关部件的材料。胶盆是用来盛装骨胶或乳胶的陶制工具。毛刷是对相关部件进行刷胶、上漆的工具。

◀ 羊角锤

◀ 钉子

羊角锤与钉子

羊角锤是在古筝制作过程中用于敲击或拔除钉子的工具。钉子是用于固定连接相关部件的料具。

蟹刨

蟹刨又称“弯刨”“鸟刨”，是用于刨平、修整古筝弧面的刨削工具。

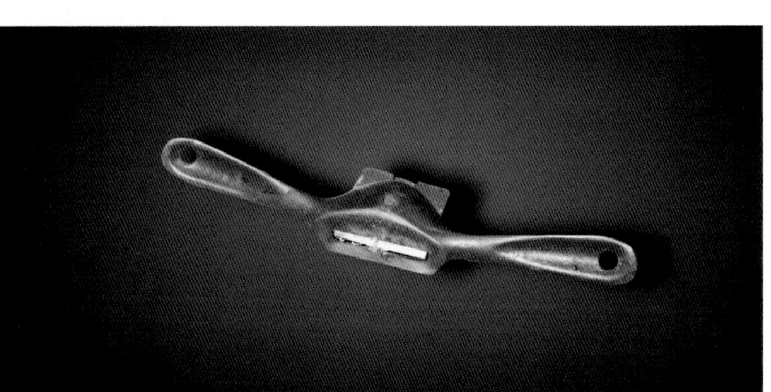

◀ 蟹刨

钳子

钳子是在古筝安装过程中用于剪切、拧、拔铁钉的工具。

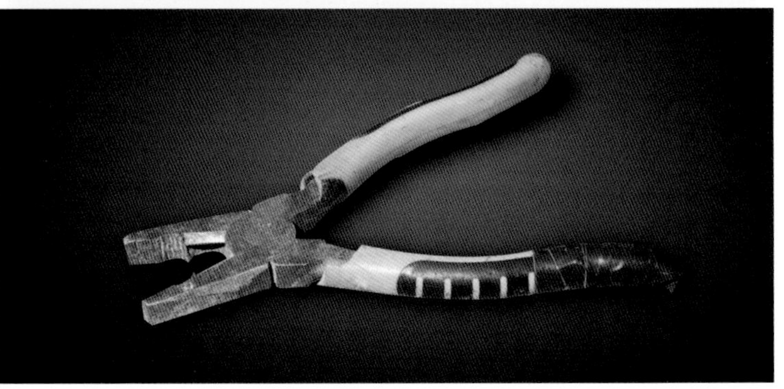

◀ 钳子

麻绳

麻绳是在古筝安装过程中用于捆绑面板与框架的料具。

▼ 麻绳

▲ 木楔

木楔

木楔是在古筝安装过程中，用来插进古筝面板与麻绳中间，增加严密性的木制工具。

火箱

火箱是在古筝制作过程中用来加热、弯曲面板的工具，铁制。

六棱套筒

六棱套筒，是在古筝制作过程中用于调节步步紧螺丝的铁制工具。

▼ 火箱

▼ 六棱套筒

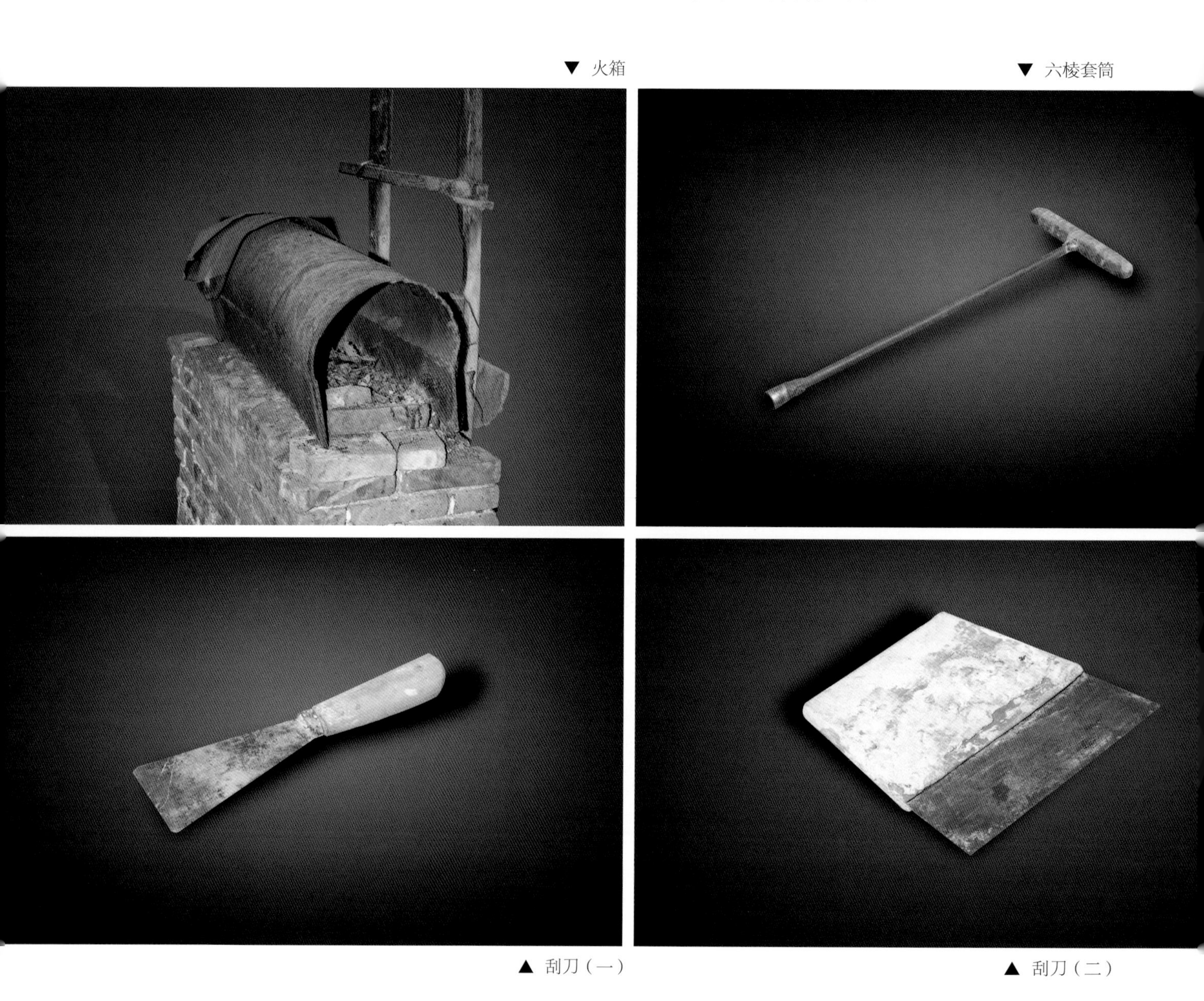

▲ 刮刀（一）

▲ 刮刀（二）

刮刀

刮刀是在古筝制作过程中对琴体及部件刮腻子或刮除多余骨胶的工具，木柄、铁刀片。

调音器

调音器是用来调节古筝筝弦音准的工具。

▼ 调音器

剪刀

剪刀是在古筝安装过程中用于裁剪多余琴弦的工具。

▼ 剪刀

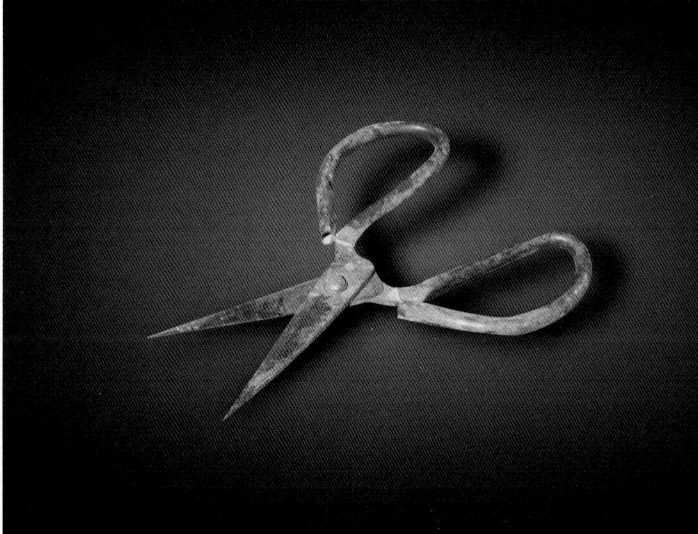

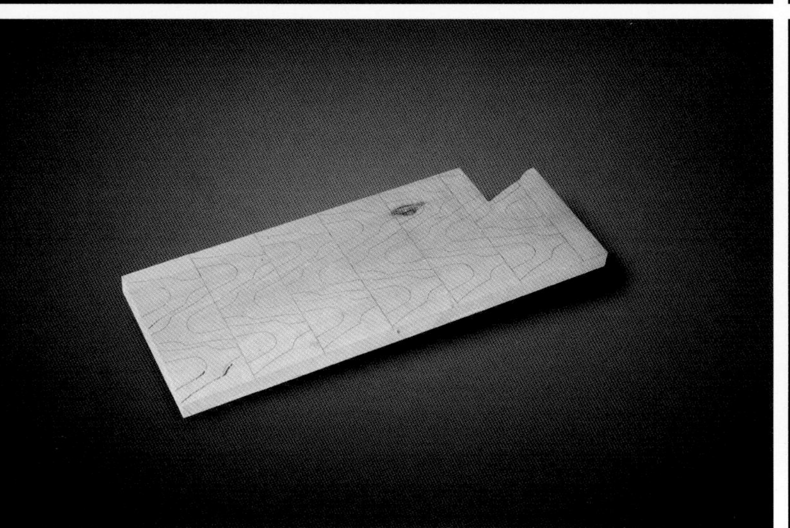

▲ 琴码样板

琴码样板

琴码样板，是用于制作古筝琴码的样板。

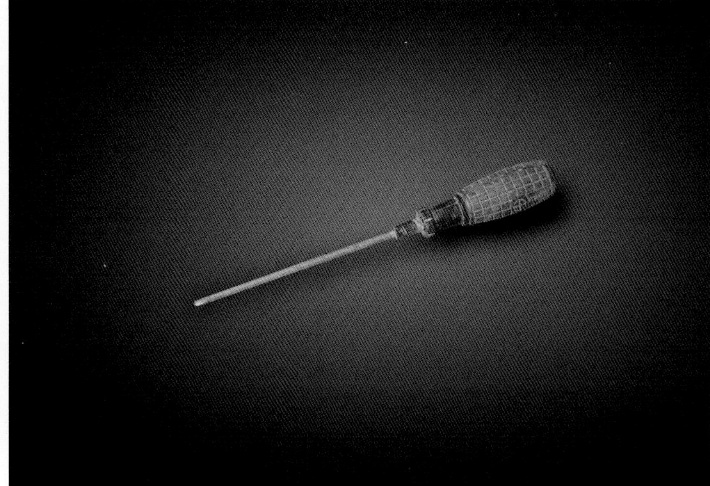

▲ 螺丝刀

螺丝刀

螺丝刀是在古筝安装过程中用于拧装螺丝及维修古筝制作器具的工具。

喷漆台

喷漆台是在古筝制作过程中用于承载古筝进行刮腻子、喷漆等的木制工具。

▼ 喷漆台

▲ 合页

▲ 台虎钳

合页

合页是在古筝制作过程中将琴盒盖和筝体进行连接开合的料具。

台虎钳

台虎钳是在古筝安装过程中用于制作、维修古筝器具的辅助工具。

第七篇

大鼓制作工具

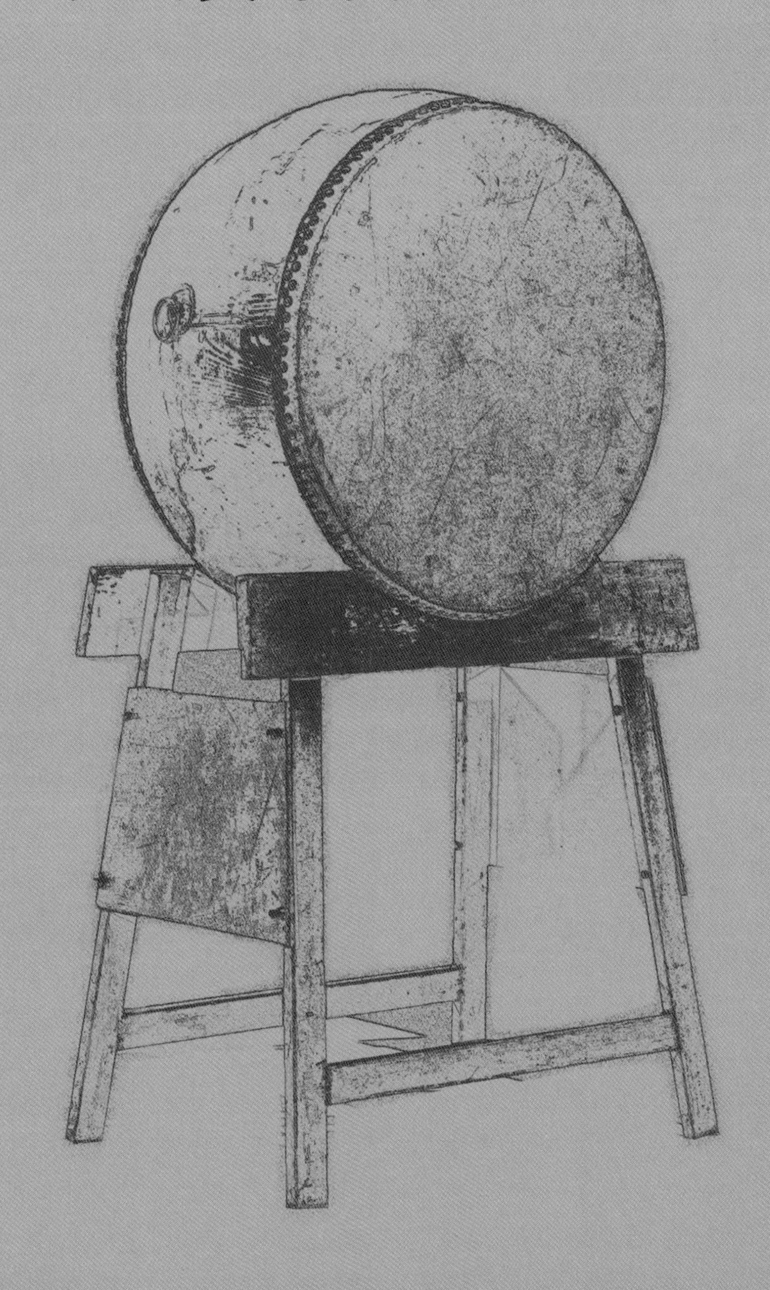

大鼓制作工具

鼓在远古时期被尊奉为通天之器，是迎送神明之物。周有八音，鼓乃群音之首。《帝王世经》中记述，黄帝征讨蚩尤之战中，久战不胜，黄帝杀夔，以其皮为鼓，声闻五百里，连震三千里，凭借鼓势而一举破敌。鼓，在古代多用于军事，是发号施令、传递信息的工具，所谓“鼓舞士气”“一鼓作气”皆是由此而来。

鼓作为一种传统打击乐器，在我国出现得较早，考古发现，早在新石器时代的大汶口文化遗址中，就出土了用陶土制作的陶鼓，后来木膛鼓的出现，是制鼓技术成熟的体现。鼓的种类也有很多，如腰鼓、手鼓、铜鼓、花盆鼓、渔鼓等。今天我们所说是一种体形较大的鼓，又称“中国大鼓”，俗称“大鼓”。大鼓看似简单，其制作工艺却十分繁琐，一面好的大鼓，从制作到产出成品，往往需要花费十年的时间，除了人工手作之外，大部分还需要时间的洗练，这在行业内叫作“养鼓”。

制作鼓的原料需要精挑细选。鼓身的木头，以杉木、椿木等为上品，鼓身的半成品木料是弧度一致、厚薄相同的木片，这个全靠匠人手工锯割才能做到。拼粘这些木片，片与片之间的角度大有讲究，要做到严丝合缝，经过烤熏、打磨、修膛等工序才能完成。

鼓面，又称鼓皮，以三年以上的母水牛皮最佳，大鼓选的皮厚实，小鼓的薄韧。皮子取制后，用凉水浸泡三到六天去脂，再剔除牛毛、筋肉，晾干、裁切后，再打孔、上绳绑鼓。牛皮紧绷到鼓上之后，有半年的时间是踩鼓，人站到鼓面上又跳又踩，天天如此，踩了再紧紧绳子，扯拉蒙皮，这对于制鼓人的身体是个考验。绷鼓的过程中，还要对鼓进行调音，过去，大鼓制作没有调音器，音准、音高全凭师傅的耳朵，制鼓师傅对鼓的各个部位进行敲击，仔细聆听，或松或紧，师傅就会拿木槌敲击一下，徒弟心领神会，将麻绳或拉或放。绷鼓调音完成后，就可以对大鼓进行转配和修饰，这样一面传统大鼓就制作完成了。

根据大鼓制作工艺，其所用工具大致可以分为鼓身制作工具，鼓面制作工具和绷鼓装配工具。

▲ 花漆大鼓

第十九章　鼓身制作工具

鼓身制作的第一步首先是选料，木材的选用以楠木、柳木、槐木为主，上等的用材也有红杉木或花梨木。鼓身越大，使用树木的树龄就越大，选好树材后，将木料截断。再用刨子削成厚度均匀的弧形木料进行晾晒。其后将弧形木料逐一拼接成桶状，利用圆环进行上下固定。放入合鼓膜上，再利用木锯整齐，进行鼓身固定。鼓身固定时，要利用熬好的牛胶进行涂抹，能够使其更加牢靠。鼓身固定后，即可在鼓身内安装鼓簧、鼓环等部件了。

鼓身制作所用的主要工具有铁斧、框锯、线锯、折尺、皮尺、中刨、蟹刨、核桃钳、平口钳、合鼓模、圆环、木桶、牛胶刷、鼓簧等。

▲ 鼓身制作场景

木料

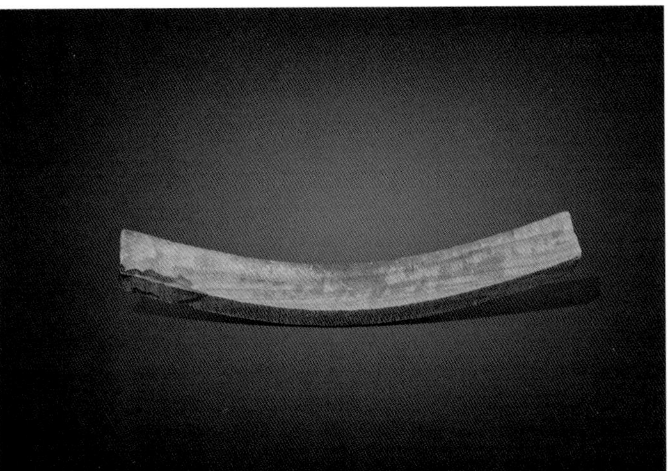

弧形片料

▲ 裁料过程

木料与弧形片料

木料是制作鼓身的原材料，品质上乘的以杉木、花梨木为最佳，普通的可选用松木、桦木、柳木等。弧形片料是经过锯切、裁断后，用于制作鼓身的大小一致、厚薄均匀的弧形木料。

铁斧

铁斧是在鼓身制作过程中用来砍削原材料，使其成为坯料的工具。

▼ 铁斧

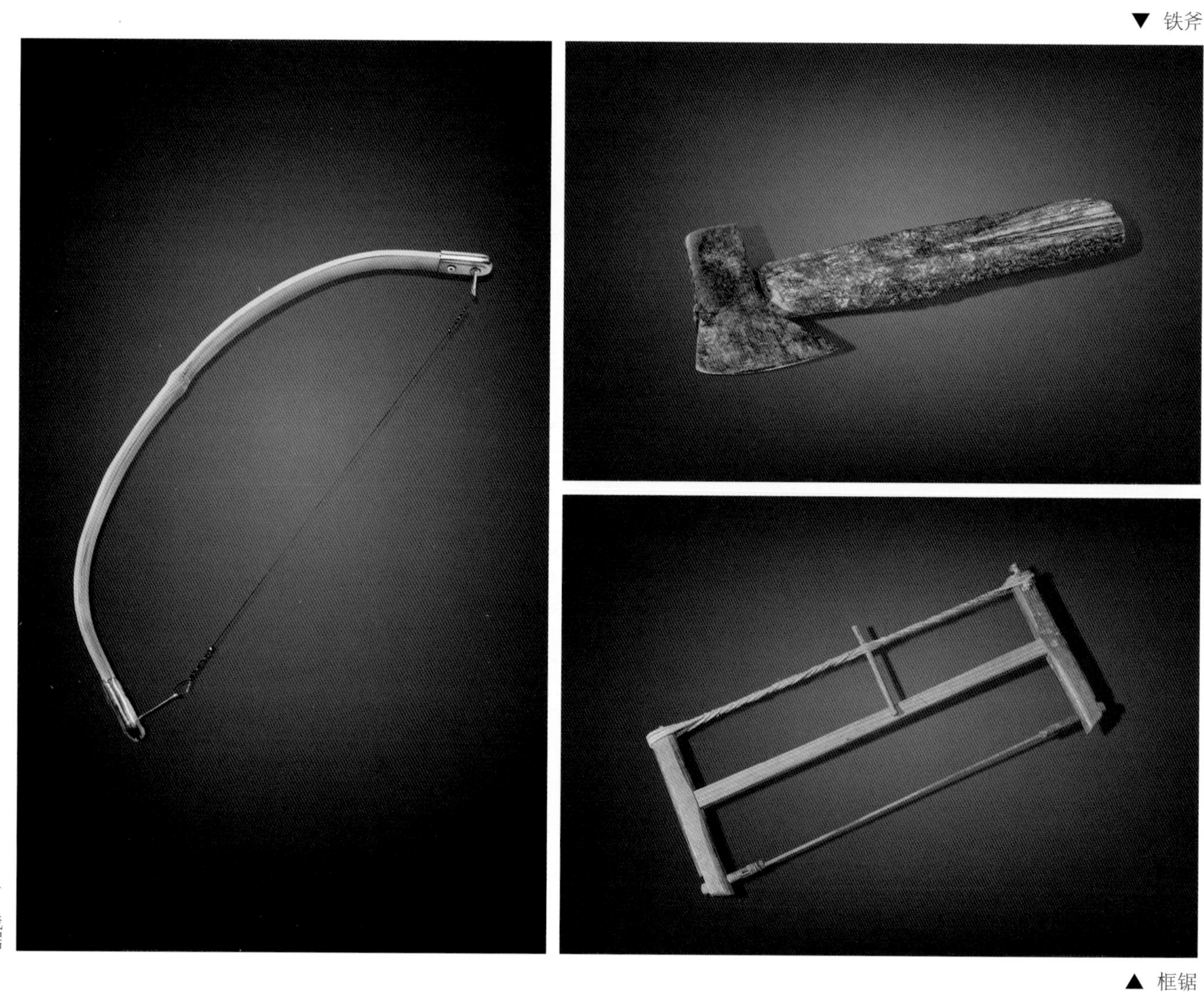

▶ 线锯

▲ 框锯

框锯与线锯

框锯是在鼓身制作的过程中用来锯割木料的工具。线锯是锯割弧形片料的工具。

折尺与皮尺

折尺是在鼓身制作过程中用于测量相关材料及部件的工具。皮尺是用于测量弧形或较长部件的工具。

▼ 皮尺

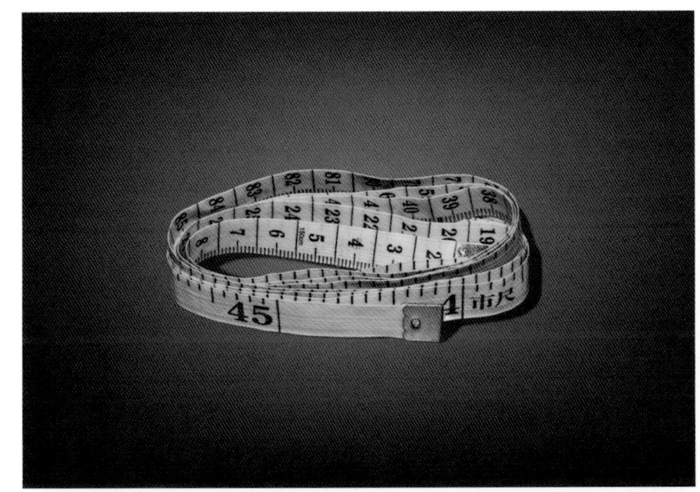

▼ 折尺

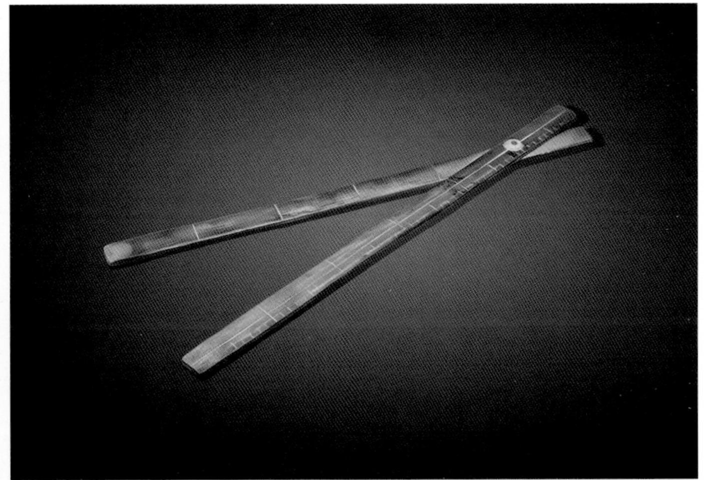

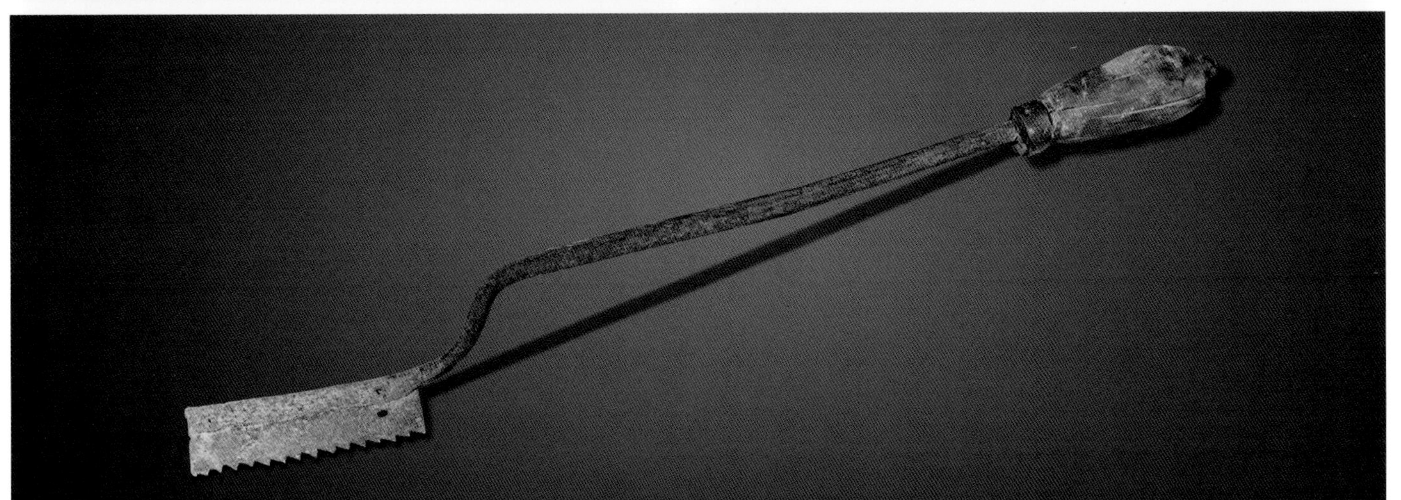

▲ 搂锯

搂锯

搂锯是在鼓身制作过程中用于锯切鼓身圆弧、狭窄处及搂缝的工具。

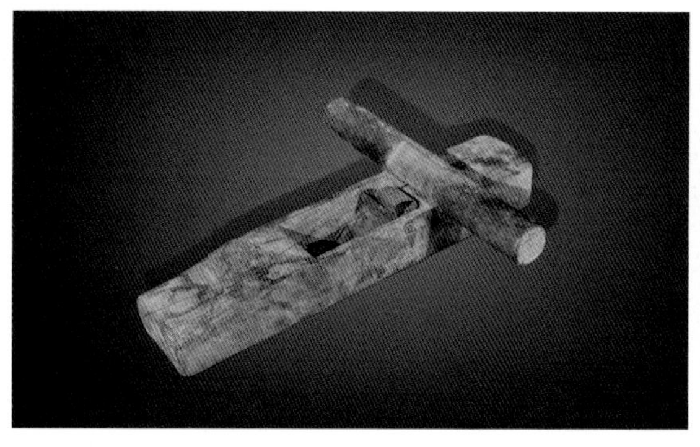

▲ 中刨

▲ 蟹刨

中刨与蟹刨

中刨是在鼓身制作过程中用来刨削、找平木板的工具。蟹刨是在鼓身制作的过程中用来刨、修鼓身、鼓口的工具。

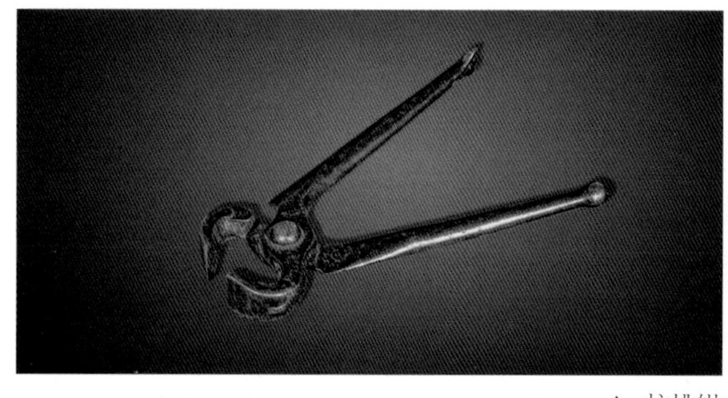

▲ 核桃钳

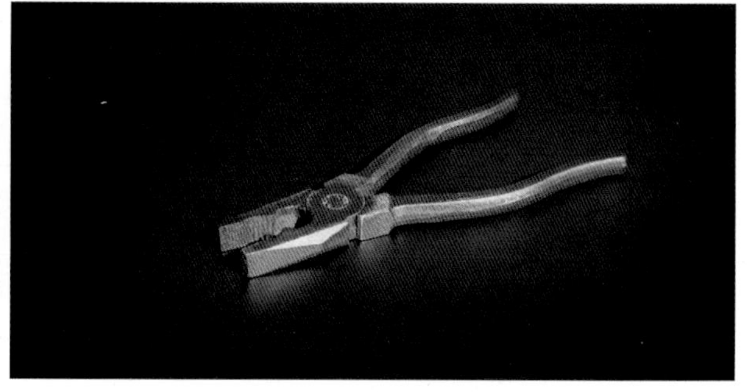

▲ 平口钳

核桃钳与平口钳

核桃钳是在鼓身制作过程中，用来拔取鼓身等相关部位钉子及铁件的工具。平口钳是用来拧、剪相关铁制配件的工具。

◀ 手锤

手锤

手锤是在鼓身制作过程中，用于固定架盘、敲击地锚等配件的工具。

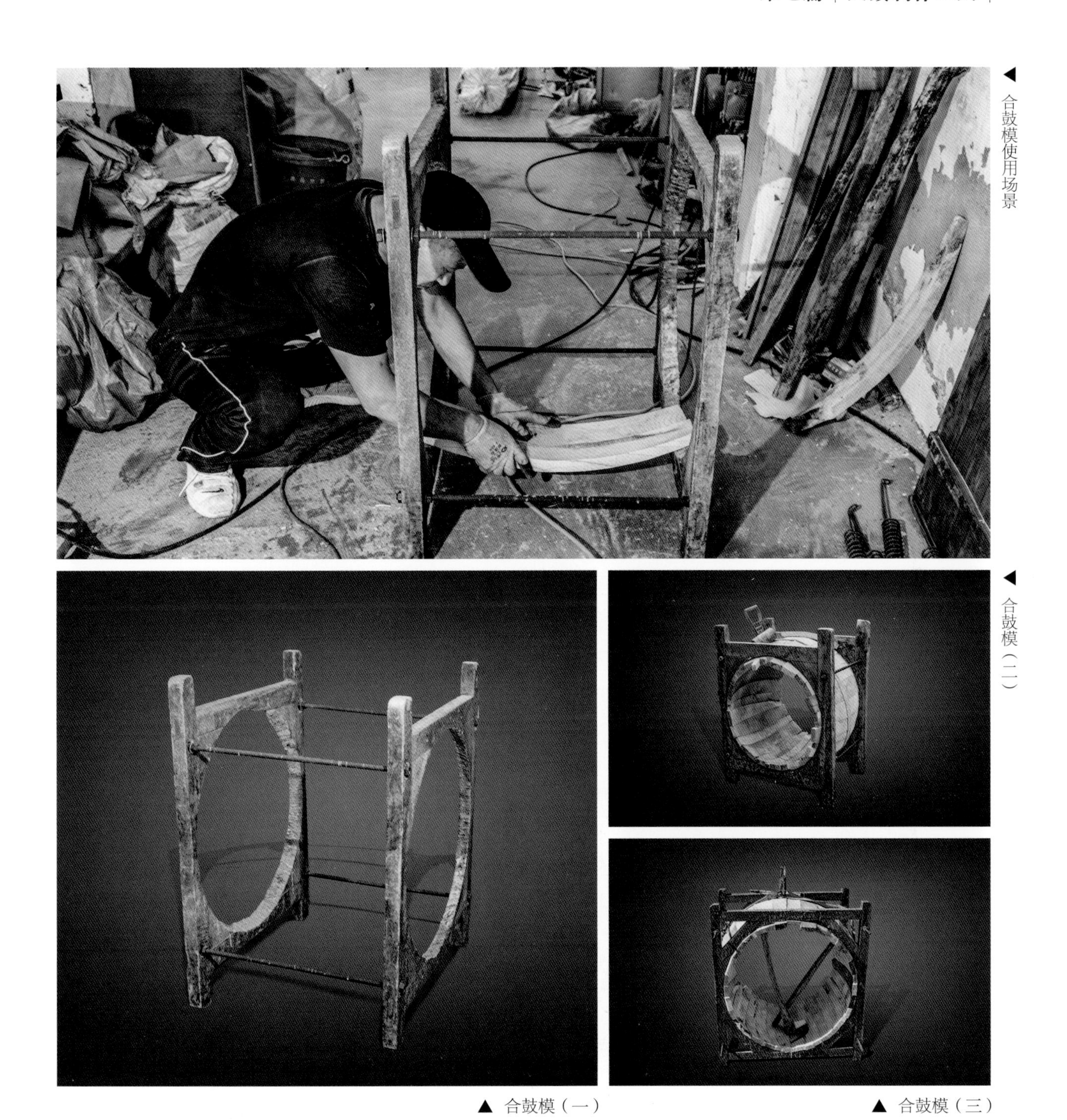

◀ 合鼓模使用场景

◀ 合鼓模（二）

▲ 合鼓模（一）

▲ 合鼓模（三）

合鼓模

合鼓模是用于固定鼓身形状、拼接鼓身弧形片料的工具。

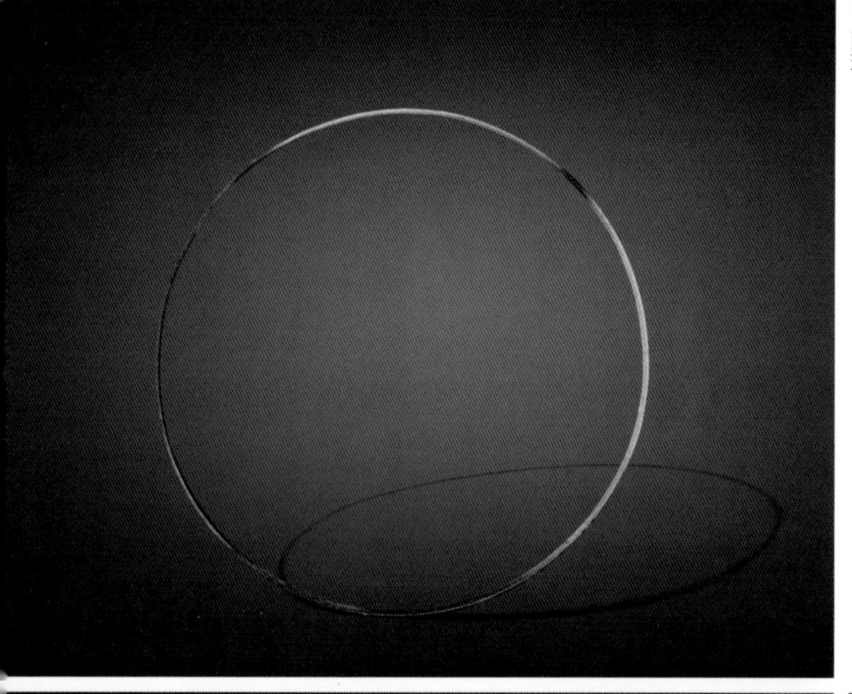
◀ 圆环

圆环、木桶与牛胶刷

圆环是在鼓身制作过程中用来配合鼓模固定片料的工具，多为铁制。木桶，是盛装牛胶的工具。牛胶刷是用来粘接片料时刷胶的工具。

▼ 木桶

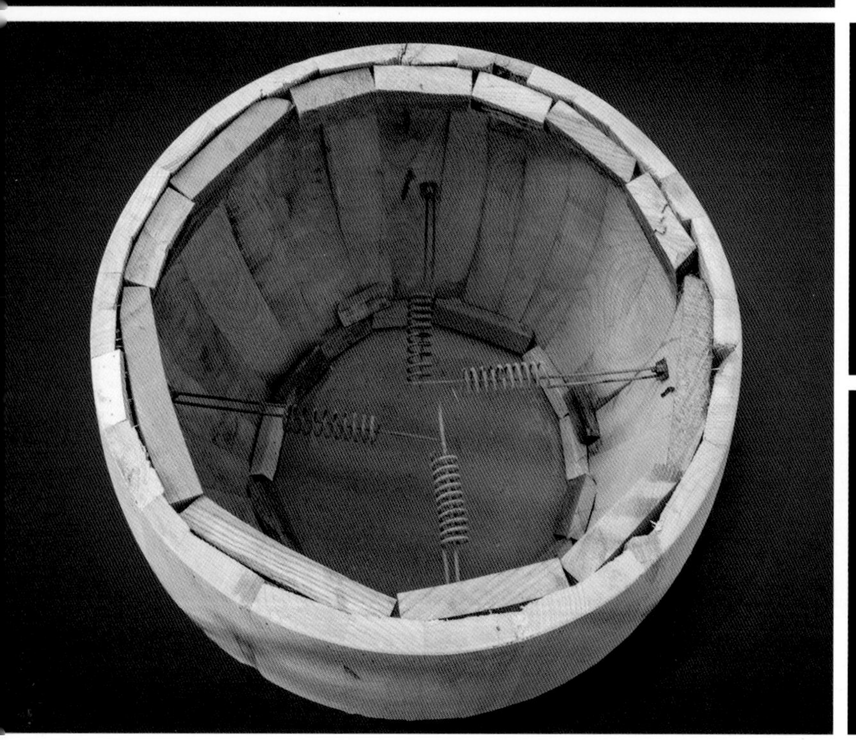
▲ 鼓簧

▲ 牛胶刷

鼓簧

鼓簧是安装在鼓身内部，延长击鼓声音的工具。

第二十章　鼓面制作工具

鼓面，通常用牛皮制成，所以也叫“鼓皮”。制作鼓面，首先要对牛皮进行加工处理。将牛皮取出，放入浸泡缸中进行浸泡，使其软化，然后把牛皮表面的杂毛、赘肉刮取干净。这一步中，牛皮是否刮制得厚薄合适、均匀一致，将直接影响鼓的耐用程度和发出的声音，所以刮皮通常由经验丰富的老师傅来完成。鼓皮经过浸泡、晾晒、刮皮之后，还要预先打孔。这样，一张鼓面就制作完成了。鼓面制作所用的主要工具有牛皮浸泡缸、牛皮刮刀、铅笔、裁切刀、冲子、扁头锤等。

▶牛皮（一）

◀牛皮（二）

◀牛皮浸泡缸

牛皮浸泡缸

牛皮浸泡缸是在鼓面制作过程中用来浸泡生牛皮的工具。

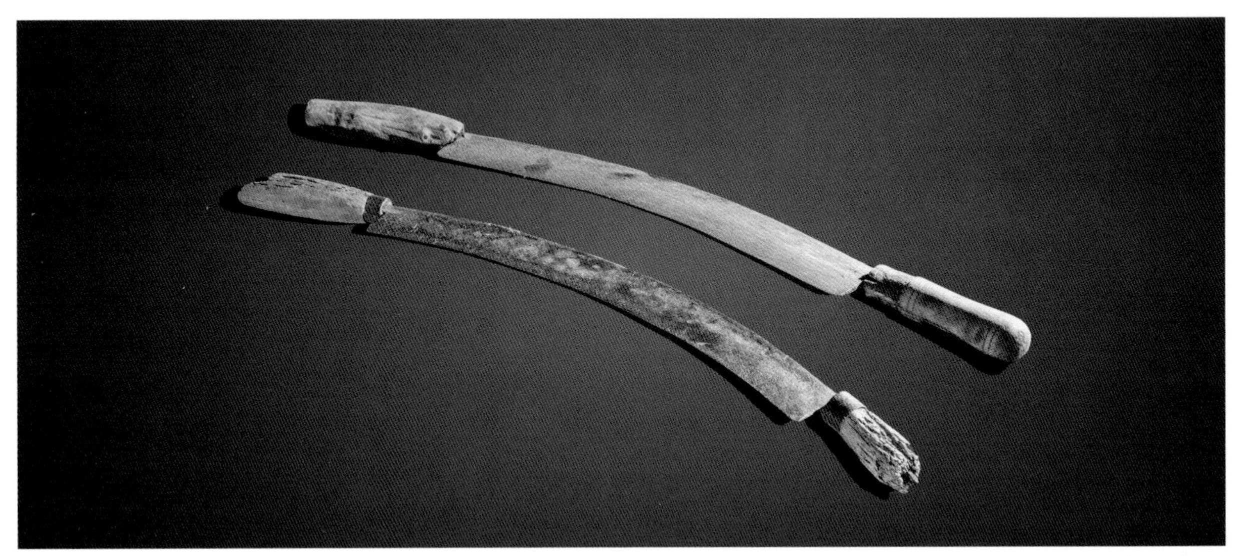

▲ 牛皮刮刀

牛皮刮刀

牛皮刮刀是用来刮除附着于牛皮上的脂肪、污物的工具，通常为双木柄、铁弯刀片。

▲ 铅笔

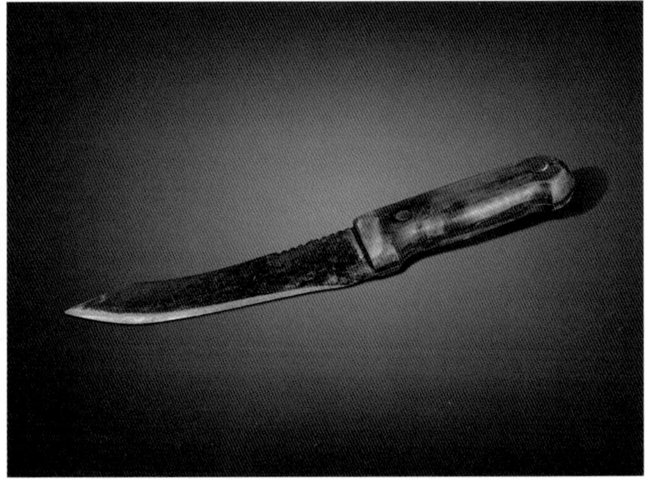

▲ 裁切刀

铅笔与裁切刀

铅笔是在鼓面制作过程中用来划线、标点、做记号的工具。裁切刀是对画好线的牛皮进行裁切的工具。

鼓皮穿孔场景

裁皮台

冲子

扁头锤

裁皮台、冲子与扁头锤

裁皮台是用来放置牛皮，对牛皮进行裁切、冲孔、修整等操作的圆形木台。冲子是在鼓面制作过程中，给鼓面边缘冲孔的工具。扁头锤是用来敲击冲子，为鼓面边缘冲孔的工具。

第二十一章　绷鼓装配工具

绷鼓是先把一个个穿杠穿过皮孔，用绳子把穿杠连拉带扯地绑在绞盘上，绳子越紧越好，全部扯紧后，鼓面就绷起来了，然后找一两个体重二百来斤的大汉，爬到鼓面来踩踏，一次最少踩半个小时，踩完后再紧绳子，紧绳子旧时多用绞绳法，如今有用千斤顶抬紧的，踩皮、紧绳差不多需要半年的时间，并且几乎每天都要进行。经过绷鼓、调音后，再用铆钉将鼓面与鼓身钉紧，装上鼓环、涂以红漆，一面传统大鼓就制作完成了。绷鼓装配的主要工具有流动式架盘、固定式架盘、穿杠、绞棍、千斤顶、绷鼓绳、木槌、羊角锤、锉刀、砂纸、腻子刀、腻子桶、油漆桶、刷子、鼓环、鼓槌、鼓架等。

▲ 绷鼓场景

▶ 流动式架盘

◀ 固定式架盘

流动式架盘与固定式架盘

流动式架盘是绷鼓时用来拉紧鼓面的可移动架盘工具。固定式架盘是通过地锚、穿杠、拉绳、绞棍、千斤顶等相互配合，拉紧鼓面的绷鼓工具。

▼ 绞棍使用场景

▼ 穿杠使用场景

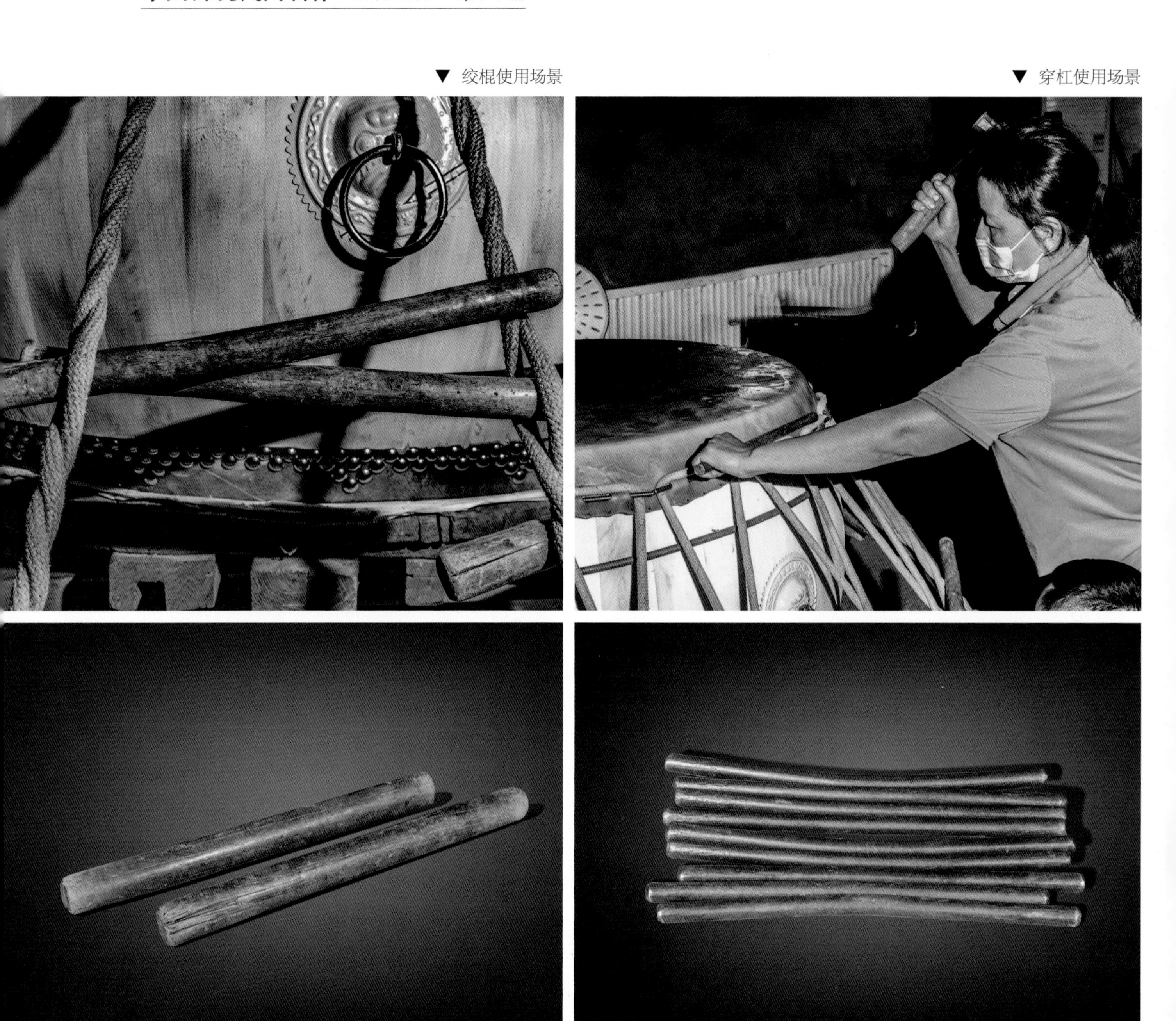

▲ 绞棍

▲ 穿杠

绞棍与穿杠

绞棍是在绷鼓、调音时，用来绞紧或放松绷鼓绳的工具。穿杠是绷鼓时横向穿连牛皮、拴挂绷鼓绳的工具。

▼ 千斤顶

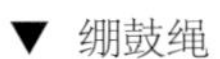

▼ 绷鼓绳

▲ 木槌

千斤顶、绷鼓绳与木槌

千斤顶是在绷鼓过程中用来抬高撑台，配合架盘绷紧鼓面的工具。绷鼓绳是用来牵引鼓面，配合架盘使用，使其绷紧平整的工具，通常为麻绳。木槌是绷鼓、调音时，用来敲击鼓面各部位，听取声音的工具。

▶ 踩鼓场景

◀ 大鼓上铆场景

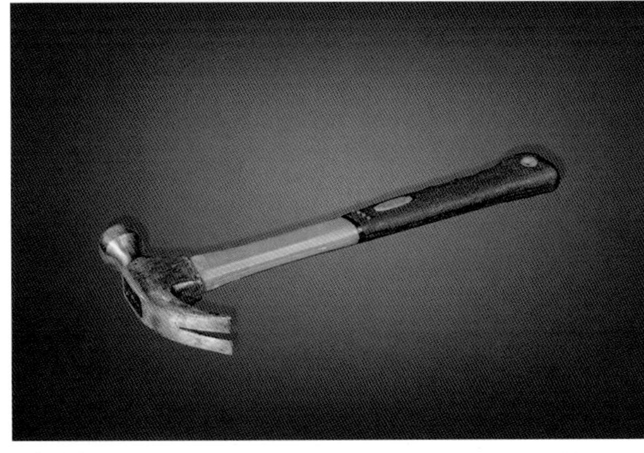

▲ 羊角锤

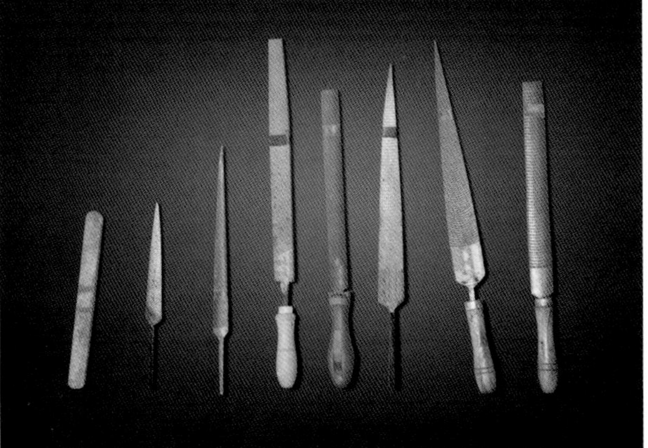

◀ 锉刀

羊角锤、锉刀与砂纸

羊角锤是用于安装鼓簧、鼓环等配件的工具。锉刀与砂纸是对鼓身外部及金属配件进行打磨、抛光的工具。

▶ 砂纸

▲ 腻子刀

▲ 腻子桶

腻子刀与腻子桶

腻子刀是打磨完成后，对鼓身外部涂刮腻子时使用的刮刀。腻子桶是用来盛装腻子的工具。

▲ 油漆桶

▲ 刷子

油漆桶与刷子

油漆桶是在装配过程中，盛装油漆的工具。刷子是为鼓身刷漆的工具。

◀ 大鼓鼓环

▲ 鼓环

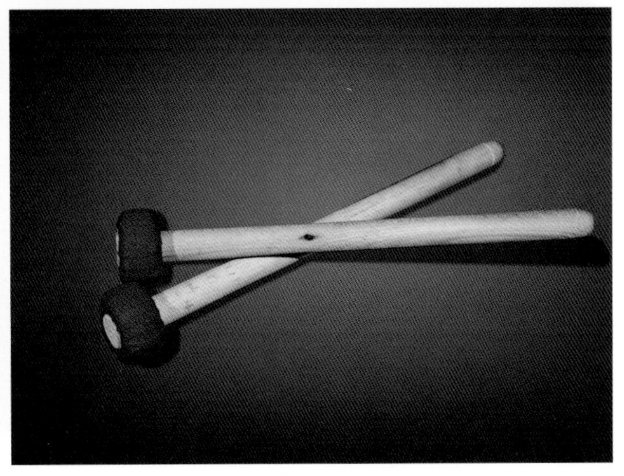

▲ 鼓槌

鼓环与鼓槌

鼓环是安装在鼓身上，方便提拉搬运的工具，同时也起到装饰的作用，通常为铜制或铁制。鼓槌是用来敲击鼓的木槌，在制鼓工艺中，也用来对成品鼓进行音质、音色的检验。

▶ 立式鼓架

◀ 卧式鼓架

鼓架

鼓架是用于支撑大鼓的木架，通常有立式和卧式两种。

第八篇

烟花、爆竹制作工具

烟花、爆竹制作工具

“爆竹声中一岁除，春风送暖入屠苏。千门万户曈曈日，却把新桃换旧符”，这是北宋大文豪王安石的一首《元日》，写作这首诗的时候，王安石初始拜相，越次入对，他借景抒情，将自己革除积弊、锐意改革的政治抱负与除夕日家家燃放爆竹、更换桃符的景象联系起来，成为描写除夕的一首千古佳作。从这首诗中，我们可以看出，爆竹在北宋时期已经十分普遍，那它到底是何时何人发明的呢？民间传说，烟花、爆竹的发明是为了驱赶“年兽”，这自然是传说。历史记载，鞭炮的发明者是唐朝初年的李畋。李畋生活在湘赣边界，它从小便随父亲习武，练就了一身高超的武艺，在与同伴进山采药、狩猎中，很多人回家后便身染重疾，一病不起，村中也开始流行瘟疫。时人说这是山魈邪气作祟，实际上是湘赣边界群山之中多瘴气，进山的人误吸入瘴气所致，李畋从一位老者那里得知，可以将火药装入竹筒，点燃后便能消除瘴气，他在试了几次后发现此法虽然可行，但威力不大，于是他改良了制作方法，将硝石与火药混合，改竹筒为纸筒，并将两头用黄泥封堵，再加以引线。燃放后响声震天，且硝烟弥漫，正好可以用来驱赶山中瘴气。这种鞭炮发明以后，人们纷纷仿效，发现不仅可以驱赶瘴气，还能惊吓野兽，必要时也是防身利器，鞭炮便因此流行起来，人们也把李畋奉为烟花爆竹业的祖师爷。

烟花、爆竹是中国传统喜庆用品，除了过年燃放，凡嫁娶新妇、新居乔迁、科举中榜，唯有燃放成串的鞭炮，才能彰显出主人的得意和高兴。噼噼啪啪的炸裂声和满地的红纸也经常引得四邻和过路人驻足观望，一串串掌声和喝彩声倒也有些“独乐乐，不如众乐乐”的意思。因此烟花、爆竹制作虽危险性较大，但千百年来一直流传，成为中国民俗生活中的一种重要物品。

烟花、爆竹制作虽流传千年，但其制作工艺却鲜有记载，坊间制作多以师徒相传的方式延续存留，且制作过程中的一些技巧窍门，往往是烟花、爆竹匠人心领神会自己琢磨的，这就是所谓的“只可意会，不可言传”。根据烟花、爆竹的工艺流程，其制作工具大致可以分为扯筒、褙筒工具，洗筒、腰筒工具，上盘、钻孔工具，插引、结鞭工具及消防、灭火工具。

▶ 李畋木像

第二十二章　扯筒、褙筒工具

制作烟花、爆竹的纸料，俗称“鞭皮”或“爆竹皮”，在烟花、爆竹制作行业内统称为“筒”。将纸料卷成便于装填火药的筒子，这一步就叫“扯筒”，所用的工具主要是“扯凳”。鞭炮的外皮最初是白素纸，后来出于防潮、保存的目的，在外部加上一层皮纸，又因为彩纸或红纸有喜庆的效果，所以“褙筒”成为必不可少的一步。扯筒、褙筒所用主要工具有扯凳、方凳、筒子模板、红纸、剪刀、裁刀、竹板、瓷碗等。

▶扯凳

◀扯凳使用场景

◀方木凳

扯凳与方凳

扯凳又称“捻床”，是制作烟花、爆竹过程中用来捻制爆竹纸筒的木制工具。方凳是在扯筒、褙筒过程中工人师傅的坐具。

▲ 筒子模板

筒子模板

筒子模板是在扯筒、褙筒过程中用来度量和规范鞭炮筒长短、粗细、厚薄的木制工具。

▶ 红纸

红纸

红纸是在鞭炮制作过程中用来褙筒的原料，除了红纸，也可选用颜色鲜艳的彩色纸。

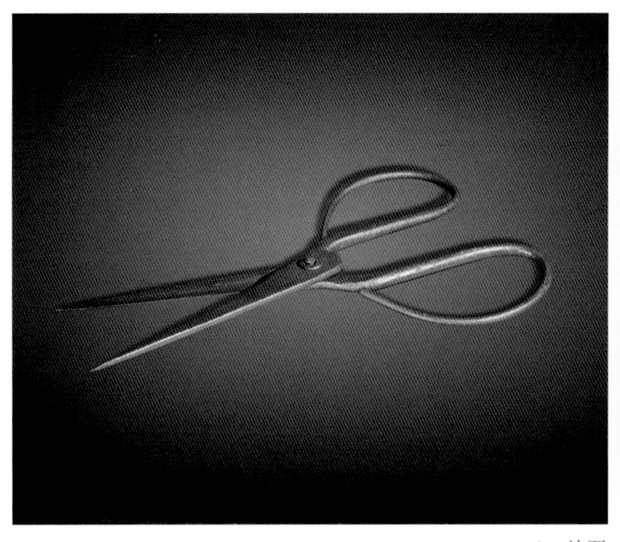

▲ 剪刀

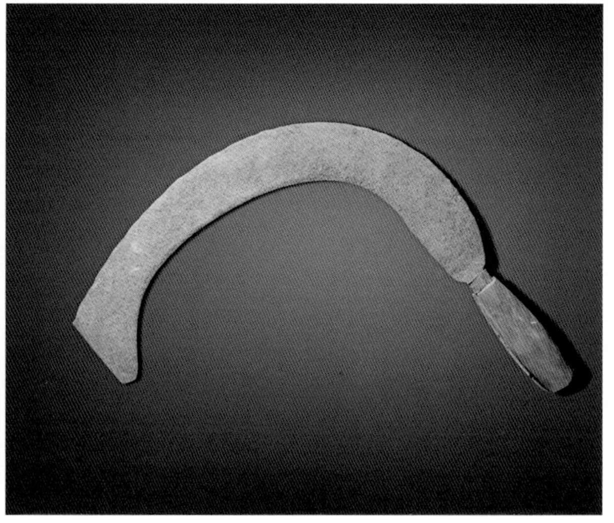

▲ 裁刀

剪刀与裁刀

剪刀是在制作烟花、爆竹过程中用来剪切纸张的工具。裁刀是用来裁割纸张、纸筒的工具。

◀ 竹板与瓷碗

竹板与瓷碗

竹板是在褙筒过程中给烟花、爆竹纸料抹浆糊的工具。瓷碗是盛装浆糊的工具。

第二十三章　洗筒、腰筒工具

洗筒指的是将褙好的鞭炮桶捆扎成一个六边形，每边的筒子数量相等，便于计数，每捆扎好一个六边形，称之为“一饼”。筒子成饼之后，再用阔刀将饼子拦腰裁断，一饼成为两饼，一个筒子成为两个筒子，此道工序谓之“腰筒”，一般为技术工人所操作。其使用的工具主要是洗筒模和腰筒板。

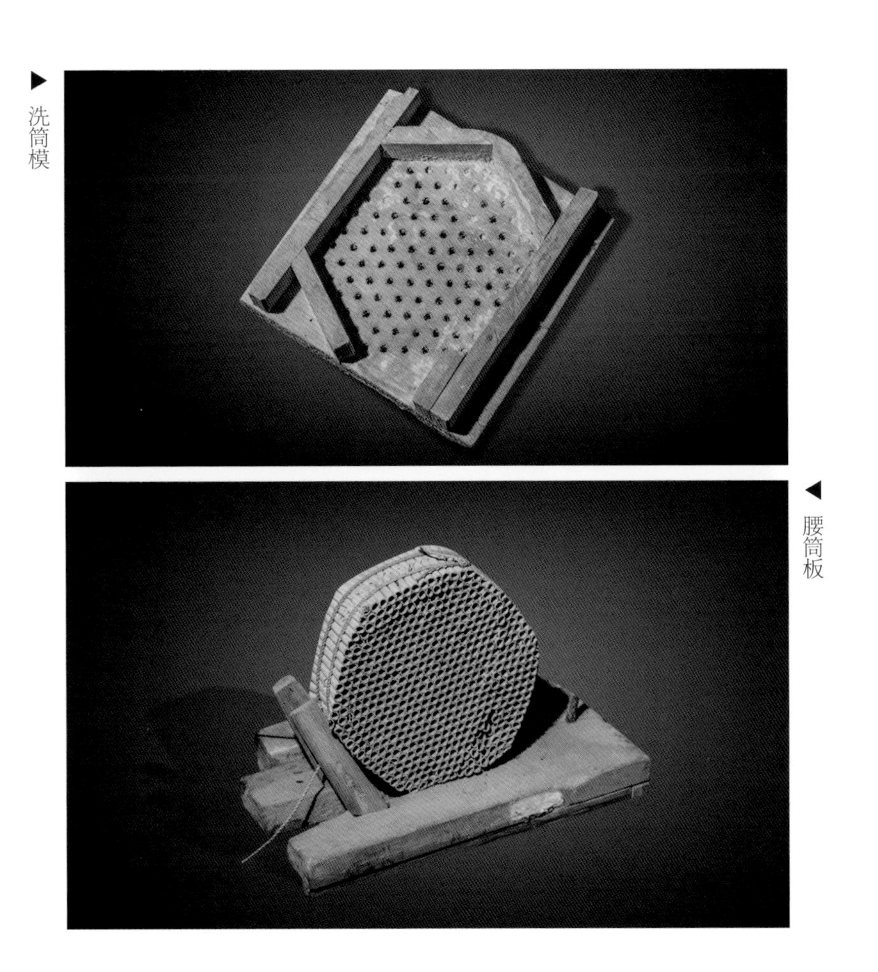

▶洗筒模

◀腰筒板

洗筒模与腰筒板

洗筒模是在制作烟花、爆竹过程中便于鞭炮筒按六边形进行组合的工具。腰筒板是承载腰筒底部以备裁切的木制工具。

第二十四章　上盘、钻孔工具

“上盘”分筑泥和上硝两道工序，先将筒子一端灌紧白泥（俗称“打泥底”），再筑上黑硝（俗称“筑药”），然后在另一端筑上黄泥（俗称“打泥头”）。通常情况下，鞭炮制作时的黑火药是已经调配好的，但传统鞭炮作坊，其所用黑火药是自己调配的，主要成分是硫黄、硝石和木炭，有时还要加入金属粉末，增加鞭炮在燃放时的闪光效果。“钻孔”指的是对完成“上盘”工序的鞭炮钻取插引线的孔洞。其使用工具主要有火药罐、原料罐、炭盆、木臼、木转耙、水碾、戥秤、氧化剂、色光剂、箩、筛、木插子、火药铲、竹筒、竹签、模压烟花筒、木插斗、手锥等。

▶火药罐

◀原料罐

火药罐及原料罐

火药罐是用来盛放黑火药的铁制工具。原料罐是用来盛放硝石或硫黄等原材料的陶瓷制工具。

▲ 炭盆

炭盆

炭盆是在制作烟花、爆竹过程中用来烧制木炭、制作黑火药原料的工具。

▲ 木臼

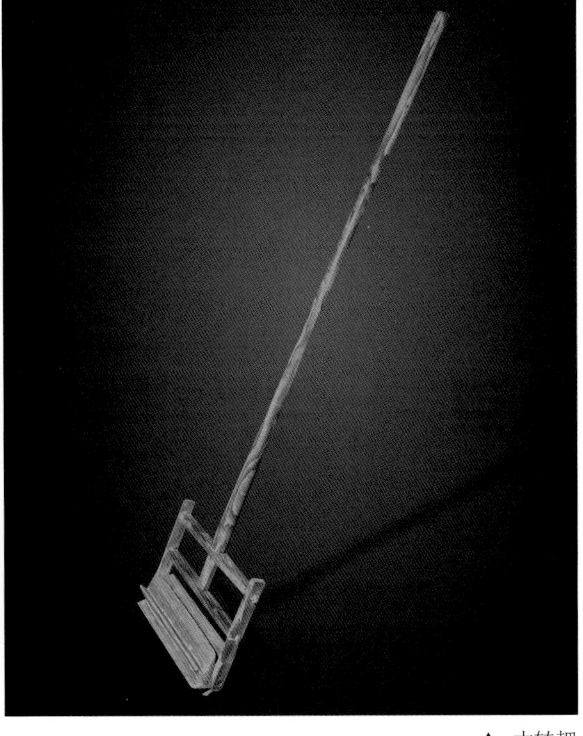

▲ 木转耙

木臼与木转耙

木臼是在制作烟花、爆竹过程中，用来捣碎木炭等原料的工具。木转耙是用来翻晾硝石的木制工具。

▲ 水碾

水碾

水碾是在制作烟花、爆竹过程中用来碾压粉碎硝石、木炭、硫黄等原料的工具，有水力、牛力、人力拉动等。

▶ 戥秤

戥秤

戥秤是在烟花、爆竹制作过程中，用于称取原料重量，进行配比的工具。

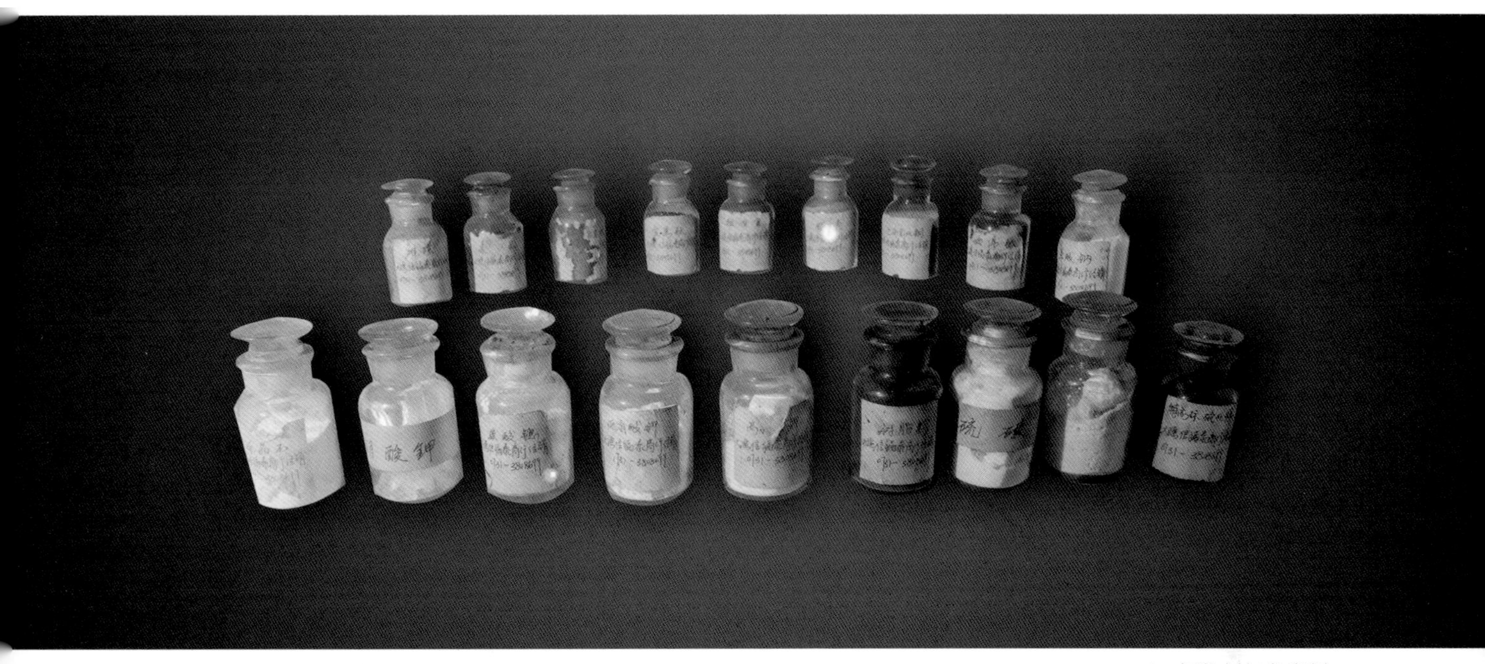

▲ 氧化剂与色光剂

氧化剂与色光剂

氧化剂与色光剂是在制作烟花、爆竹过程中用来添加到火药原料中，增加鞭炮燃放效果的材料。

箩与筛

箩与筛主要是在烟花、爆竹制作过程中，对火药原料进行过滤筛选的工具。

▼ 箩

▼ 筛

木插子

木插子是在烟花、爆竹制作过程中，上盘过程时用来取土、取料的工具。

▼ 木插子

▶ 火药铲

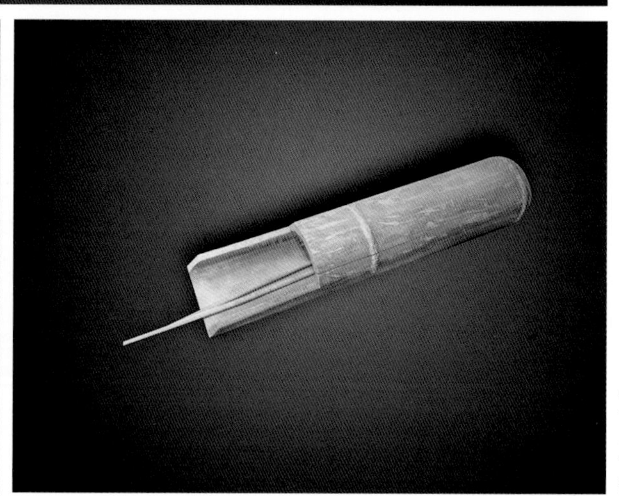

◀ 竹筒与竹签

火药铲

火药铲是在制作烟花、爆竹过程中用来铲装火药的工具，通常为蚌壳制。

竹筒与竹签

竹筒和竹签是上盘过程中用来填充、捣实泥底、泥头与火药的工具。

模压烟花筒

模压烟花筒是制作烟花、爆竹过程中用来填充火药的便捷工具。

▼ 模压烟花筒

▶ 木插斗

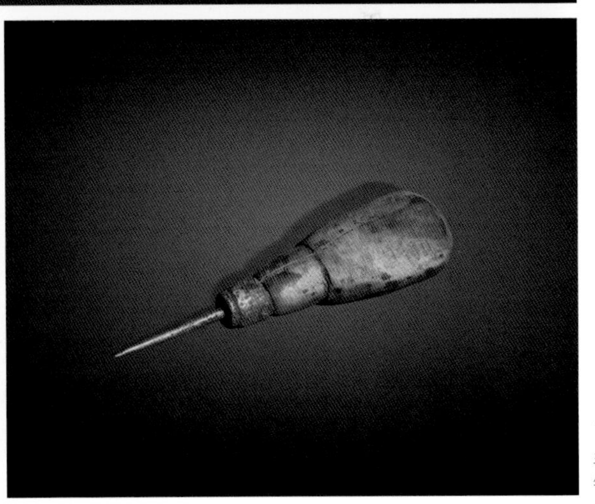

◀ 手锥

木插斗

木插斗是用来盛放、传递上盘后鞭炮的工具。

手锥

手锥俗称“引钻”，是在制作烟花、爆竹过程中用来钻引线插孔的工具。

第二十五章　插引、结鞭工具

钻孔完成的鞭炮筒，需要将引线一根一根插入，这一步叫“插引”，也叫“栽引”。插引的前一步是制作引线，过去，引线制作完成后，会分发到附近的农户中，由农户插引完成后再收回。插引完成后还需要将单个鞭炮进行编织才能成为成串的“鞭炮”，这一步叫“结鞭”，结鞭的方式有“单鞭”和“双鞭”之分。单鞭是在引线的一边结爆竹，形状像梳子；双鞭是将爆竹双边排列，引线在中间，形状像篦子。结鞭是用麻线、棉线将引线进行编织的过程，结成之后的鞭炮有“百子鞭”“千子鞭”“万子鞭”，俗称“一百响”“一千响”“一万响”。

▶引线制作机

引线制作机

引线制作机是制作鞭炮引线的木制工具。

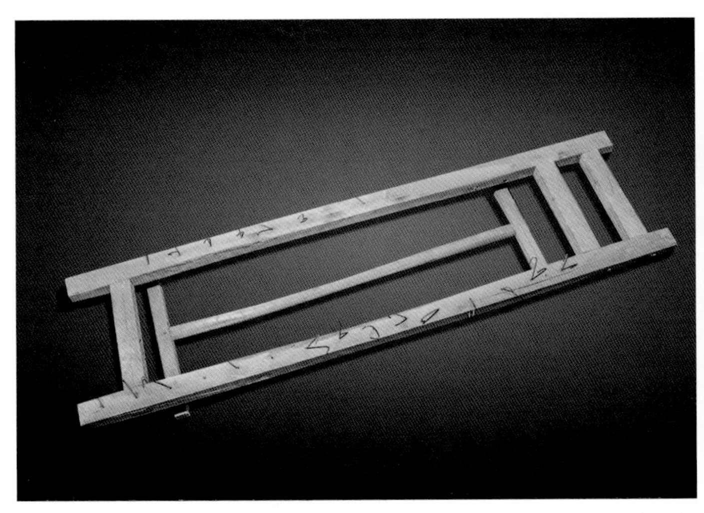

▲ 晾晒架

晾晒架

晾晒架是用来晾晒引线的木制框架工具。

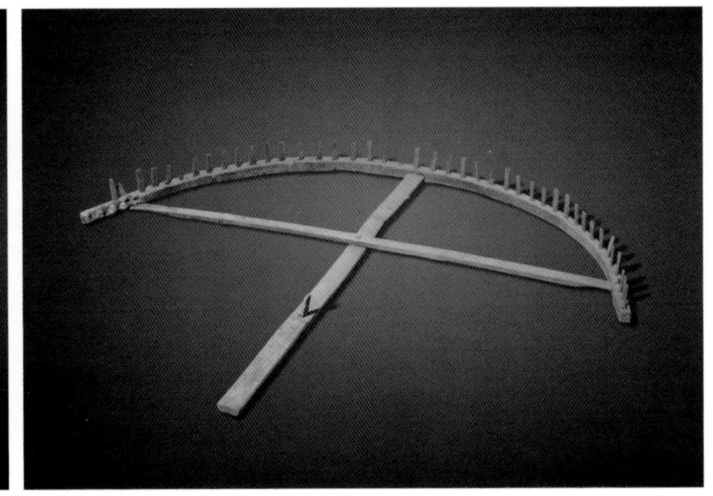

▲ 引线耙

引线耙

引线耙是在制作烟花、爆竹过程中，晾晒引线的木制工具。

▲ 竹筐

竹筐

竹筐是用来盛装插引前鞭炮的工具。

▲ 铡刀

铡刀

铡刀是在烟花、爆竹制作过程中用来铡切引线的工具。

▶ 纺车

◀ 棉线

◀ 麻线

纺车、棉线与麻线

纺车是在制作烟花、爆竹过程中用来纺织结鞭棉麻绳的工具。棉线是用来结鞭的线绳。麻线是对鞭炮进行编织、捆扎的工具。

▲ 筐篓

筐篓

筐篓是在制作烟花、爆竹过程中用来盛放上盘、插引后鞭炮的工具。

第二十六章　消防、灭火工具

烟花、爆竹制作是一个危险的行业，制作鞭炮的原料大多是易燃易爆物品，过去，由于人们的安全意识淡薄，加之没有有效的安全防护和消防工具，爆炸火灾的情况时有发生，给人们的生命财产和生产生活带来了不少的灾难。现代，随着社会的进步，人们意识到鞭炮燃放不仅对大气造成污染，而且无序地生产也容易引发安全事故。因此，很多地方都禁止燃放和生产烟花、爆竹。传统民间烟花、爆竹制作时，虽没有现代完整的消防、安全措施和工具，但用于防火的工具也是必不可少的。

▲ 火烛车

火烛车

火烛车是在烟花、爆竹制作过程中用于现场灭火的工具。火烛车是较早使用的消防车，内装有水，有四轮可以拉动，通过杠杆吸水、喷水灭火。

◀ 灭火水缸
▶ 水桶
◀ 灭火器
▶ 瓢

灭火水缸、灭火器、水桶与瓢

灭火水缸是在烟花、爆竹制作过程中用来盛放水，以备灭火使用的陶瓷工具。灭火器是通过真空打压原理进行现场灭火的工具。水桶是提取、运送水进行灭火的工具。水瓢是用来舀取水，进行现场泼洒灭火的工具。

第九篇

龙灯、花灯制作工具

龙灯、花灯制作工具

龙灯、花灯是中国传统民俗活动中的重要内容，每逢过年过节、庙会社火、嫁娶迎亲，人们便会悬挂造型别致、色彩鲜艳的灯笼，寓意吉祥红火、前景光明。有时为了达到整体效果，还会传引彩带，辅以装饰，这便是人们常说的“张灯结彩”。悬挂花灯和舞龙灯的习俗始于汉初的元宵节，最初是为了祭祀火神，再往前追溯，便是人们对火和光的崇拜。远古时期，火的出现极大地改善了人类的生存条件，火不仅可以用来驱赶野兽，而且可以烹制熟食、御寒取暖，于是，从远古时期，对火和光明的崇拜便遗留在了人类的基因中。人们一看到“火”，便欣喜和兴奋。而龙灯、花灯便是传递这种兴奋喜悦的媒介和表达方式。龙灯与花灯到了唐代达到兴盛，每逢正月十五，悬挂花灯不仅是民俗活动，而且是朝廷明令的法定内容。那时为了烘托节日气氛，朝廷还会斥资请手艺高超的匠人，制作巨型的花灯，名为“鳌山”。据说，唐玄宗时期，曾有巧匠毛顺制鳌山灯楼高150尺，悬灯万盏，一时竟引得万人空巷，争相围观。关于唐代花灯的盛景，卢照邻曾有诗云：“锦里开芳宴，兰缸艳早年。缛彩遥分地，繁光远缀天。接汉疑星落，依楼似月悬。别有千金笑，来映九枝前。”

龙灯、花灯到了宋代更是品类繁多、样式齐全，并且遍及民间。也是从宋代开始，一些文人雅士将“谜语”写在花灯上，人们在观赏花灯时还能猜谜，这无疑为元宵节花灯又增添了新的娱乐功能，从此后，元宵节“猜灯谜”的活动便流传下来。明清两代，民间龙灯、花灯热情未减，并且出现了专门售卖花灯的灯市，促进了花灯工艺的发展。

花灯是用竹木、绫绢、丝穗、彩纸等材料，经彩扎、裱糊、编结、刺绣、雕刻，再配以剪纸、书画、诗词等装饰制作而成的综合工艺品，也是中国传统的民间手工艺品。花灯经过民间艺人传承发展，品类繁多，主要有吊灯、座灯、壁灯、提灯几大类。吊灯是悬挂于门楼、厅廊等处的大灯笼，形状多为规则的圆形、方形、多边形等；座灯有庙堂、祠堂内的供灯和室内营造节日气氛的照明灯，如今元宵节的户外大型灯景也属于座灯；壁灯多用于廊下或沿墙的照明，饰以书画诗词，更具文化气息和装饰性；提灯多用于玩赏，有龙、鱼、兔、鸡等动物造型，是过去元宵节中孩子们的最爱。

龙灯与花灯的制作工艺并不复杂，尤其是花灯，有些心灵手巧的家庭主妇就会制作，其精巧程度往往不亚于市面上售卖的花灯。按照其制作步骤，龙灯、花灯的制作工具主要分为骨架制作工具和罩面制作工具。

▶ 花灯

◀ 龙灯

第二十七章　骨架制作工具

骨架是龙灯、花灯的整体框架，也是龙灯、花灯的造型基础。骨架制作分为选竹、破篾、定型三步。选竹一般要选择三年以上、七月份以后的向阳竹作为原材料，这样的竹子韧性好且不易生虫。破篾是把完整的竹子用篾刀劈成细条的过程。定型指的是将竹篾按照需要编织成固定的形状。所有使用的工具主要有竹篾、框锯、小刀、木砧、竹篾剪、羊角锤、尖嘴钳、锥子、木槌、直尺、铝线、棉线、拆线剪、长嘴剪等。

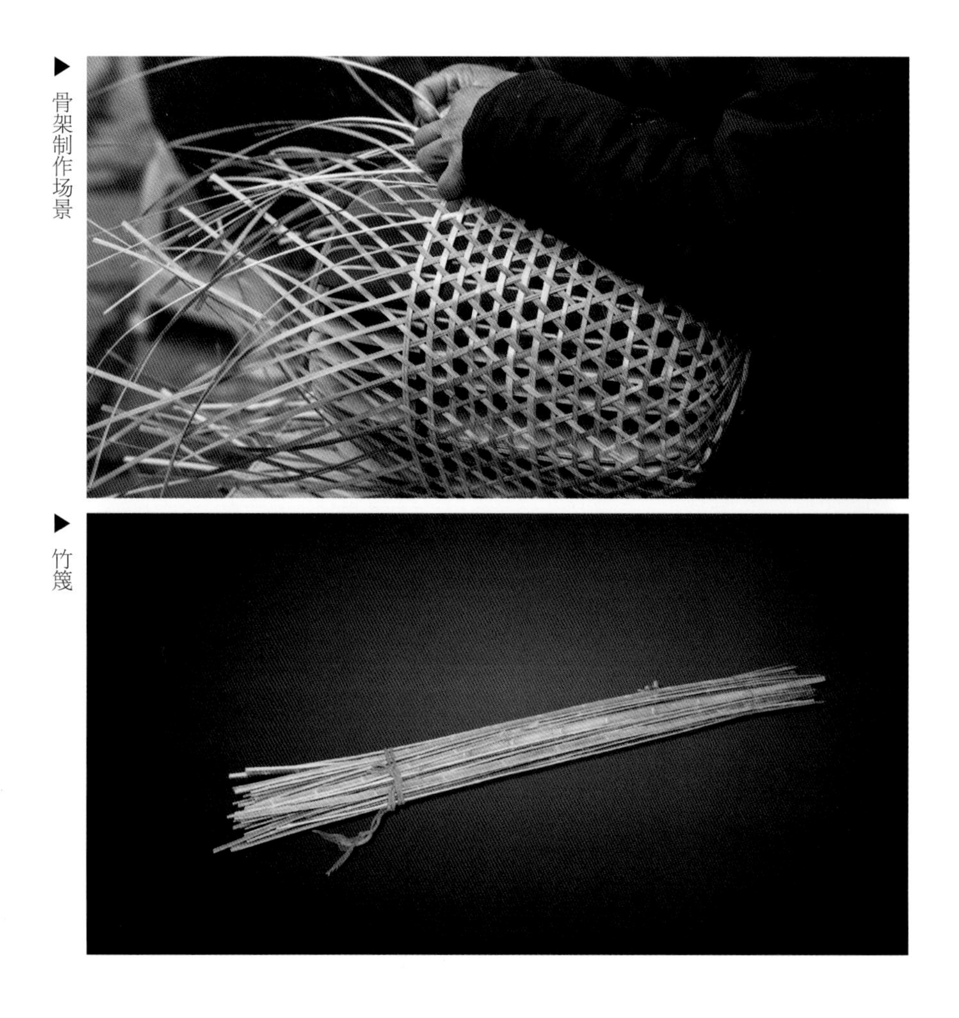

▶ 骨架制作场景

▶ 竹篾

竹篾

竹篾，是在龙灯与花灯制作过程中扎制骨架的主要材料。

柴刀与木砧

柴刀是在骨架制作过程中，用来砍、劈竹篾等材料的工具。木砧则是配合柴刀砍、剁的垫具。

▼ 柴刀

▼ 木砧

▲ 框锯

框锯

框锯是在骨架制作过程中，用于锯割制作骨架材料等的工具。

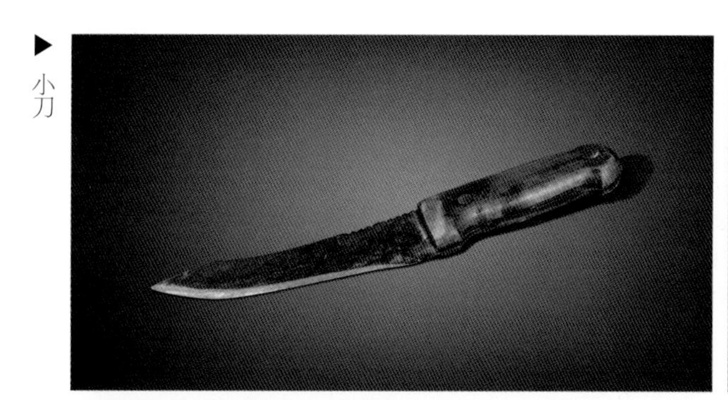
▶小刀

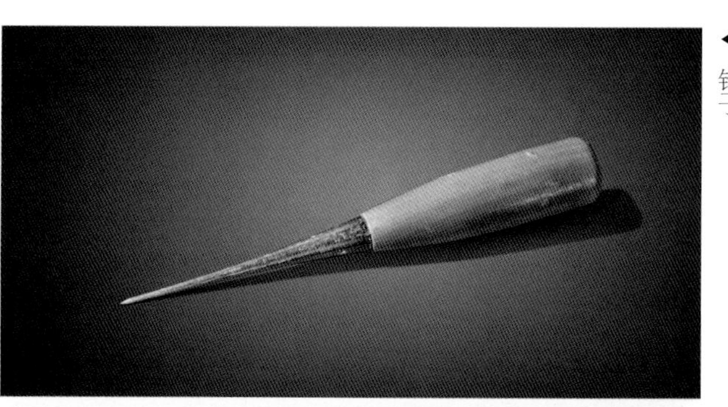
◀锥子

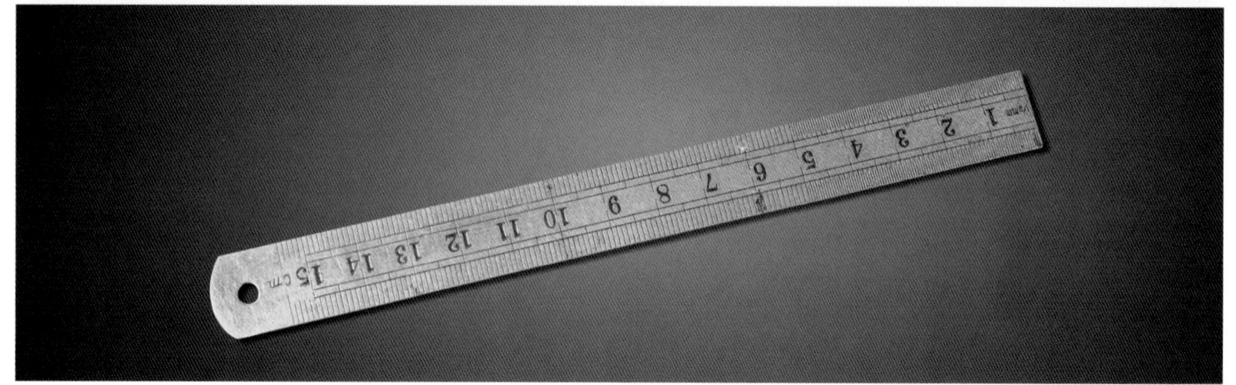

▲ 直尺

小刀、锥子与直尺

小刀是在骨架制作过程中，用来劈、削竹篾等材料的工具。锥子是用来给配件扎孔的工具。直尺是在骨架制作过程中，用来测量、取直的工具。

羊角锤与木槌

羊角锤与木槌是在骨架制作过程中用来敲击、锤打配件的工具。

▶羊角锤

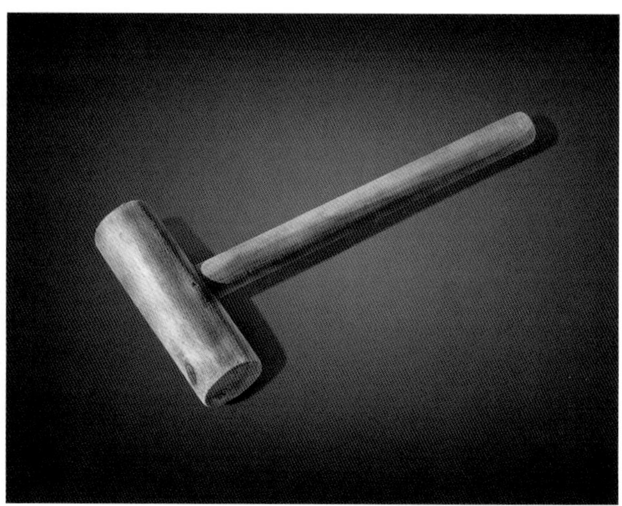
◀木槌

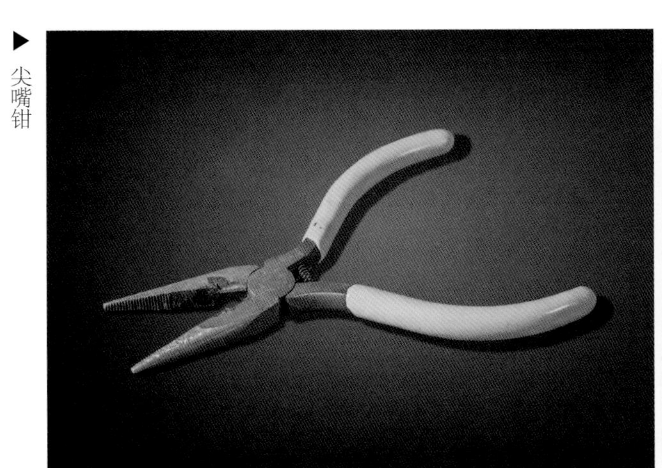
尖嘴钳

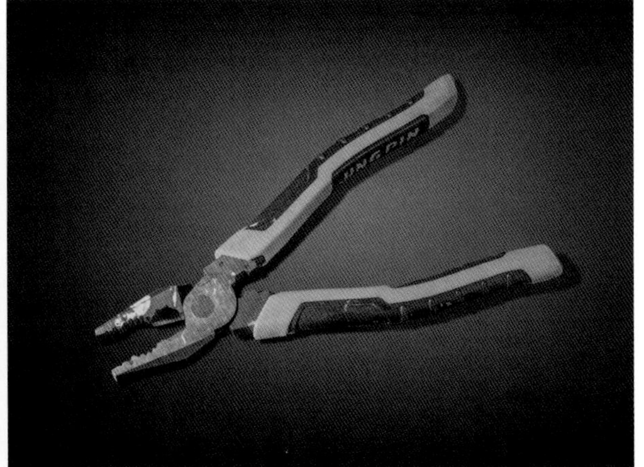
平口钳

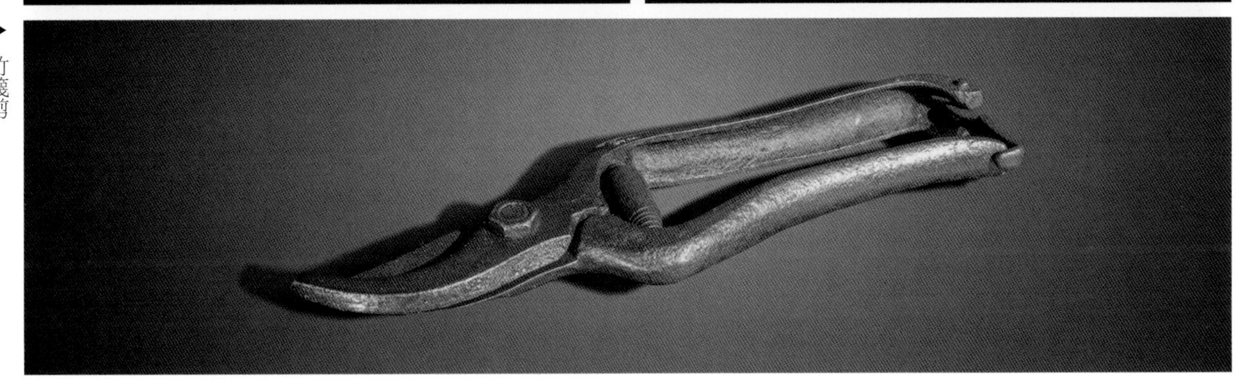
竹篾剪

尖嘴钳、平口钳与竹篾剪

尖嘴钳与平口钳是在骨架制作过程中，用来剪切、拧拔相关金属制配件的工具。竹篾剪是用来裁剪竹篾的工具，使其达到适合编织的长度。

铝线

铝线是用来绑扎骨架，使其成型的工具。

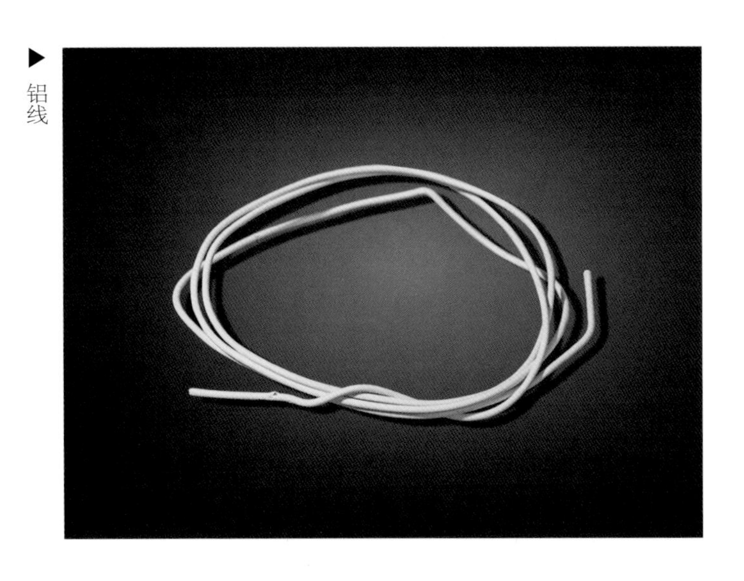
铝线

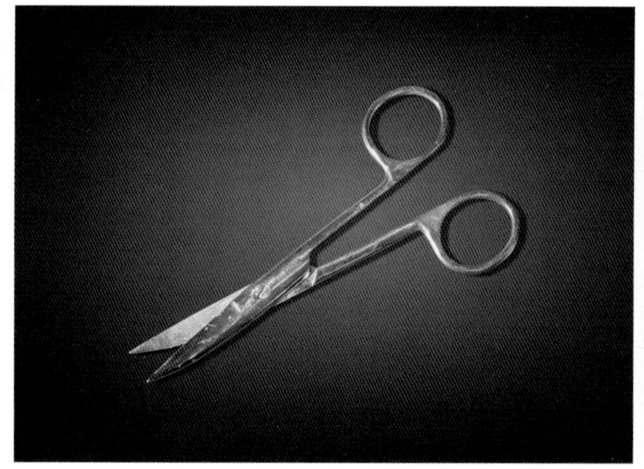

拆线剪

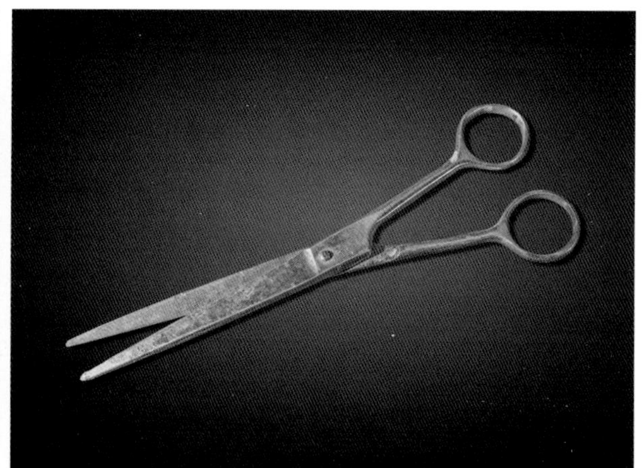

长嘴剪

拆线剪与长嘴剪

拆线剪、长嘴剪是在骨架制作过程中用来剪切线头的工具，也可用来裁剪罩面用材。

棉线

棉线

棉线是在骨架制作过程中，用来绑扎骨架用的材料。

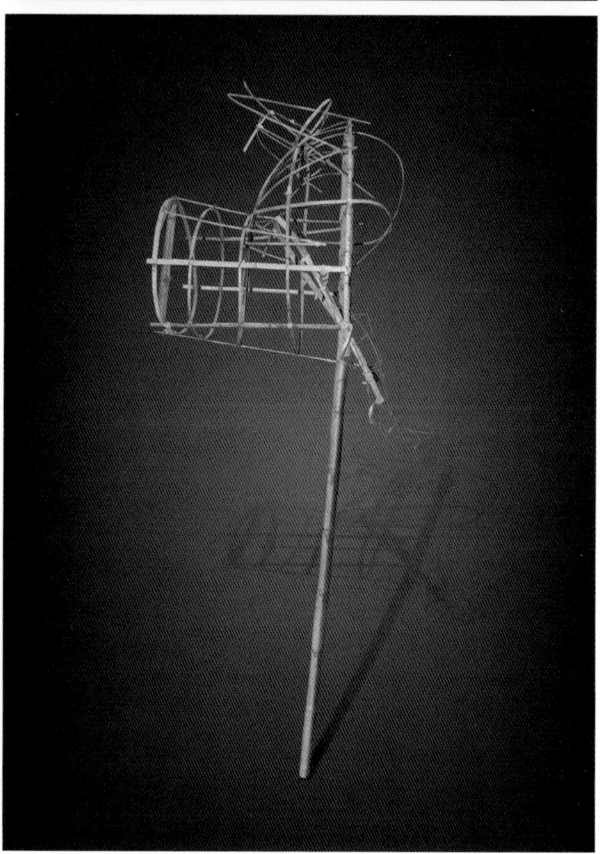

龙灯骨架

花灯骨架

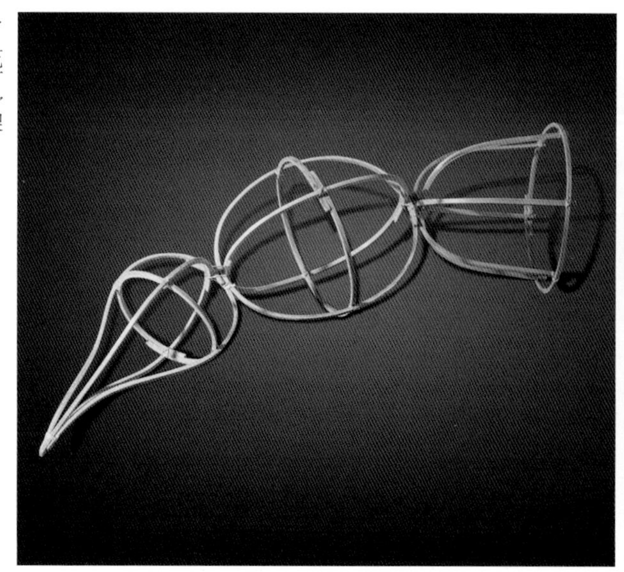

第二十八章　罩面制作工具

罩面指的是糊在骨架表面的外皮。罩面制作，是在骨架定型完成后，糊上绵纸、绸布，再贴上各种图案花纹等装饰品的工艺流程。罩面制作所用的工具主要有灯笼纸、龙灯布、翘头弯剪、剪刀与裁缝剪刀、浆糊盆、毛刷、铅笔、毛笔、调色盒等。

▶ 罩面制作场景

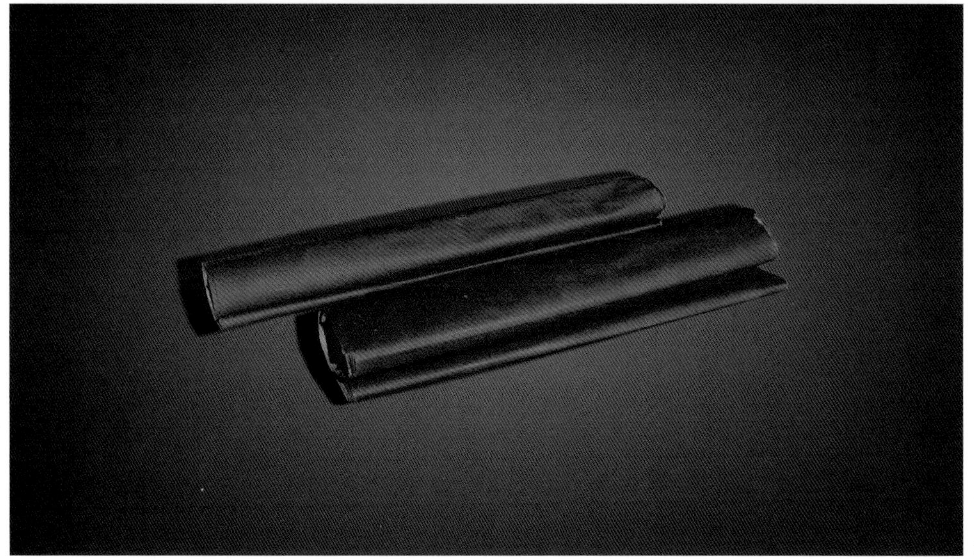

◀ 红宣纸

皮纸

灯笼纸

灯笼纸是在罩面制作过程中糊制灯笼所用的材料，通常用皮纸、宣纸、皱纹纸等。

龙灯布

龙灯布与红绸布

龙灯布是糊制龙灯与灯笼所用的材料，通常为纯色的绸布或纱布。红绸布是用来糊制红灯笼罩面的材料。

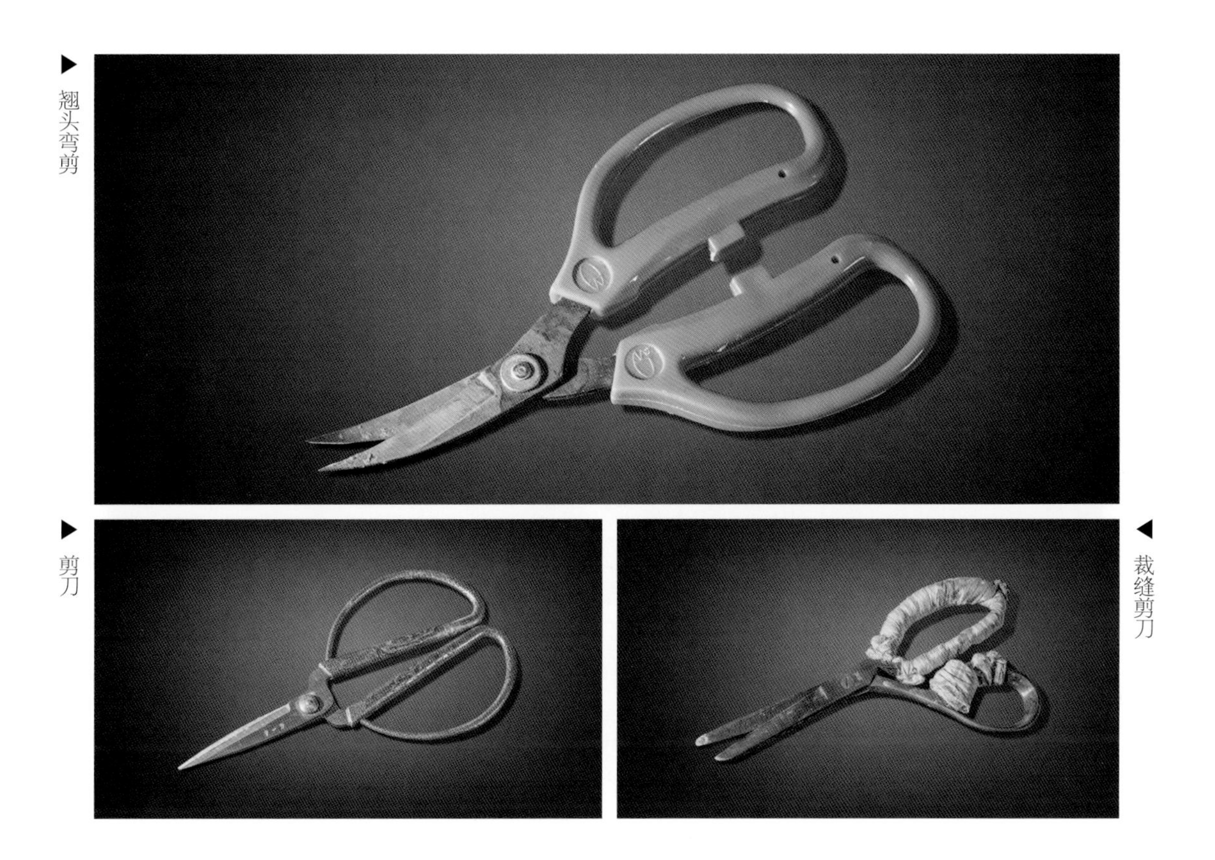

翘头弯剪

剪刀

裁缝剪刀

翘头弯剪、剪刀与裁缝剪刀

翘头弯剪是在罩面制作过程中，用来剪切、修边的工具。剪刀与裁缝剪刀是用来裁剪龙灯布及缝制线的工具。

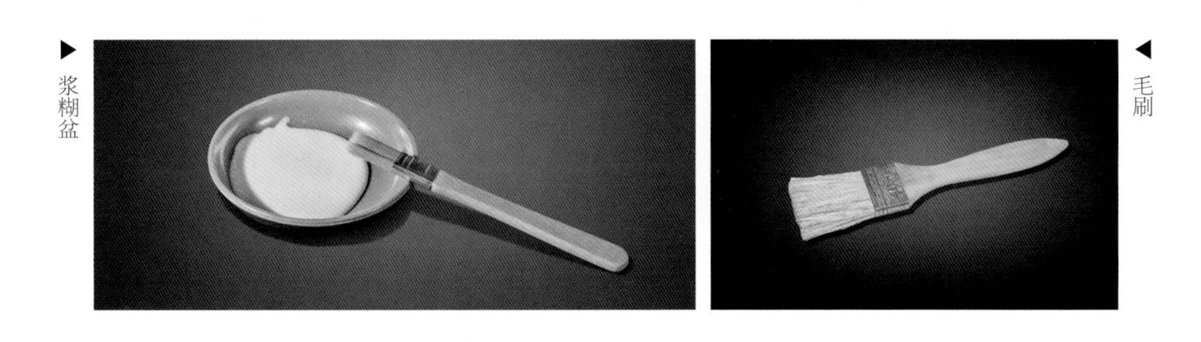

浆糊盆

毛刷

浆糊盆与毛刷

浆糊盆是在罩面制作过程中，用于盛装浆糊的工具。毛刷是涂抹浆糊、黏结罩面的工具。

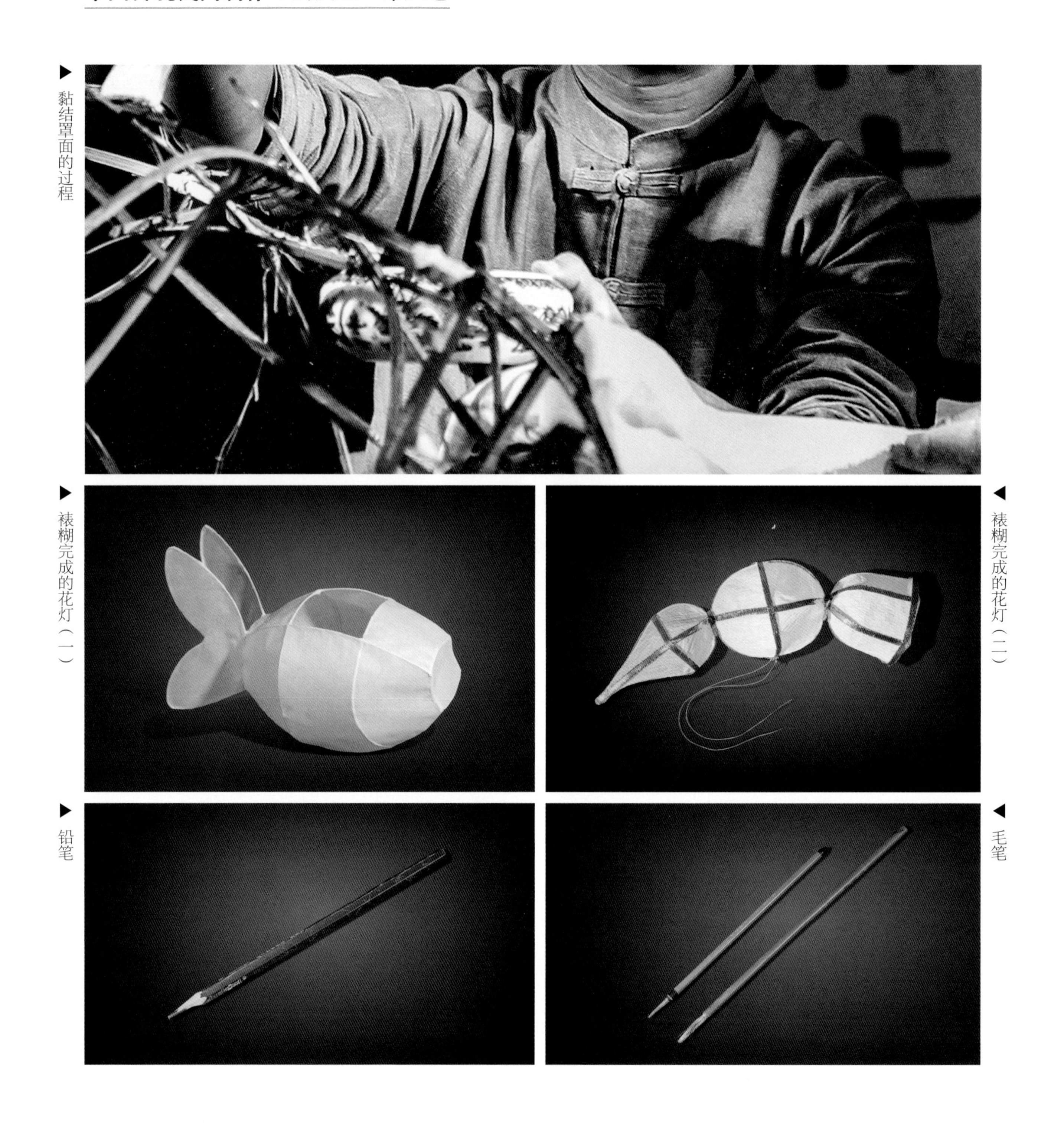

▶黏结罩面的过程

▶裱糊完成的花灯（一）

◀裱糊完成的花灯（二）

▶铅笔

◀毛笔

铅笔及毛笔

铅笔是在罩面制作过程中给罩面灯体彩绘打底稿的工具。毛笔是给罩面灯体勾线、彩绘装饰用的工具。

▲ 龙灯罩面上色场景

▶ 调色盒

调色盒

调色盒包括调色盘、颜料、画笔等，是对花灯罩面进行上色、图画的套装工具。

▶ 花灯吊杆

花灯吊杆

花灯吊杆是用来悬挂花灯，便于观察、欣赏的工具。

▶ 舞龙杆

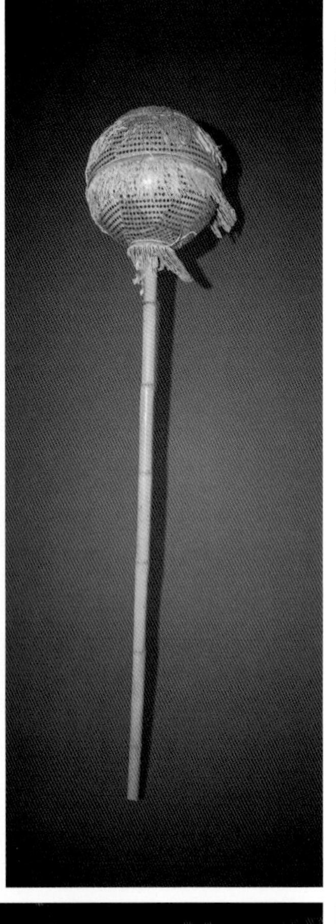

◀ 龙珠杆

舞龙杆与龙珠杆

舞龙杆是用来支撑及舞动龙灯的木制手柄。龙珠杆是用来支撑和舞动龙珠的木杆。龙珠是引导舞龙队表演生动顺畅的道具，其表演形式取材于民间“二龙戏珠”，寓意盛世祥和、风调雨顺、五谷丰登。

▼ 狮子花灯

▶ 龙灯

▲ 金鱼花灯

▲ 元宵花灯

第十篇

点心制作工具

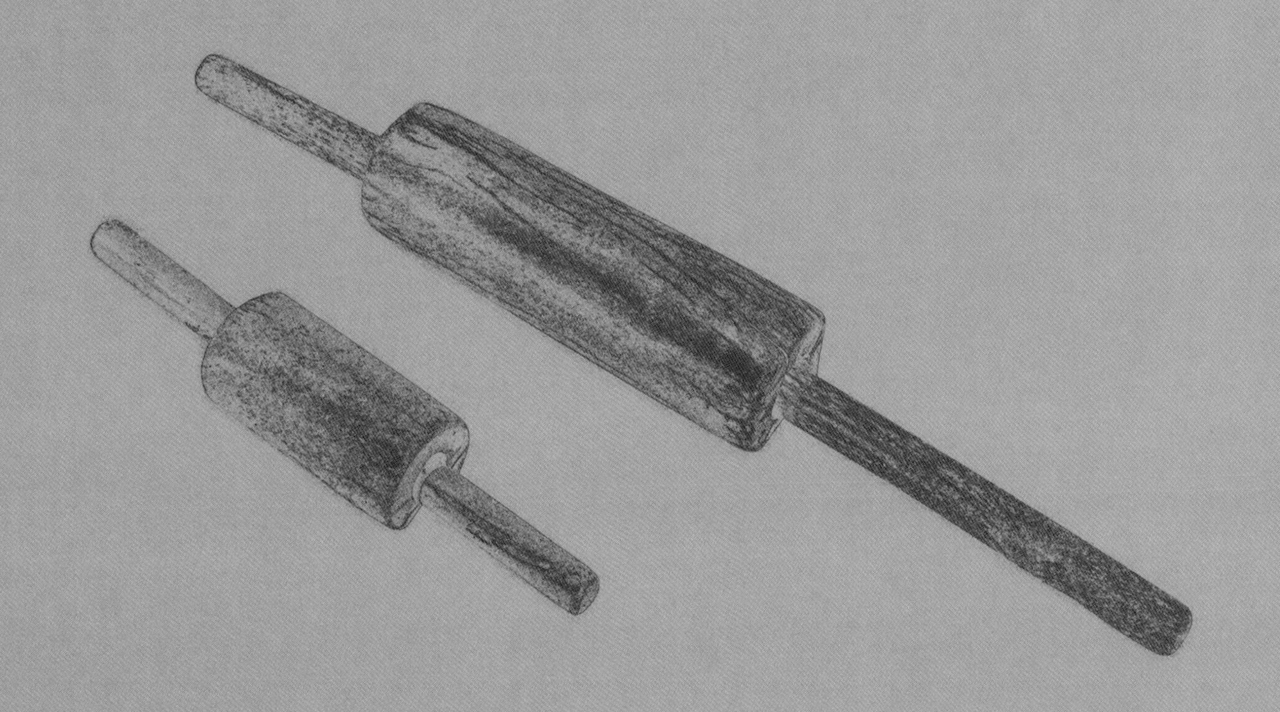

点心制作工具

中国古典名著《红楼梦》中，曾写道病中的秦可卿没有胃口，却独对一种糕点有些偏爱，书中秦可卿说道："昨日老太太赏的那枣泥馅的山药糕，吃了两块，倒像是滑冻似的。"近些年，随着各种历史剧的热播，中国传统点心也常常被提及，启发了国人的关注。点心作为一种中华传统美食，其由来已久，据说早在四千多年的商朝，就已经出现了点心的雏形，但那时并不叫作"点心"。"点心"这种叫法，相传为东晋一位将军所创，他见将士们浴血沙场、屡建奇功，心中感激之情无以为表，便命民间高手制作各种美味的糕饼，用来犒赏将士，以示自己的"点点心意"。从此，"点心"的叫法便流传开来。还有一种说法与宋代的大文豪苏轼有关，一日苏轼街头散心，偶遇一老者为人剃头，攀谈中得知老者年轻时曾开过食材糕饼店，后来因遇大旱，糕饼店被迫停业，转而做了剃头的行当。苏轼得闻后，给老者送来开店的本钱，并赠送一块牌匾，只是这牌匾的"心"字少了一点，时人见牌匾写得遒劲有力、绝非一般人能有的功力，遂纷纷前来购买、猎奇。老人家开店价格公道、糕饼美味、口口相传，只是不知道这种糕饼叫什么名字，老人也一时语塞，想不出个好名字。几日后，苏轼前来探店，老人忙连声道谢，苏轼命人取下牌匾，在匾额"心"字上点上一点说，何不叫"点心"，从此"点心"的叫法便流传起来。

点心在古代被作为餐前餐后的小量餐饮，其形式主要有包类、饺类、团类、糕类、卷类、饼类、酥类等。每种点心都有其独特制作工艺和样式口味。中华点心在长期的发展过程中形成了众多流派和口味特色；如京派重油轻糖，苏派精致浪漫，闽派嗜甜如命，广派清新多样。各派点心匠人在不断继承发展传统做法的基础上，又推陈出新，研制出了造型新颖、口味时尚的各种点心。

中式点心已经成为中华美食大家庭中的重要一员，成为人们宴请亲朋、馈赠好友和日常餐桌上的食馔佳品。

中式点心制作工艺因种类繁杂、流派众多而各不相同。本篇以“月饼、饼干、桃酥”三种点心为例，介绍点心制作中的主要用具，共分为备料、制馅工具，和面、塑形工具，模压、成型工具，烘烤、成熟工具和包装、售卖工具五类。

▲ 点心制作场景

第二十九章　备料、制馅工具

备料指的是将制作某种点心所用材料准备齐全。制馅指的是将点心的馅料调配制作成熟，以备取用。备料、制馅是制作点心的第一步，用来制作的点心的原料有很多，如花生、核桃、瓜子、葡萄干、黑白芝麻、南瓜子、蜜枣、青红丝、冰糖、白糖、蜂蜜、花生油、糯米粉、水等，所使用的工具大致有石臼、石碾、铁锅、铁铲、笸箩、箩、箩床、缸、案板、馅料盆、刀等。

▲ 石臼

石臼

石臼是点心加工过程中用来捣碎花生、瓜子、核桃及芝麻等馅料的石制工具。

▶ 缸

◀ 笸箩

缸与笸箩

缸是原料制作过程中，用以盛装青红丝、面等点心原料的工具，多为陶瓷制品，具有保鲜、保湿、透气性好、不易霉变等特点。笸箩是用以盛放核桃、花生、瓜子等馅料，并用于净选原料的工具，多为柳编制品。

▶ 铁锅

◀ 馅料盆

▲ 铁铲

铁锅、铁铲与馅料盆

铁锅是在原料加工过程中，用来对瓜子、花生、芝麻等馅料进行炒制的工具。铁铲是在原料加工过程中，用来翻炒馅料、面粉等月饼或芝麻片食材的翻炒工具。馅料盆是在原料加工过程中，用以配制、搅拌及盛放馅料的陶瓷工具。

▲ 点心馅料

▼ 案板

案板

案板是用以制馅、和面等点心制作的木制平台。

▲ 刀

▲ 切馅料场景

刀

刀是在原料加工过程中，用以切割面段，蜜枣、核桃及青红丝等馅料的工具。

▼ 油桶

▲ 油碗

油桶与油碗

油桶与油碗是原料制作过程中，盛装和面用食用油的工具。

▲ 石碾

石碾

石碾是在原料加工过程中用来碾碎花生、核桃等馅料的石制工具。

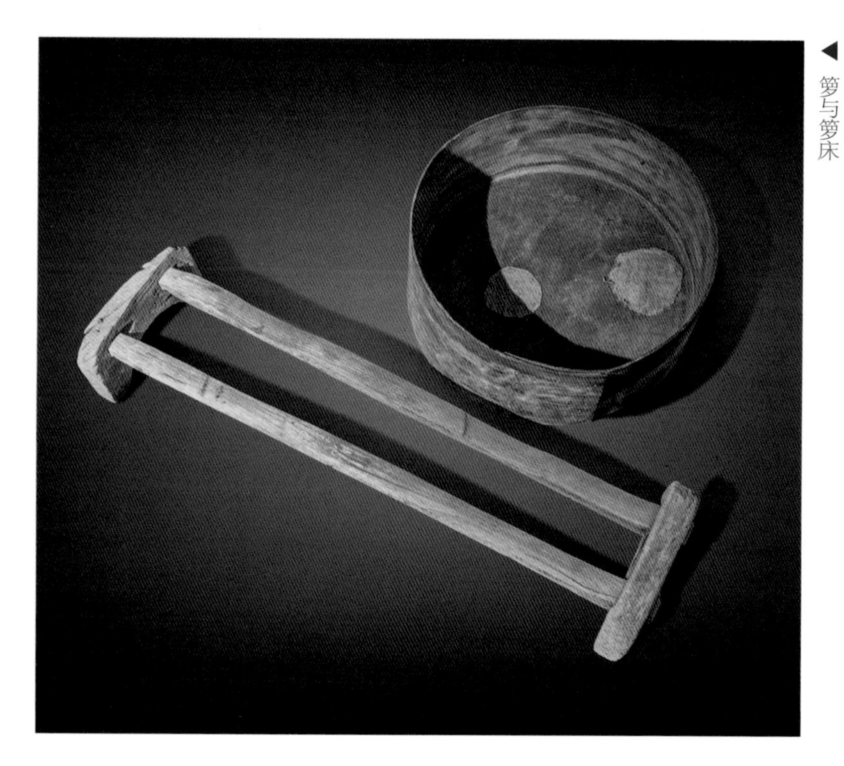

◀ 箩与箩床

箩与箩床

箩是原料加工过程中，用以筛箩面粉中粗颗粒和杂质的工具，配合箩床使用。箩床是承载箩筛来回晃动筛箩面粉的工具。

第三十章　和面、塑形工具

和面指的是根据一定配方比例，调制点心粉料，使其成为可以用来包馅的面坯。塑形指的是塑造点心的外观形状，使其成为便于食用、观感舒心的美食。根据各种点心的不同，和面、塑形可谓是千变万化，但所用工具大致离不开走槌、秤、舀子、面盆、面槌、擀面杖、切面刀等。

▶擀面场景

◀走槌

走槌

走槌是用来擀面皮及制作酥皮点心时“开酥”的木制工具。

秤与舀子

秤是在制作成型过程中，用来按照点心和面用料配比称取面粉、油、碱水、白糖等原料的工具，也作为售卖工具。舀子是在用以和面或调馅时舀水和油的工具。

▼ 秤

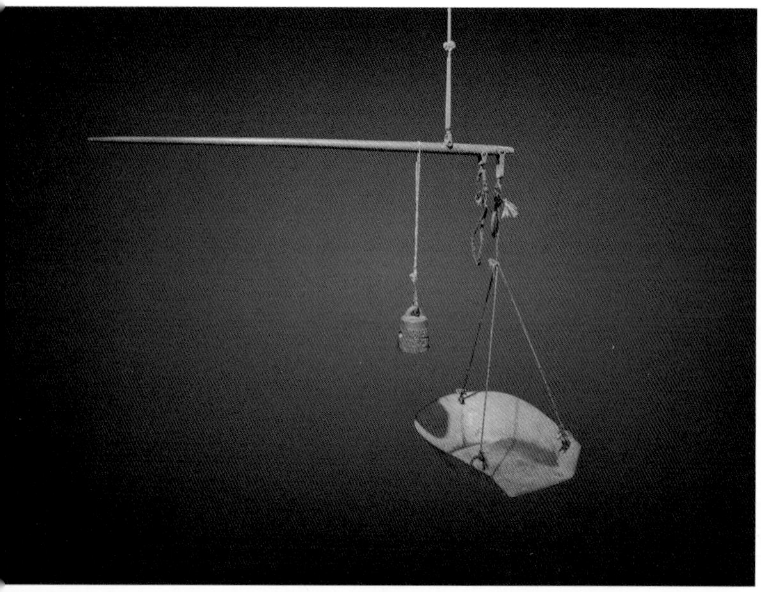

▼ 舀子

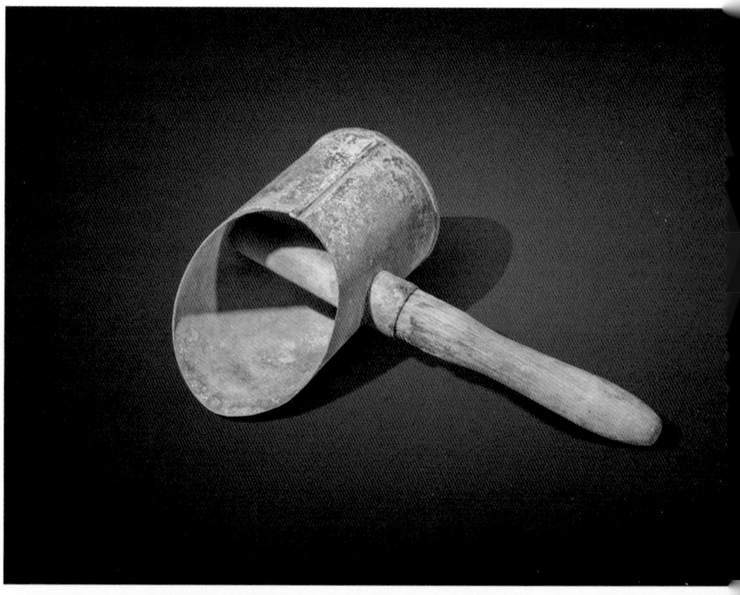

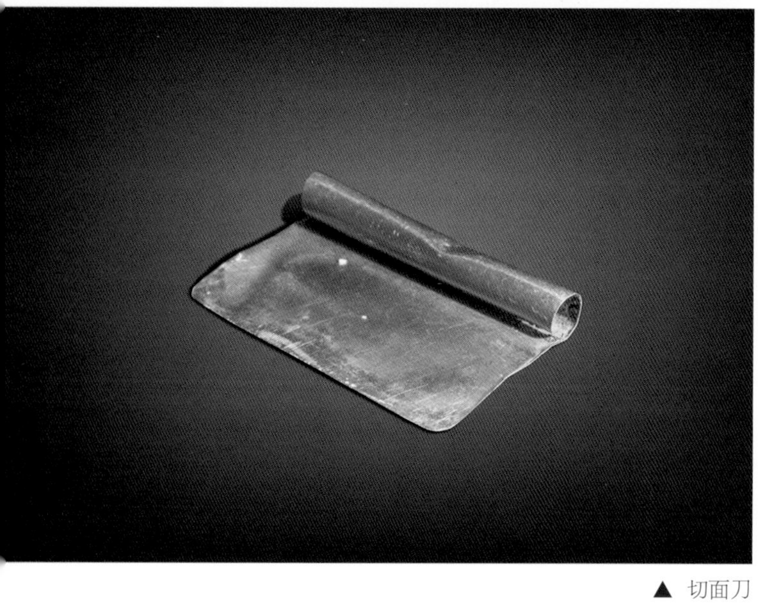

▲ 切面刀

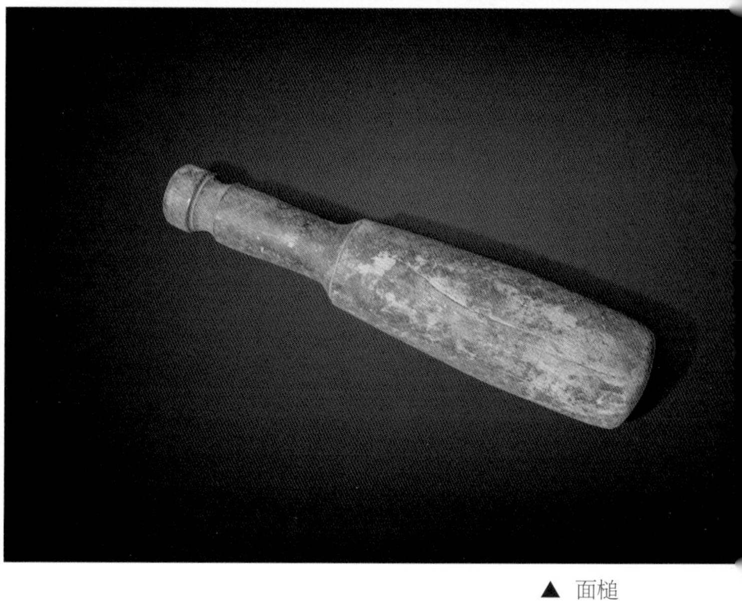

▲ 面槌

切面刀与面槌

切面刀是在制作成型过程中，进行辅助和面、切割面剂子以及制馅时切碎核桃、青红丝等馅料的工具，木柄，铁刀片。面槌主要是用于月饼制作提浆时匡面用的木制工具。

擀面杖

擀面杖是在制作成型过程中用来擀压面皮、芝麻、花生等的木制工具。

▼ 擀面杖

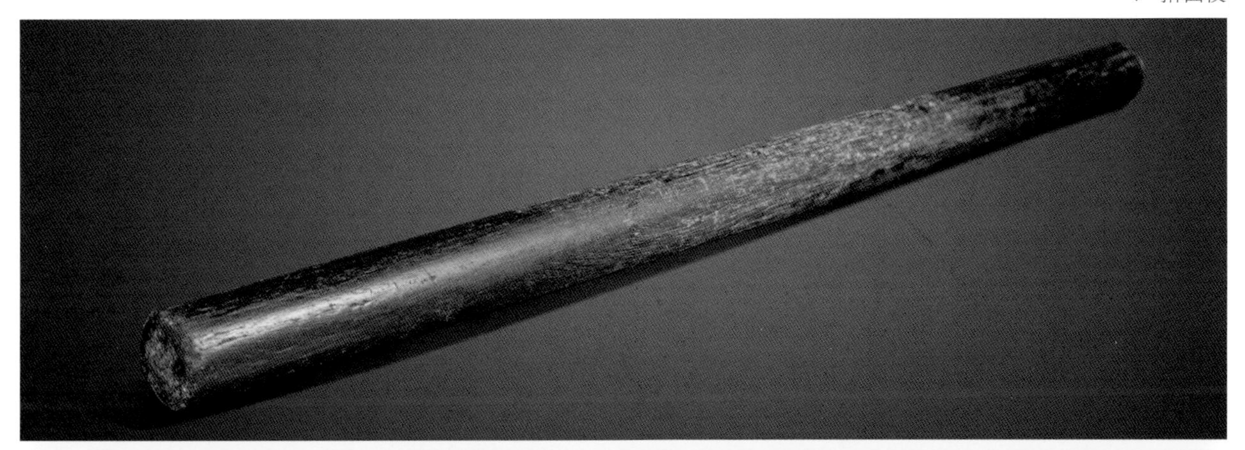

▲ 面盆

面盆

面盆是在制作成型过程中，用以和面、盛面、醒面的陶瓷工具。

第三十一章　模压、成型工具

模压、成型指的是利用模具制作点心的过程，因传统点心多有固定的大小、样式，因此利用模具进行压制成型，是点心大量生产的惯常办法。模压成型所用工具主要有月饼模、饼干模具、饼干刀、铜镜、桃酥模、油碗、擦油布等。

▶月饼模（一）

▶月饼模使用场景

◀月饼模（二）

◀月饼模（三）

月饼模

月饼模是用于将包有馅料的月饼面坯放入模具中挤压成型的工具。经常使用的雕刻模具有月宫、嫦娥、玉兔或年年有余等各类吉祥图案和花边，使其挤压成型的月饼外形规范美观。月饼模多为硬木雕刻圆形图案，大小尺寸多种。

▶ 饼干模具（一）

◀ 饼干模具（二）

◀ 饼干刀

饼干模具与饼干刀

饼干模具是用于将面坯放入模具中使其挤压成型的金属工具，大小不一，形状各异。饼干刀是在饼干制作过程中，将面坯放入大型模板上压平后进行滚动切割成块的铁制工具。

铜镜

铜镜是用于将面坯放入模具中压平压实的铜制工具。压完的点心表面如水面一样光滑，故也称为“水镜”。

◀ 铜镜

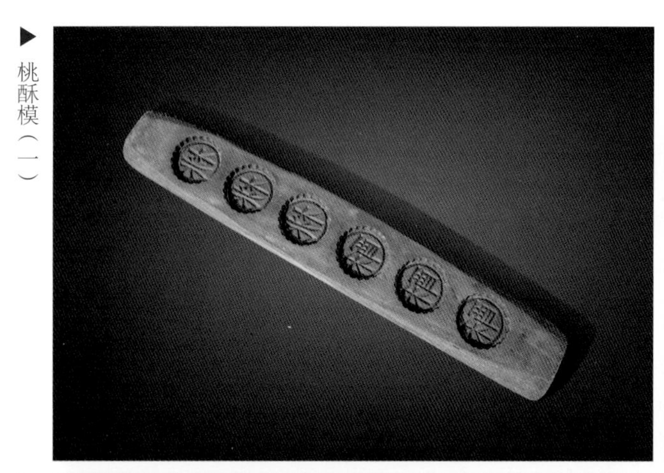

▶ 桃酥模（一）

◀ 桃酥模（二）

▶ 桃酥

桃酥模

桃酥模是制作桃酥时，用于将面胚放入模具中使其挤压成型的木制工具。

油碗与擦油布

油碗与擦油布是点心制作过程中盛装食用油及为模具擦油防止其粘连的工具。

▶ 擦油布

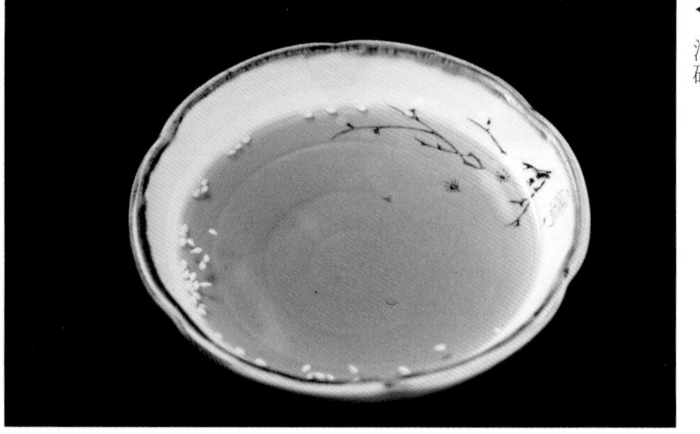

◀ 油碗

第三十二章　烘烤、成熟工具

烘烤、成熟是多数点心制作的最后一步，用传统的烤炉将点心烤制成熟，这需要对炉内温度进行精准把控，烘烤不仅关系着点心的成熟程度，而且影响点心的色泽、口味、酥软等，因此是制作点心较为关键的一步。其使用的工具主要有烘烤炉、烘烤盘、双头钢针、铲子、点心笔、板刷等。

◀点心烘烤场景

◀烘烤完成的点心

◀烘烤炉（一）

◀烘烤炉（二）

烘烤炉

烘烤炉是烘烤点心使其成熟的工具，多为砖泥砌筑而成，上部为烘烤层，底部为炉膛，侧面为通气孔。点心烘烤时师傅掌握好火候尤为重要，否则会出现不熟或焦糊现象。

烘烤盘（一）

烘烤盘（二）

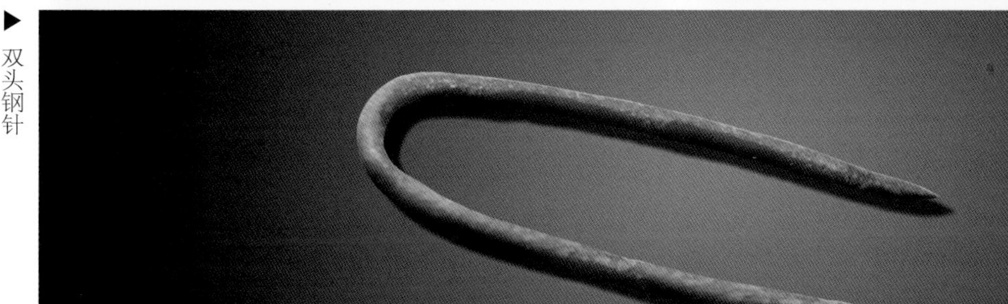

双头钢针

烘烤盘与双头钢针

烘烤盘是用于盛放点心进行烘烤的金属工具。双头钢针是在烘烤前为点心扎孔以便点心烘烤过程中内部热气冒出，防止点心胀裂的工具。

铲子

铲子是烘烤时翻动点心使其烤制均匀的工具。

铲子

点心笔

点心笔是在点心制作过程中用以给点心点缀食用色素的竹木制工具。

▼ 点心笔

▲ 板刷

▲ 点心场景

板刷

板刷是烘烤过程中，用来对月饼表面刷蛋液使其能够更具光泽的工具。

第三十三章　包装、售卖工具

民间作坊所制作的点心，烘烤完成之后，还要进行包装和售卖。过去，点心的售卖，除了有点心铺子，也有在家制作，赶集串街售卖的点心挑子。包装、售卖所用的工具主要有点心挑子、铜铃、裁纸刀、包装纸、纸线绳、点心盒、帖子盒、点心戳、杆秤、算盘等。

▲ 点心挑子

点心挑子

点心挑子是点心师傅赶集串街售卖时盛装点心的工具。

▲ 铜铃

铜铃

铜铃是售卖者赶集串街售卖点心时代替吆喝的工具。摇铃频率和声音大小变化，传递着叫卖不同的点心。

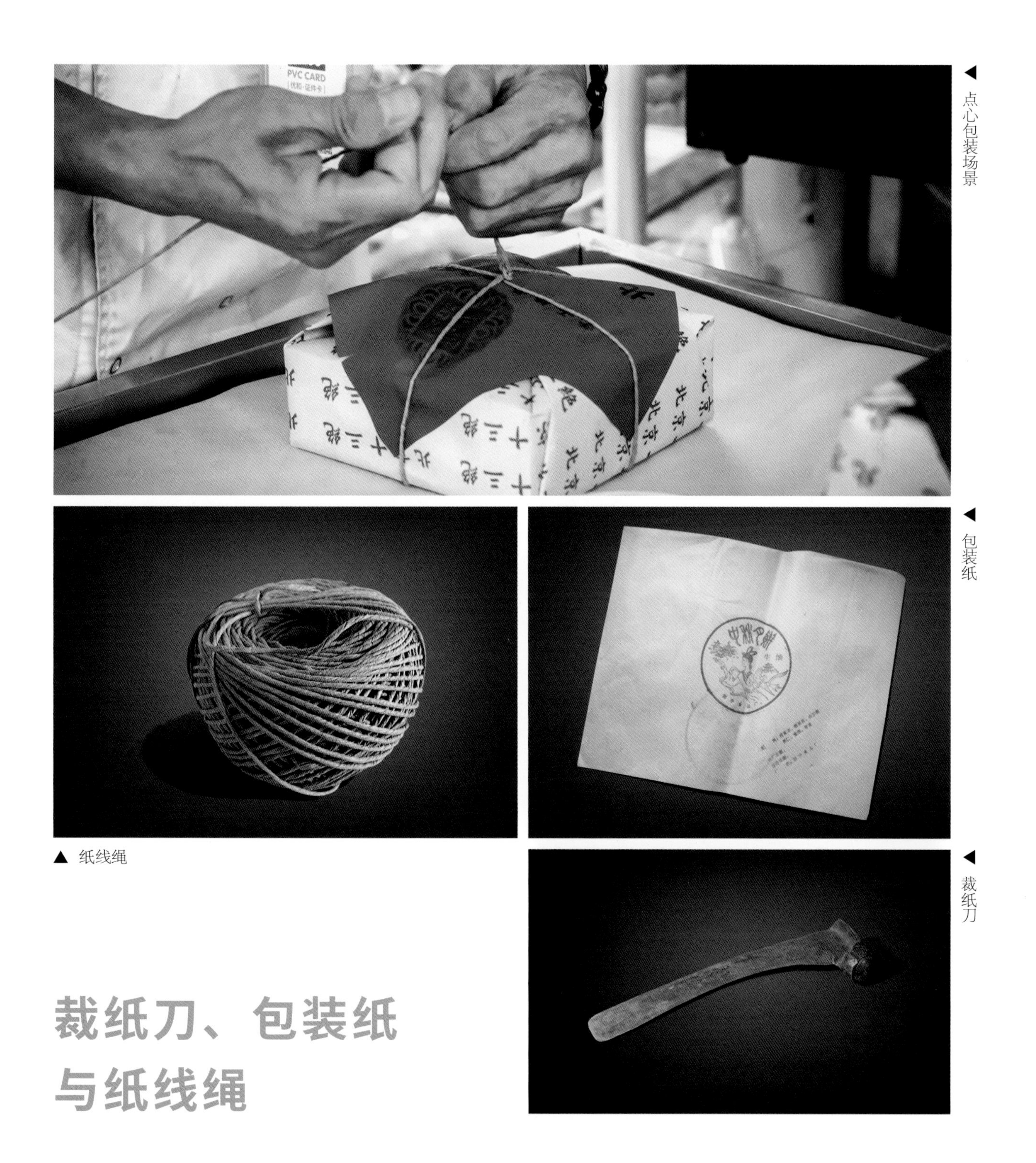

◀ 点心包装场景

◀ 包装纸

▲ 纸线绳

◀ 裁纸刀

裁纸刀、包装纸与纸线绳

裁纸刀是用以裁切点心包装纸的铁制工具。包装纸是用以包装月饼等点心的纸张，传统包装纸多选用草纸或牛皮纸。纸线绳是包装点心时拴系点心的料具，多以牛皮纸捻成。

▶ 点心戳

点心戳

点心戳是在点心表面盖章以表明点心名称、作坊字号或吉祥话语的木制工具。

◀ 点心盒

◀ 帖子盒

点心盒与帖子盒

点心盒是在店铺内出售时，盛放“点心”的木制工具。帖子盒是在售卖点心时，盛装外包装标贴的木制工具。

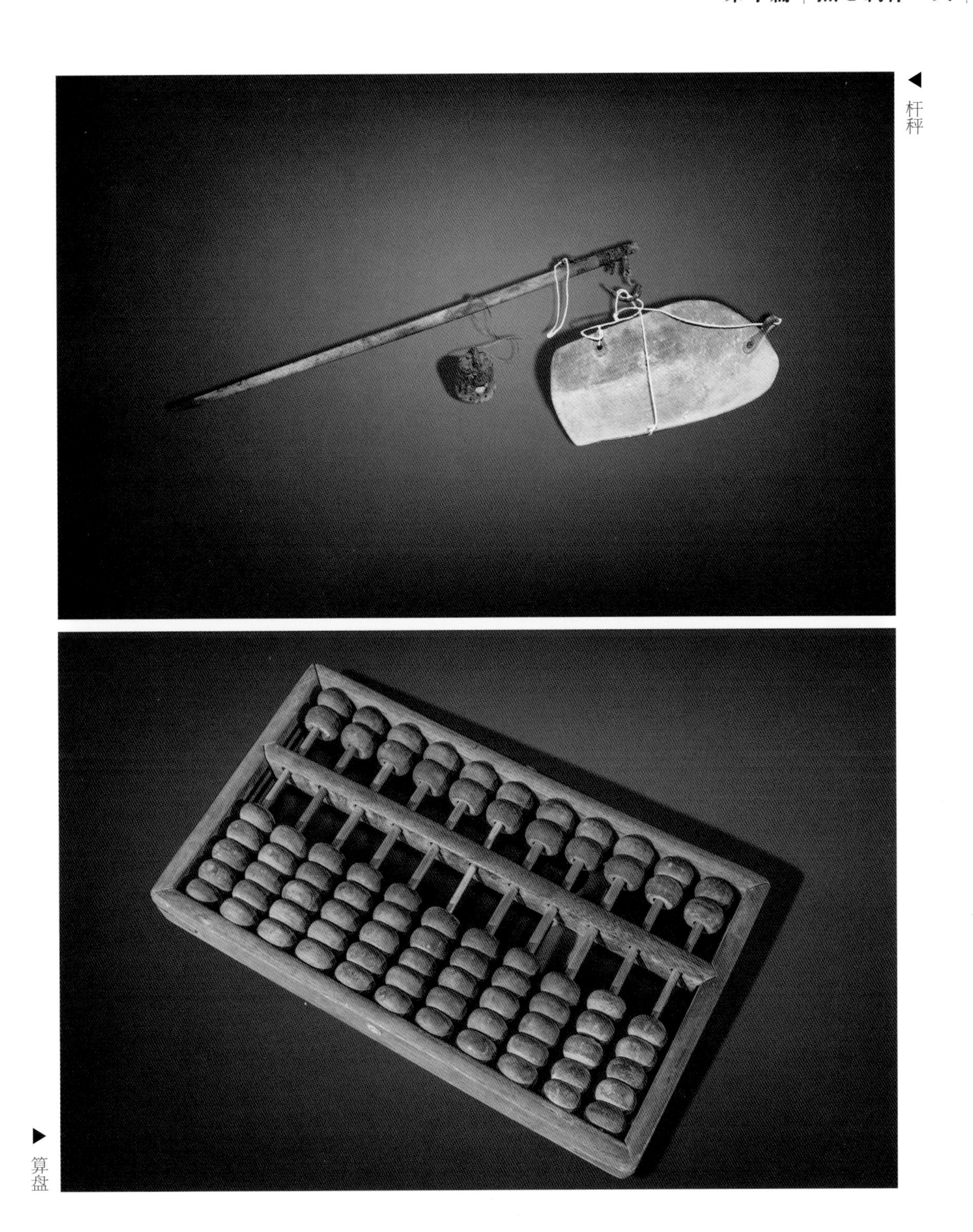

▲杆秤

▲算盘

杆秤与算盘

杆秤是售卖点心时的称重计量工具。算盘是售卖点心时，用来计算账目的工具。

▶饼干

▶月饼

▶桃酥

第十一篇

嫁娶、婚礼用具

嫁娶、婚礼用具

婚礼是人类文明发展到一定程度后，为了繁衍后代、延续文明，男女结合时采取的一种礼仪形式。传说汉族最早的婚姻关系和婚礼仪式从伏羲制嫁娶、女娲立媒妁开始。《通鉴外纪》载："上古男女无别，太昊始设嫁娶，以俪皮为礼。"从此，"俪皮"（鹿皮）就成了经典的婚礼聘礼之一。之后，除了"俪皮之礼"之外，还得"必告父母"；到了夏商，又出现了"亲迎于庭""亲迎于堂"的礼节。周代是礼仪的集大成时代，自周代开始对婚礼整套仪式有了详细的规定，合称为"六礼"。"六礼"指的是"纳彩""问名""纳吉""纳征""请期""亲迎"六个环节。完成"六礼"需要使用"聘书、礼书、迎书"三种文书。自此以后，"三书六礼，明媒正娶"便成为华夏婚礼的模板流传下来。婚嫁习俗源远流长，历朝历代婚礼习俗也各有不同，如唐代以前，人们认为黄昏是吉时，婚礼多在黄昏时举行，所以结婚仪式就被称为"昏礼"。唐代开始，仪式改在上午或早晨举行，"昏礼"也被写作"婚礼"。再比如新娘嫁衣，魏晋南北朝时期以素白为主，是受到当时追求素雅、纯净的文人风尚影响；到了唐宋，由于社会经济繁荣，人们追求自由，认为绿色代表着生机盎然，嫁衣就变成了绿色；民国时期，中山装和红旗袍则成为风尚；革命年代和中华人民共和国成立初期，由于物资匮乏和"破四旧"的社会思潮影响，绿军装成为许多青年男女的婚服首选。嫁妆、聘礼、婚庆用具的发展演变亦是如此，可以说，婚礼习俗和婚嫁用具是不同时代民间生活的真实写照。

齐鲁地区婚礼习俗虽然源于周代的“六礼”，但在长期的发展过程中，又融合了地域风俗和生活习惯，地域内不同区县的婚俗又各有不同，有时甚至相近的几个村落也有不同的讲究。体现在嫁娶、婚礼用具上，更是千姿百态、纷繁复杂。本篇“嫁娶、婚礼用具”以鲁中地区传统婚礼为例，介绍嫁娶、婚礼过程中所使用的主要用具。

◀ 婚礼双喜

◀ 婚房场景图

第三十四章　嫁娶、婚礼工具

鲁中地区的传统嫁娶、婚礼往往是从说媒、定亲至新妇过门三日后，回门归宁结束。其流程主要有催妆、安床、开面、送嫁、迎亲、过门、拜堂、洞房、宴宾。其所有流程除了遵循地方风俗还需凭借男女双方约定的文书进行，即“三书”，中华人民共和国成立以后，“结婚证”取代了原来的婚书，成为婚姻自由和婚姻合法性的凭证。

▼ 礼书　　▼ 聘书

▲ 迎书　　▲ 结婚证

一、三书一证

三书指的是婚前男女双方就婚礼事宜和礼聘，在往来过程中达成的协议文书，分为：“聘书”，是订亲之书，在订婚时交换；“礼书”是礼物清单，当中详列礼物种类及数量；“迎书”是迎娶新娘之书，结婚当日接新娘过门时用。“一证”指的是中华人民共和国成立以后，由国家民政部门颁发的婚姻合法证书。

二、催妆

催妆俗称“下催妆”“打催妆”，顾名思义，是男方到女方家中，催促女方准备嫁妆、新娘整理妆容的礼仪，为表达真诚、急切的心情，男方要准备催妆礼，通常有金钗、簪花、红盖头和花扇，并还要携带猪肉和鲤鱼，其他如面条、粉条等礼品可随意增减。

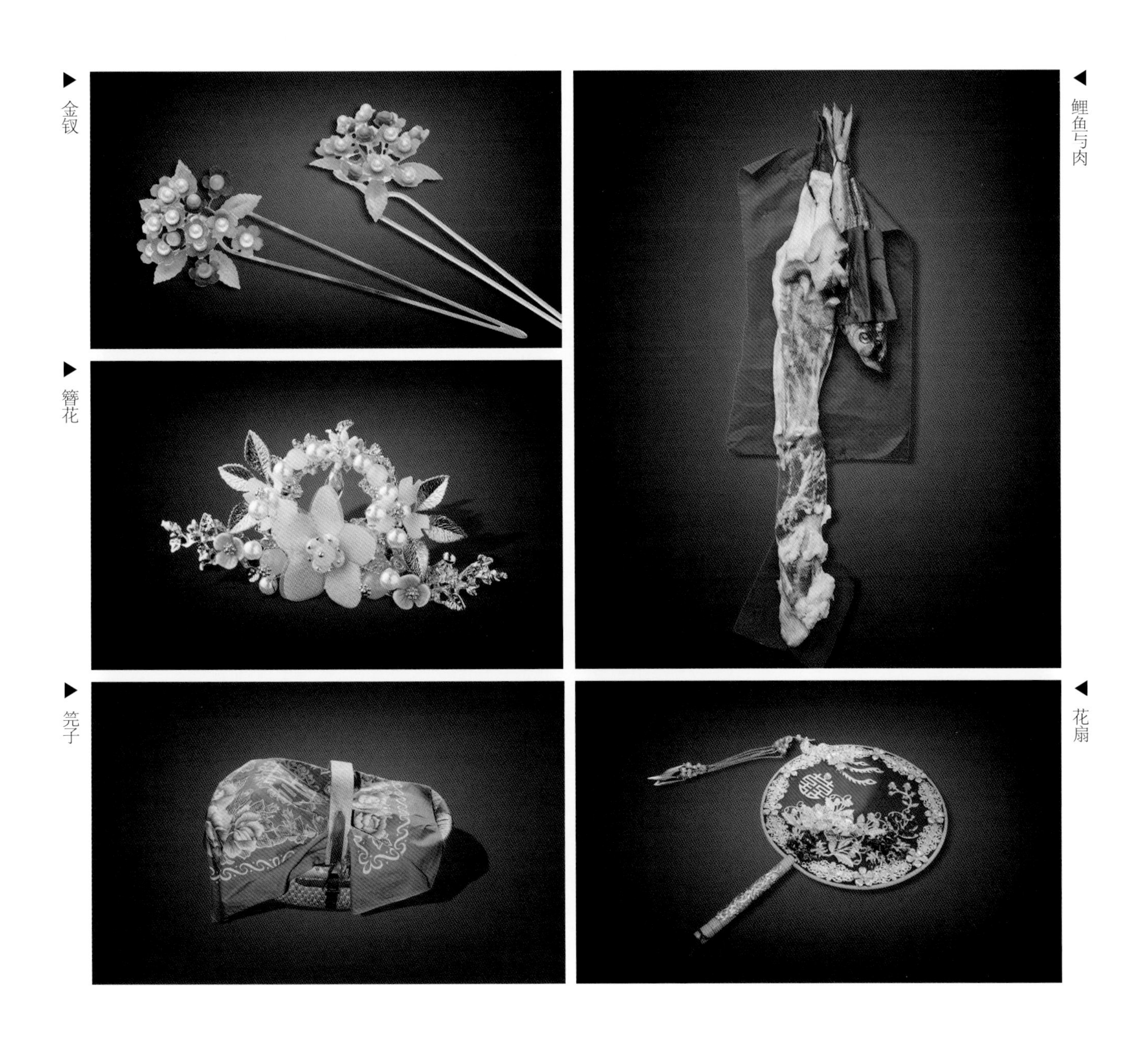

▶金钗

▶簪花

▶笎子

◀鲤鱼与肉

◀花扇

三、安床

安床又称“铺床”，是在婚礼前数天，选一良辰吉日，在新床上将被褥、床单铺好，再铺上龙凤被，并上撒各式喜果，如花生、红枣、桂圆、莲子等，意喻新人早生贵子。

▲ 婚床

婚床

婚床是男方迎娶时布置于洞房内的卧具。

▲ 婚庆干果（一）

▲ 婚庆干果（二）

婚庆干果

婚庆干果是安床时铺撒在床褥或坠挂在喜被四角的用具，多用寓意吉祥的红枣、栗子、花生、莲子、桂圆等干果。

▲ 喜被褥（一）

▲ 喜被褥（二）

喜被褥

喜被褥是安床时用于铺床的被褥，通常为红色带双喜或龙凤图案的被褥。

▶ 芝麻秸与高粱秸

芝麻秸与高粱秸

芝麻秸与高粱秸是安床时置放在床头位置的婚姻道具，取“芝麻开花节节高”和“步步高升”的寓意。

▶ 床底红砖

床底红砖

床底红砖是安床时置放在床底，用红纸包裹的砖块，寓意“红红火火”。

四、开面

开面又称“绞面”，有的地方也称“梳头”，新娘出嫁前由喜婆为其盘起发髻，用棉纱线绞去脸部汗毛，然后梳妆打扮，换上婚服，蒙上红盖头，以待迎亲。

绞面线

绞面线是开面过程中所用的棉纱线。

梳头盘

梳头盘是新娘梳头、盘头时用来盛放梳子、篦子等工具的筐篮。

▶绞面线

◀梳头盘

▶梳妆盒

◀首饰盒

梳妆盒

梳妆盒是为新娘梳妆时盛放胭脂、水粉等化妆用品的匣盒。

首饰盒

首饰盒是盛放钗环、手镯、耳坠等首饰的匣盒。

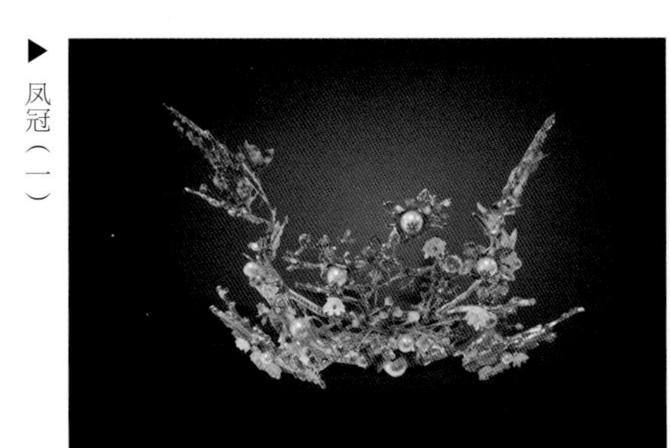
▶ 凤冠（一）

▶ 凤冠（二）

▲ 霞帔

▶ 红盖头

凤冠霞帔

凤冠霞帔是中国古典嫁衣的统称，历朝历代，各个时期的凤冠霞帔样式也各有不同。其中“凤冠”指的是新娘的头饰，“霞帔”指的是新娘的嫁衣。

红盖头

红盖头是新娘出嫁时遮盖在头上的红布。红盖头能为新娘遮羞，增加神秘感，并有驱妖辟邪的寓意。

五、送嫁

送嫁指的是“送嫁妆”，嫁妆是新娘家陪送的物品，也是女方家庭实力和地位的象征，嫁妆最迟在婚礼前一天送至夫家。嫁妆在古代有“良田千亩，十里红妆”的说法，这是极富裕的娘家才能陪送得起的。普通家庭，嫁妆除了衣服饰品之外，主要是一些象征好兆头的生活日用品。送嫁的主要用品有抬盒与提盒、女儿箱、妆奁、针线笸箩与剪刀、绣鞋、尺子、子孙桶、陪嫁被褥、陪嫁包袱、梳妆台、红伞等。

▼ 送嫁场景图

▲ 抬盒

▲ 提盒

抬盒与提盒

抬盒与提盒是女方陪嫁品中用来盛装日用品、食品的工具，一般为竹制或木制。

▲ 女儿箱

女儿箱

女儿箱是父母为女儿打造的一对木箱，通常为樟木制成，又称“樟木箱”，陪嫁时多用来盛装被褥、衣服及丝绸等，寓意“两厢厮守”。

▲ 妆奁（一）

妆奁

妆奁是陪嫁时用于盛放胭脂水粉、镜子、眉笔等化妆用品的提盒。

▶ 妆奁（二）

▶针线笸箩

◀剪刀

针线笸箩与剪刀

针线笸箩是陪嫁时用于盛放女红用品的工具，多由柳编或苇编而成。剪刀作为陪嫁用品，寓意“蝴蝶双飞”。

◀尺子

▶绣鞋

◀子孙桶

绣鞋、尺子与子孙桶

绣鞋在陪嫁时有“白头偕老”的寓意。尺子是一种量具，作为陪嫁用品，有“良田万顷”的寓意。子孙桶是一种带盖的木桶，送嫁时里面装有红皮鸡蛋，寓意“送子”。

▶ 陪嫁被褥

陪嫁被褥

陪嫁被褥是女方陪嫁品中用来铺盖的床上用品。

▶ 梳妆台

梳妆台

梳妆台是女方陪嫁品中用以梳妆打扮的台柜。

▲ 陪嫁包袱

陪嫁包袱

陪嫁包袱是女方陪嫁品中用来包裹、盛放脸盆以及丈夫和公婆新鞋的工具。

▶ 红伞

红伞

红伞是新娘上轿时为其遮光避雨的用具，也有“开枝散叶”的寓意。

附：20世纪60～90年代初鲁中地区女方陪嫁物品

20世纪60～90年代初，鲁中地区婚礼陪嫁品除了传统的物品外，又增添了许多时下流行的生活日常用品，主要有社会时兴的三大件（自行车、缝纫机、座钟）及脸盆、脸盆架、暖壶、镜子等。

▶ 自行车

▼ 脸盆架

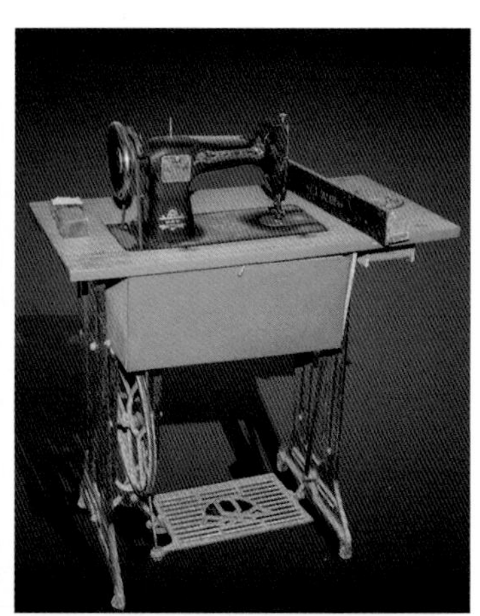

◀ 缝纫机

▶ 座钟

▲ 暖壶（一）

◀ 脸盆

▶ 插屏镜子

▲ 暖壶（二）

◀ 镜子

六、迎亲

迎亲指的是新郎拜别父母后，到新娘家中迎娶新娘的过程，古称“亲迎”。过去，鲁中地区的迎亲有诸多讲究，如迎亲返回要另择路线，寓意“不走回头路”，凡遇桥梁、牌坊、门洞都要抛洒钱币、燃放鞭炮，以祭拜“路神”。如遇庙、祠、井、坟则需以红布遮盖，寓意“趋吉避凶”。亲迎曾是古代“六礼”中最隆重的礼节，有徒步的，也有用车的，比较普遍的是用花轿抬，俗称“八抬大轿”。迎亲主要用品有花轿、马车花轿、小推车、过路喜钱、鞭炮、红双喜、小笤帚、婚庆乐器等。

▶迎亲场景

▶花轿（一）

◀花轿（二）

花轿

花轿也称“喜轿”，是迎亲时人力抬动迎娶新娘的载具，样式繁多、大小不一。

▶ 小推车

▲ 马车花轿

▶ 小推车迎亲场景

马车花轿

马车花轿是用马拉动迎娶新娘的载具。

小推车

小推车是普通人家迎娶新娘的载具，为保持推车平衡，通常会选择适龄儿童坐于推车一侧，俗称“坠偏”。

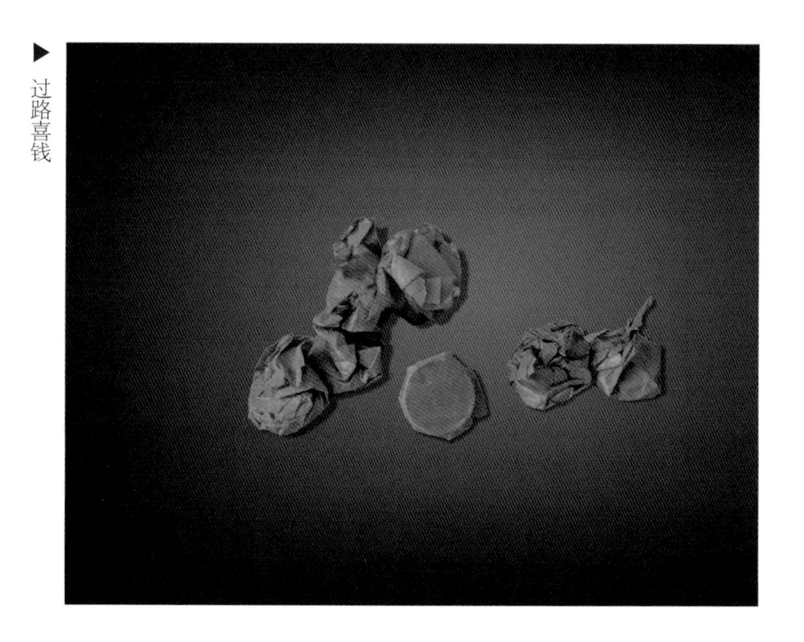
▶ 过路喜钱

过路喜钱

过路喜钱是迎亲过程中如遇到桥梁、门洞、寺庙、祠堂等，向空中抛撒的钱币，用以祭拜“路神”“河神”“土地”等。

▲ 鞭炮

▲ 红双喜

鞭炮与红双喜

鞭炮是迎亲时燃放，用来烘托气氛、带有“驱晦辟邪”寓意的用具。红双喜是中国传统婚俗中特有的文字符号，迎亲时用于张贴在过路桥头、墙角、双方大门两侧等，用来装饰、烘托婚礼氛围。

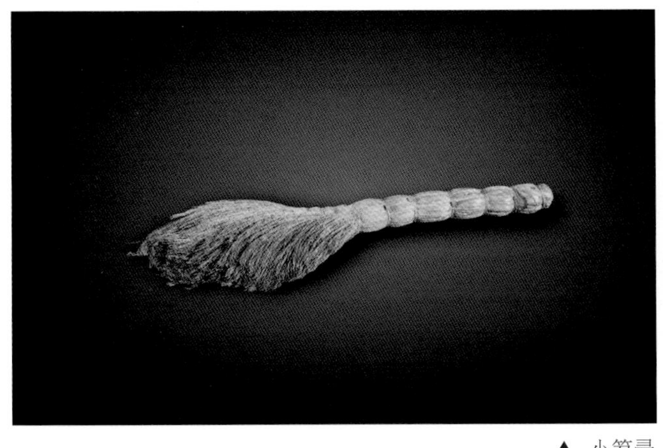

▲ 小笤帚

▲ 贴喜字场景

小笤帚

小笤帚是贴喜字、红纸时，用来涂抹浆糊的工具。

▲ 婚庆乐器场景

婚庆乐器

婚庆乐器是嫁娶婚礼中用来演奏喜乐、烘托气氛的乐器组合，通常分为“迎亲乐器”与“戏台班子乐器”。迎亲乐器是迎亲乐队所用的器乐，主要有笙、长号、大锣、铜钹、堂鼓、笛子、唢呐等。戏台班子乐器是为戏曲表演配乐的乐器。戏台班子通常是宴请宾客时用于现场助兴、烘托喜庆氛围，男方聘请的戏曲表演班子，所用乐器除上述以外还有小锣、单皮鼓、琵琶、阮、京胡、二胡、双面锣、手板等。

▼ 大锣

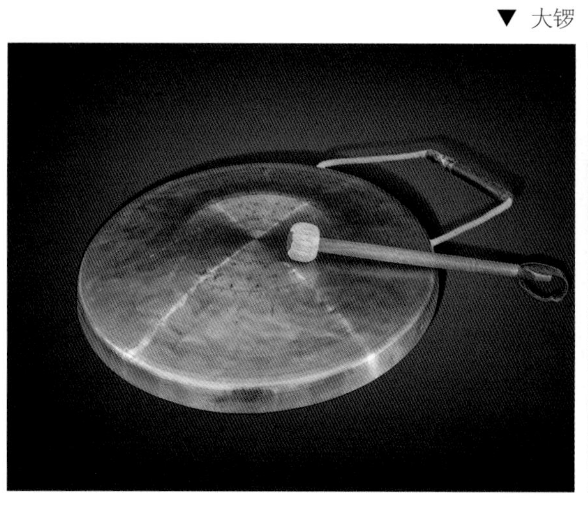

▼ 铜钹

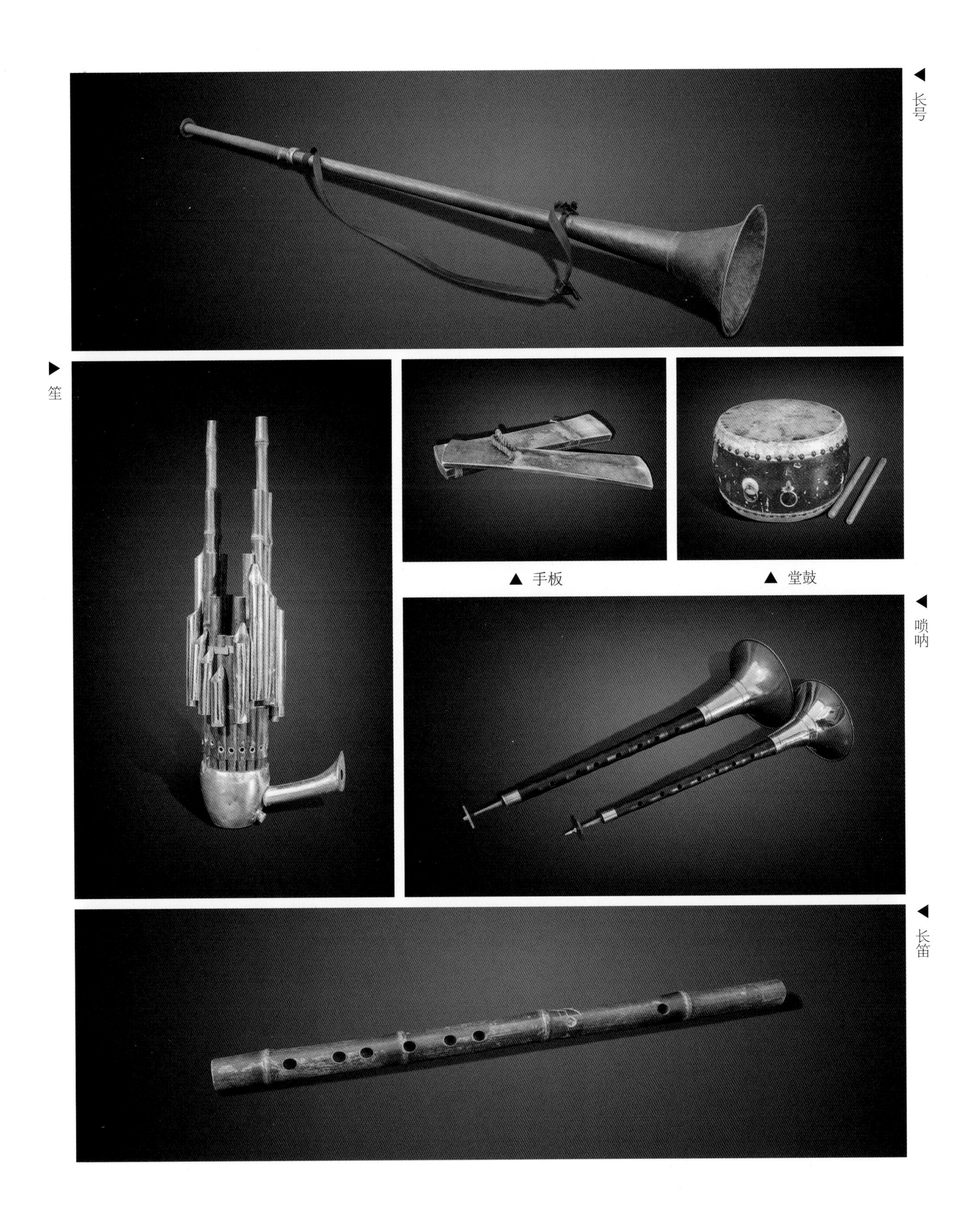

◀ 长号

▶ 笙

▲ 手板

▲ 堂鼓

◀ 唢呐

◀ 长笛

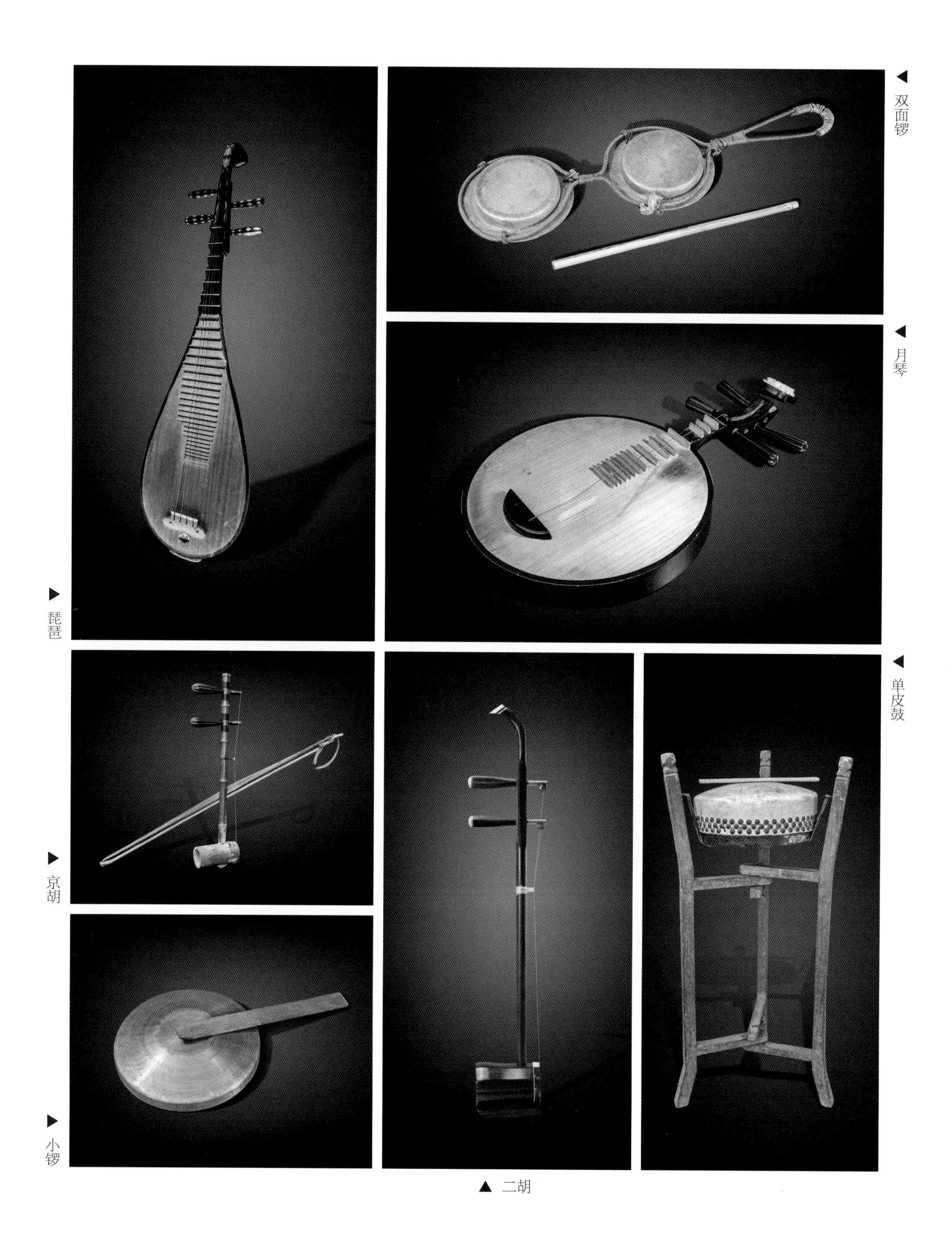

▶ 琵琶

◀ 双面锣

◀ 月琴

▶ 京胡

▶ 小锣

▲ 二胡

◀ 单皮鼓

七、过门

过门指的是迎亲队伍返回男方家中后，拜堂前所进行的一系列礼仪程序，主要包括蹲福、抹香油、过火盆、迎喜神、换新鞋等；主要用具有蹲福椅子、香油传盘、火盆、红帐子、香、压轿鞋、马鞍等。

▶蹲福椅子

◀香油传盘

◀抹香油场景

蹲福椅子

蹲福椅子是新娘下轿后，进入婚礼仪式现场前暂坐的椅子，这一环节俗称“蹲福”。

香油传盘

香油传盘是“抹香油”环节中所用的道具，传盘内通常盛放香油、葱和芹菜，寓意新娘过门后勤俭持家、会过日子。

▶火盆

火盆

火盆是“过火盆”环节中所用的婚礼道具，通常为铜制，内有烧红的木炭，寓意“驱灾辟邪、红红火火”。

▶ 请喜神

▶ 红帐子

▶ 香

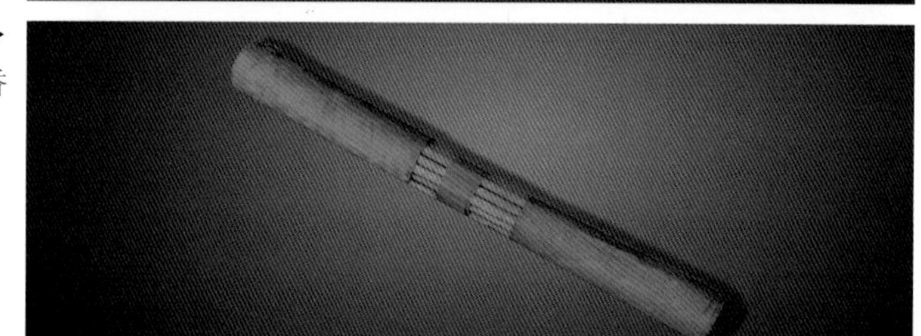

▶ 压轿鞋

红帐子与香

红帐子与香是“请喜神”环节中所用的婚礼道具。“请喜神”通常由“喜神公”至天地桌，燃香叩拜，再到门口街巷喜神方位张贴红帐子处叩拜宴请，最后回天地桌落香完毕。

压轿鞋

压脚鞋是新娘为新郎准备的新鞋，通常用红包袱包裹，由新娘亲自带到婚礼现场，由喜婆取出，“嫁女客”为新郎穿鞋。

马鞍

马鞍

马鞍是过门时用于新娘跨过的婚礼道具，有的也在马鞍上放置苹果，寓意“平安吉祥”。

八、拜堂

拜堂又称为“拜天地”，是婚礼中一个重要的仪式。经过“拜堂”后，女方就正式成为男方家庭中的一员。“拜堂”分为“拜天地”“拜高堂”和“夫妻对拜”。拜天地代表着对天地神明的敬奉；拜高堂时要对公婆和家中长辈改变称呼，俗称“改口”，这时长辈可以向新娘“改口”馈赠礼品或礼金，代表着新娘自此以后就是一家人；夫妻对拜代表夫妻相敬如宾，白头偕老。拜堂的习俗是从宋代以后开始流行的，鲁中地区的“拜堂”遵循“迎亲于庭”的传统，拜堂多在庭院内举行。拜堂所用工具主要有天地桌、红绸带、红茶碗、红砖、梯子等。

拜堂场景

▶ 天地桌

▶ 红烛

◀ 烛台

◀ 香炉

▶ 天地桌背景

天地桌

天地桌是拜堂时用来祭告天地神明的供桌，通常以红布覆盖，以大红双喜为背景，桌上置放香炉与燃香、烛台与红烛，另有花馍、干果、酒水等供品。

▲ 红绸带

红绸带

红绸带是拜堂时，新郎、新娘拿在手里，相互连接牵引的婚礼用具。

◀ 红茶碗

红茶碗

红茶碗是拜高堂时，新娘敬奉公婆喝茶的婚礼用具。

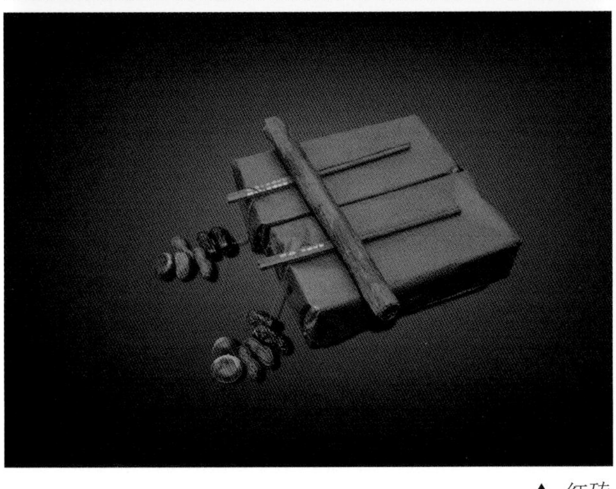

▲ 红砖

▲ “压砖”场景

红砖与梯子

红砖是新郎、新娘完成拜堂，入洞房前，放入门楼屋面上方的婚礼用具，寓意“添砖加瓦、人丁兴旺”。梯子是用于放置红砖时的工具。

九、洞房

洞房是新郎新娘进入婚房后所进行的一系列礼仪程序，古代洞房一般有“坐帐、撒帐、同牢、合卺”四步。“坐帐”又称“坐床”，是一对新人端坐在婚床之上，接受宾朋祝贺；“撒帐”是宾朋好友向新人抛撒婚庆干果，并说些吉利话；“同牢”是一对新人同食一种畜肉，寓意此后共同生活；“合卺”就是喝交杯酒，吃长寿面、子孙馍等。随着婚礼习俗的演变，洞房又增添了“挑红盖头”和“闹房”等习俗。洞房使用的用具主要有秤杆、结发香囊、剪刀、合卺酒杯等。

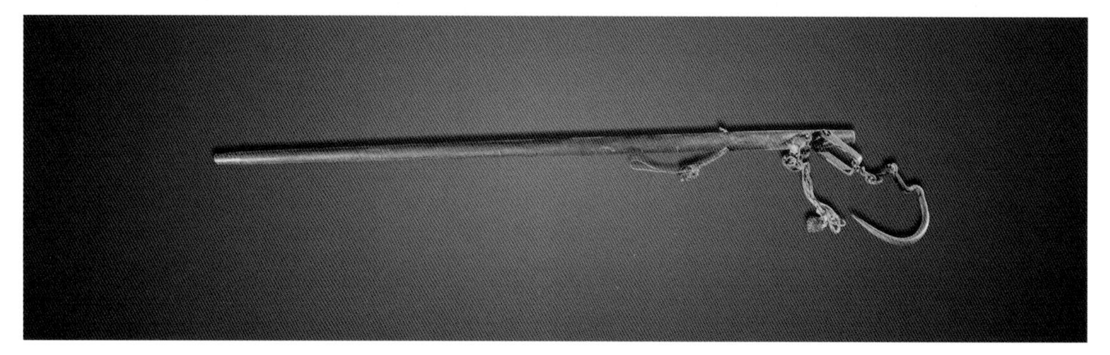

▲ 秤杆

秤杆

秤杆是洞房时，新郎用来挑开新娘红盖头的婚礼用具，寓意“称心如意”。

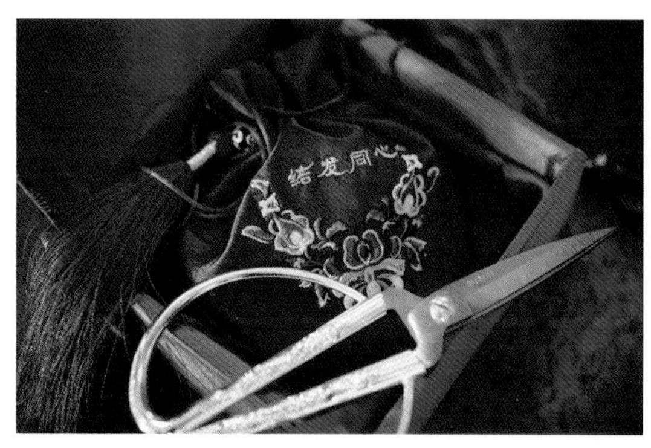

▲ 结发香囊与剪刀

▲ 合卺酒杯

结发香囊与剪刀

结发香囊是结发时用来盛放新人头发的婚礼用具。剪刀是结发时剪取新人一缕头发的工具。

合卺酒杯

合卺酒杯是新人喝交杯酒时用来盛装酒水的工具，多用小瓠瓜或小葫芦剖解而成。

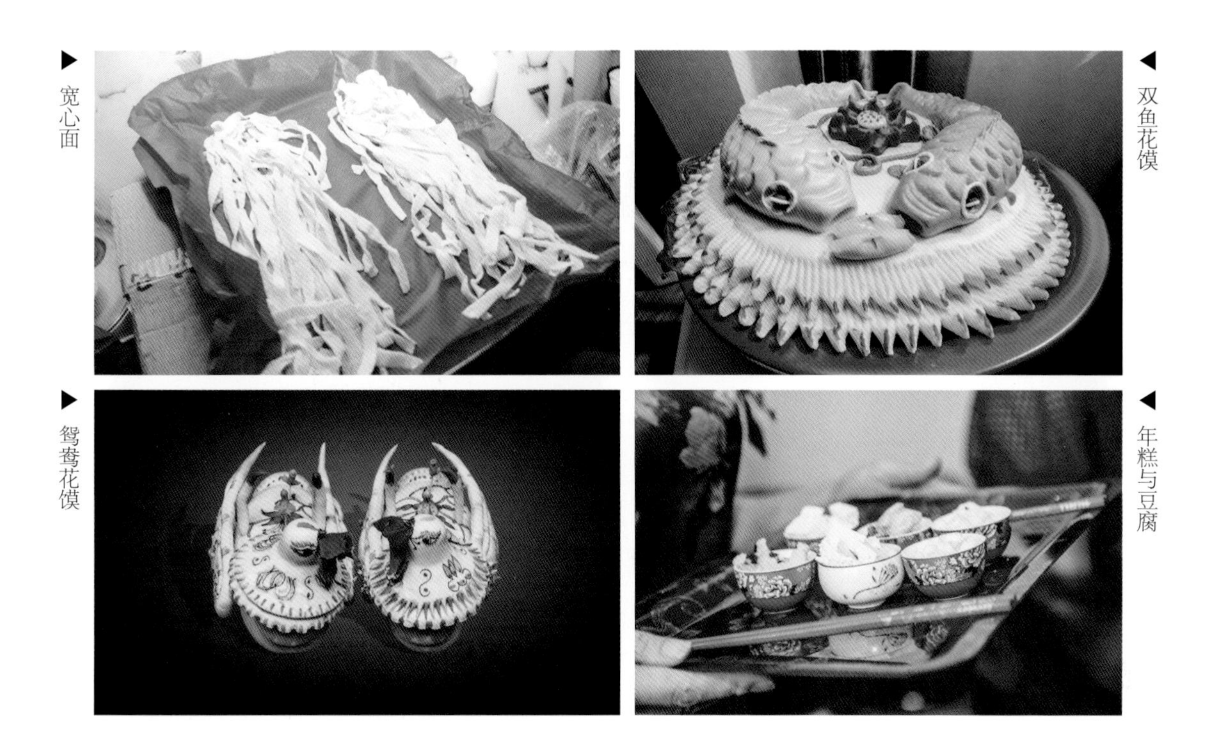

宽心面

双鱼花馍

鸳鸯花馍

年糕与豆腐

“换饭”食品

“换饭”是鲁中地区婚俗中的一项，其传统来自古代婚俗中的“同牢”。换饭的食品主要有宽面条，俗称“宽心面”；豆腐，寓意“都有福”；年糕，寓意“年年高升”。个别地区也有水饺、花馍等。

笸箩

枕头

笸箩与枕头

笸箩与枕头是“填头枕”环节中所用的婚庆用具。笸箩是盛放麦秸、豆秸、艾草、香、擀面杖等的用具。

十、宴宾

宴宾又称“婚宴”，是男女双方为答谢亲朋好友举办的答谢宴会，通常为男女双方各自主办，女方在女儿出嫁后即准备宴席，男方则是在新郎、新娘送入洞房后即开席。鲁中地区，男方的宴席座次很有讲究，通常为族长高朋坐主桌，新娘前来观礼的娘家人次之，新郎舅家人再次之。广义的宴宾也包括为亲朋分发的喜糖、喜饼等。宴宾主要用具有礼簿、喜饼、喜饼模、喜饼筐、喜糖、喜盒等。

▶婚宴场景

◀礼簿

礼簿

礼簿是宴请宾客时，登记入册宾客姓名及所赠礼金的用具。

方桌与条凳

方桌与条凳是招待宾客、举办婚宴时的用餐桌和坐具。

▶ 方桌与条凳

▶ 提盒

◀ 食盒

提盒与食盒

提盒与食盒是宴请宾客时，用来盛传菜品，方便上菜的工具。

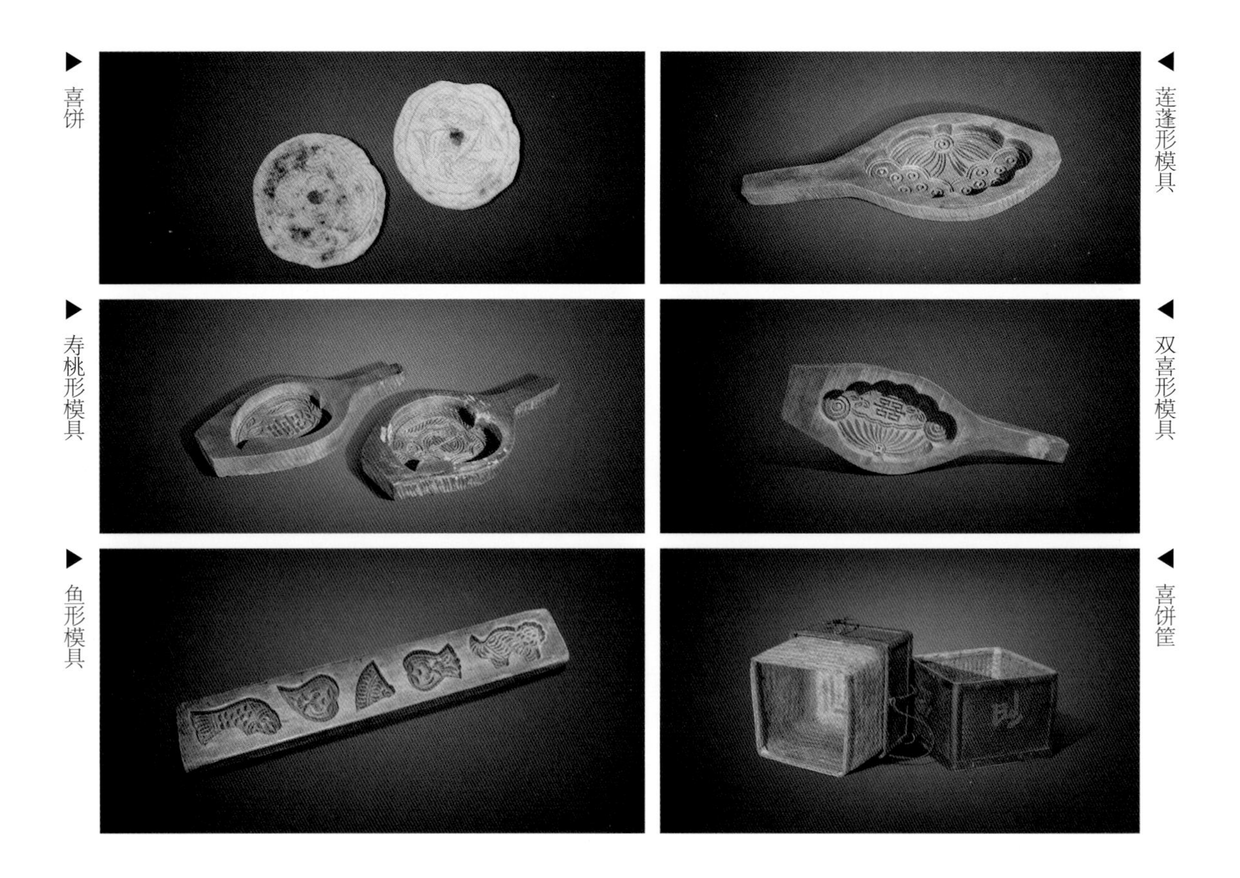
喜饼　莲蓬形模具　寿桃形模具　双喜形模具　鱼形模具　喜饼筐

喜饼、喜饼模与喜饼筐

喜饼俗称“喜火烧”，是馈赠亲朋的婚庆食品。喜饼模是用来制作各种喜饼的模具，有双喜、莲子、莲蓬、寿桃和鲤鱼等形状。喜饼筐是用来盛放喜饼的用具。

喜盒　喜糖

喜糖与喜盒

喜糖是用于嫁娶婚礼时的糖果。喜盒是盛装馈赠亲朋好友的喜糖、喜饼及干果的盒子。

附：20世纪60～90年代初鲁中地区男方备娶物品

备娶物品指的是男方为日后新人生活所需，婚礼前置办的家具、家居及生活用品，主要有堂屋六大件（条几、八仙桌、椅子一对、花架一对）、电视机、沙发、大衣橱、五斗柜、两抽柜、写字台、餐柜等。

▶ 堂屋『六大件』

▶ 电视机

◀ 沙发

衣橱

写字台

双抽柜

餐柜

五斗柜

第十二篇

木版年画制作工具

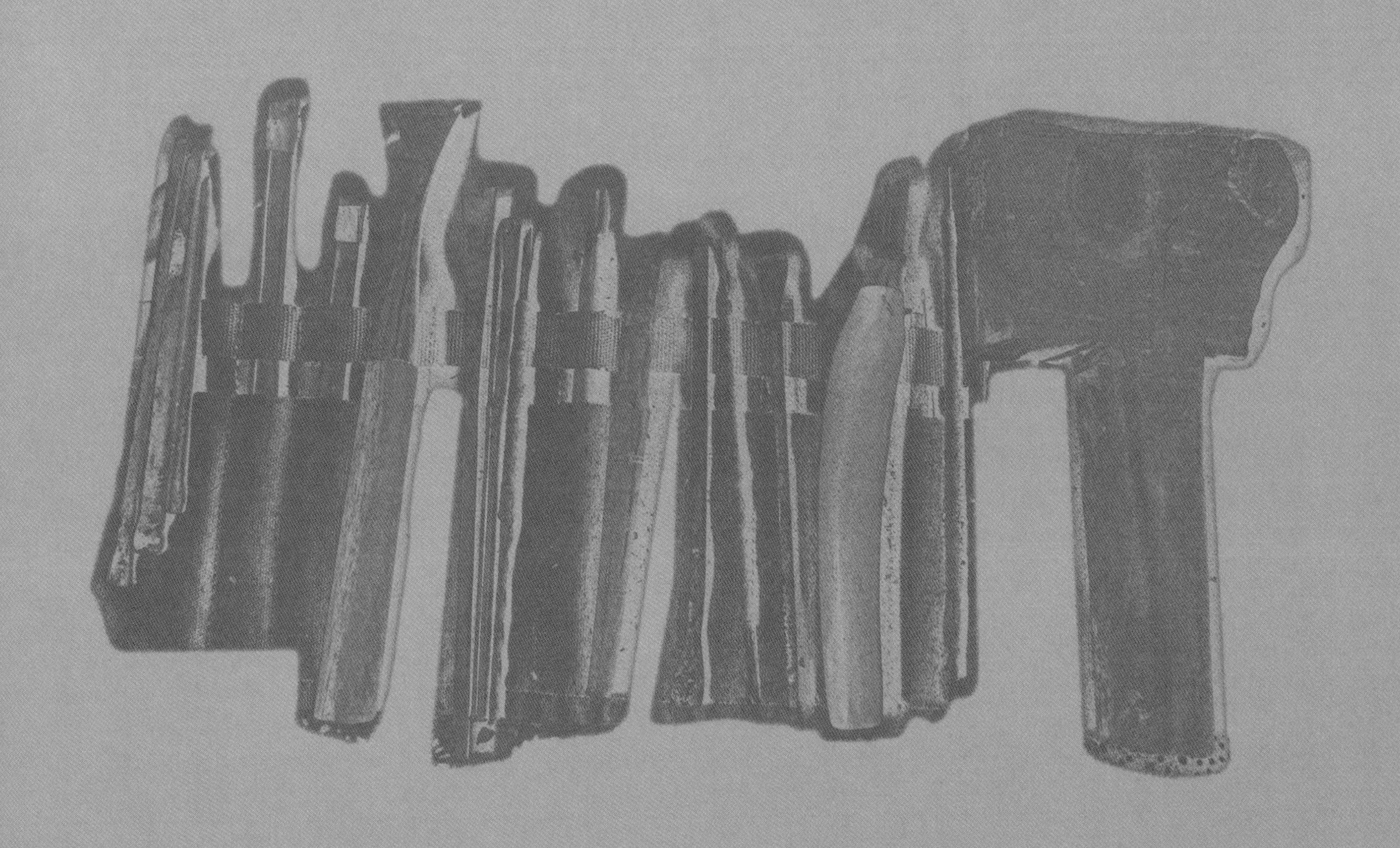

木版年画制作工具

木版年画是历史悠久的中国传统民俗文化艺术形式。年画是“年”的象征，古时，人们认为不贴年画就不算过年。早在汉代，人们便开始在大门上张贴手工绘制的“守门将军”画，唐代佛经版画和雕版技术的发展，为雕版年画的出现做了铺垫。到了宋代，受市民经济的影响，人们对年画的需求逐步增大，那时的汴梁城，雕版印刷技术已经十分成熟，因此大量的年画开始被制作出来，并出现了专门售卖年画的“画市”，只不过，那时并不叫“年画”而是叫“画纸儿”。清朝道光年间，在李光庭著的《乡言解颐》一书中，正式提出了“年画”一词，从此，所谓“年画”就拥有了固定含义，即是指木版彩色套印、一年一换的年俗装饰品。至清代中晚期，民间年画达到了鼎盛阶段，年画的内容题材也不仅仅局限于“守门将军”，更有世俗生活、花鸟鱼虫、神仙佛像、人物故事、仕女娃娃、讽喻劝诫、吉祥喜庆等，凡寓意美好、积极向上的内容，可谓是无所不容、无所不包。因此，年画不仅是过年的装饰性物品，而且极具文化价值与艺术价值，称得上是“传统民间世俗生活的百科全书”。

年画在发展的过程中，形成了许多具有地域特色的生产集散地，天津杨柳青、苏州桃花坞、潍坊杨家埠被誉为中国木版年画三大产地。

潍坊杨家埠年画制作始于明朝初期，其制作方法简便，工艺精湛，色彩鲜艳，内容丰富。每年春节年画题材都会更换一次，许多新思想、新事物出现之后，马上就能够在年画中反映出来，对社会的进步起到一定的促进作用。杨家埠年画的制作工艺别具特色。艺人首先用柳枝木炭条、香灰作画，名为“朽稿”，在朽稿基础上再完成正稿，描出线稿，反贴在梨木版上供雕刻，分别雕出线版和色版，再经过调色、夹纸、对版、处理跑色等手工印刷，年画就印出来了，再经过手工补上各种颜色进行简单描绘，以使年画显得自然生动。年画制作所用工具可以分为绘稿工具、雕版工具、套刷工具三类。

门神年画

年画木版

第三十五章　绘稿工具

木版年画制作工序的先是“绘稿”，过去艺人会用柳枝木炭条、香灰作画，名为“朽稿”，在朽稿基础上再完成正稿，描出线稿，反贴在梨木版上供雕刻。传统绘稿工具包括毛笔、墨、宣纸、砚台、笔洗、浆糊盆、板刷等。

▶绘稿场景

◀毛笔

毛笔

毛笔是在绘制线稿的过程中用来勾描、绘画的工具。

◀ 墨

◀ 砚台

▲ 宣纸

宣纸、墨与砚台

宣纸是用来绘制木版年画底稿的纸张。墨是在绘稿制作过程中用于涂抹的黑色颜料，一般由油烟或松烟制成。砚台是用来研磨并盛装墨汁的工具。

◀ 笔洗

▲ 裁纸刀

裁纸刀与笔洗

裁纸刀是用来裁切宣纸的工具，多为铜制。笔洗俗称“洗子”，是盛装清水，刷洗毛笔的工具。

浆糊盆

浆糊盆是在粘贴样稿过程中用来盛放浆糊的工具。

▼ 浆糊

▲ 板刷

板刷

板刷是粘贴样稿过程中用来刷浆糊的工具。

第三十六章　雕版工具

雕版指的是运用拳刀、木槌等木雕工具，采用发、衬、挑、复、剔等技法刻制线版、色版的过程，所用工具主要有木槌、拳刀、平刀、大平刀、圆刀、磨刀石、拐尺等。

▶雕版场景

◀拳刀

拳刀

拳刀是在雕版过程中，用来雕刻线条的工具。拳刀的刀柄形状和拳头握起来正好吻合，故名“拳刀”。

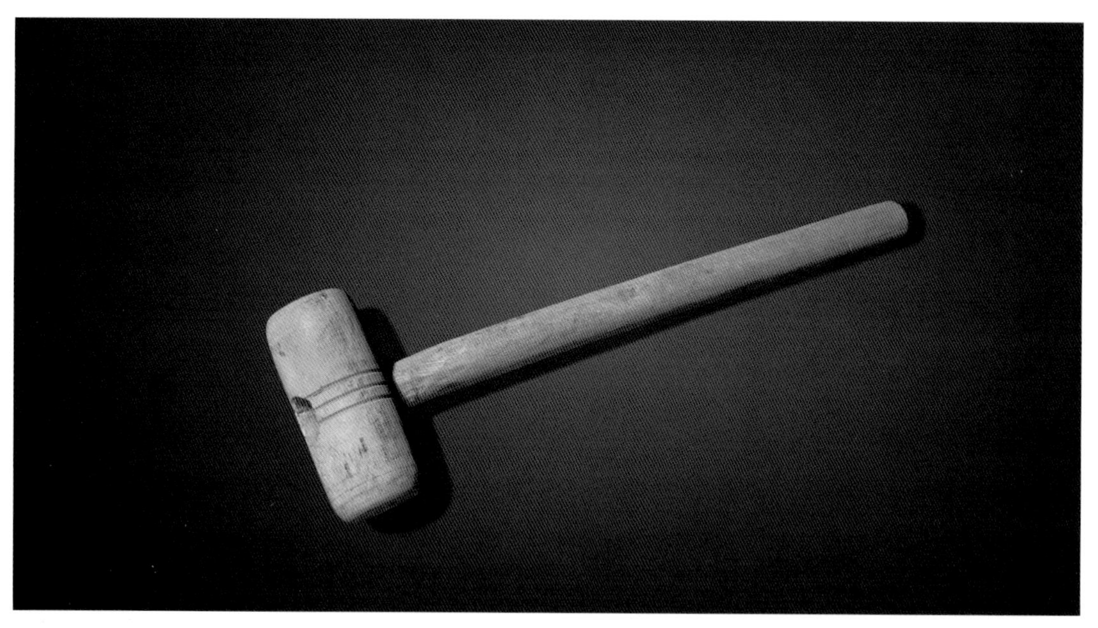

▲ 木槌

木槌

木槌是在木版雕刻过程中，用于敲击刻刀进行雕刻的木制工具，通常以槐木等硬木制成。

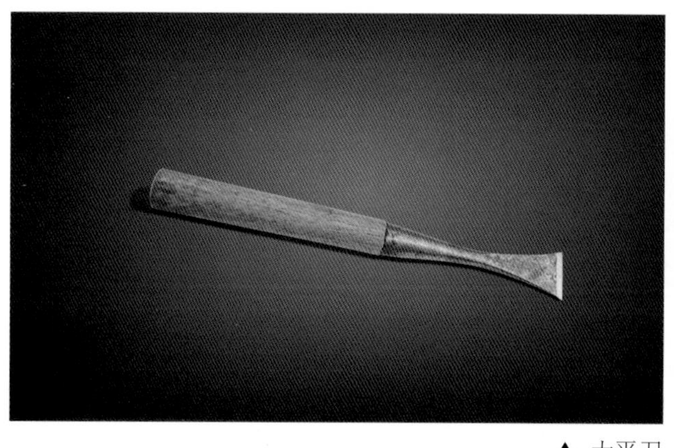

▲ 大平刀

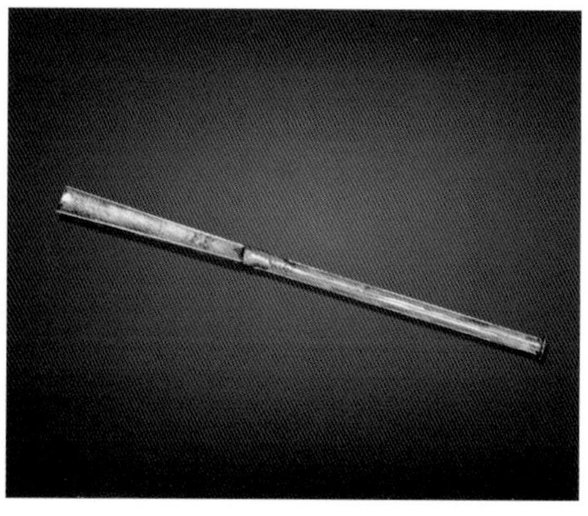

▲ 圆刀

大平刀与圆刀

大平刀是在雕版过程中雕凿图案大样的工具，是坯刀的一种。圆刀是用于雕刻弧形或圆形线条的工具，如动物鳞片、人物眉眼等。

▼ 平刀组合

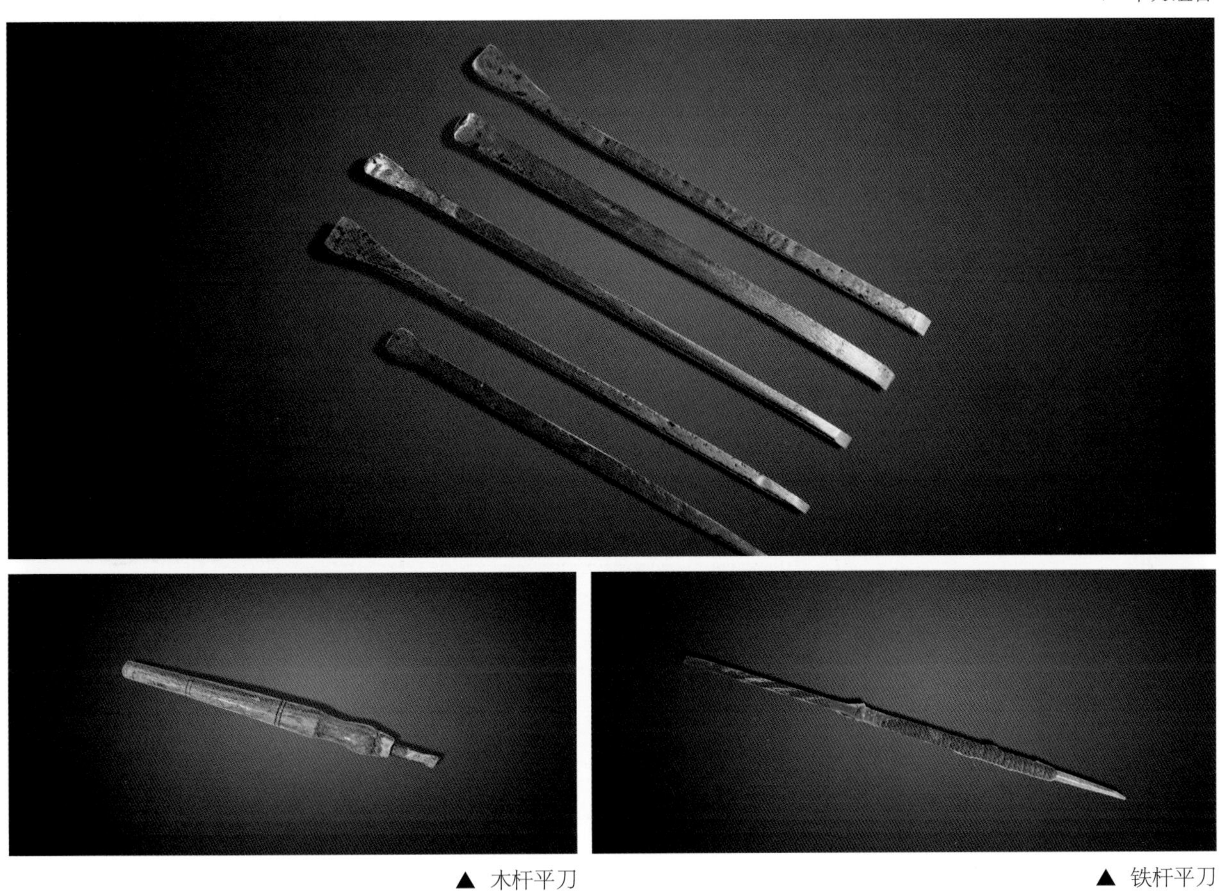

▲ 木杆平刀　　▲ 铁杆平刀

平刀

平刀是在雕版过程中用于进行细部雕刻，使雕版样稿内容完整成型的工具，其大小型号有多种。

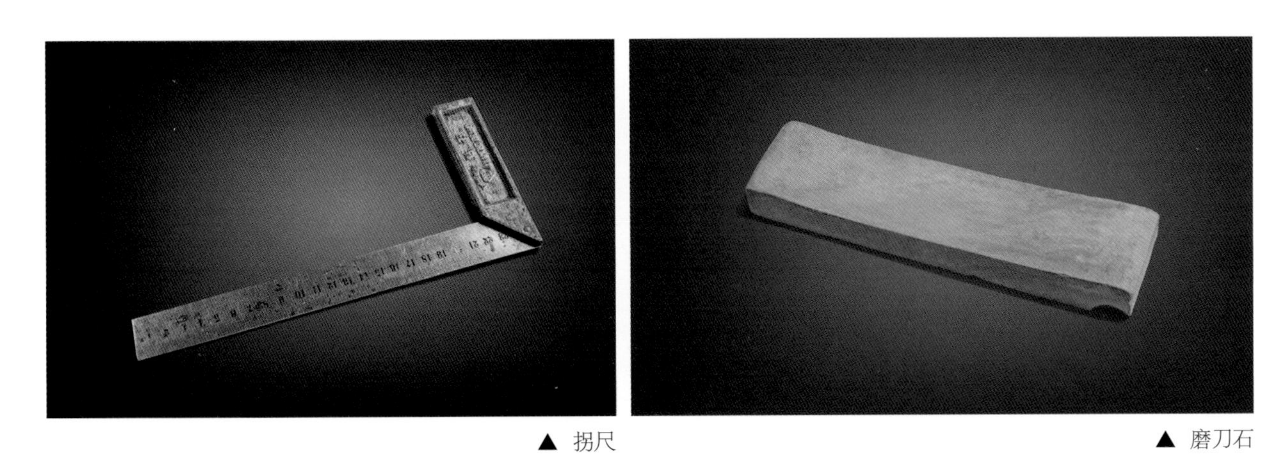

▲ 拐尺　　▲ 磨刀石

拐尺与磨刀石

拐尺又称“角尺”，是在雕版过程中控制雕刻版面边线垂直及尺寸的工具。磨刀石是用来打磨雕刻刀的工具。

第三十七章　套印工具

木版年画又称“雕版套印”。所谓“套印”指的是用棕刷将墨色刷于版面，用趟子趟平，印出墨线版；再以线稿为基础，颜色位置对齐，依次由深色到浅色套印紫、蓝、红、黄等色版。其所用工具主要有套印桌案、支板、千金绳、杠木、案口板、色板、箍刷、棕捻子、圆棕刷、颜料盘、墨盆、撑条、毡布、画笔、镊子、敲锤、植物油瓶、撑杆、晾干架、压板与压砖等。

◀ 套印场景

◀ 线版印刷场景

◀ 套印桌案

▲ 支板、千金绳、杠木

▲ 案口板

套印桌案及配件

套印桌案是年画套印时的操作台，通常为木制的台案造型。与之相匹配的套印配件主要有案口板、支架、千金绳、杠木、支板等。支板、千金绳、杠木，在年画印制过程中是将纸张紧固在印制桌案上的工具。为体现紧固的重要性，工匠们称紧固的线绳为“千金绳”，木条为“杠木”，承托木板称为“支板”。支板也用于年画晾干后的压平。案口板是封在案口处的可活动木板。

门神线版

财神线版

花纹线版（一）

花纹线版（二）

喜庆娃娃线版

线版

线版是年画套印时首先印刷的一版，又叫“线稿版”“主线版”，是年画墨色线条部分。

◀ 色版印刷场景

▲ 色版（黄）

▲ 色版（紫）

色版

色板是在年画套印过程中用于套色印刷的版面，有红、黄、蓝、紫四色，与黑色线版合称“五色”。

▲ 笣刷（一）

▲ 笣刷（二）

笣刷

笣刷俗称“趟子”，是套印时用来擦压印纸，进行印制的工具。

▲ 棕捻子（一）

▲ 棕捻子（二）

棕捻子

棕捻子俗称“置捻子”，是在套印过程中从颜料缸内蘸取颜料到盘中的工具。

◀ 圆棕刷

圆棕刷

圆棕刷俗称“把子”，是在套印过程中用以蘸取墨汁或颜料，均匀刷于版面的工具。

▲ 颜料缸（一）

▲ 颜料缸（二）

颜料缸

颜料缸是用来盛放各色颜料的工具。年画制作使用的颜料缸通常体型不大，多为圆形陶瓷制品。

▲ 墨盆

▲ 颜料盆

墨盆与颜料盆

墨盆是在年画套印过程中，盛放墨汁的工具。颜料盆是用来盛放、调制色版颜料的工具。

毡布与镊子

毡布是在年画套印的过程中用来垫实木版，防止木刻版滑动的工具。镊子是用来夹取毡布，垫平刻版的工具。

▶ 毡布

▶ 镊子

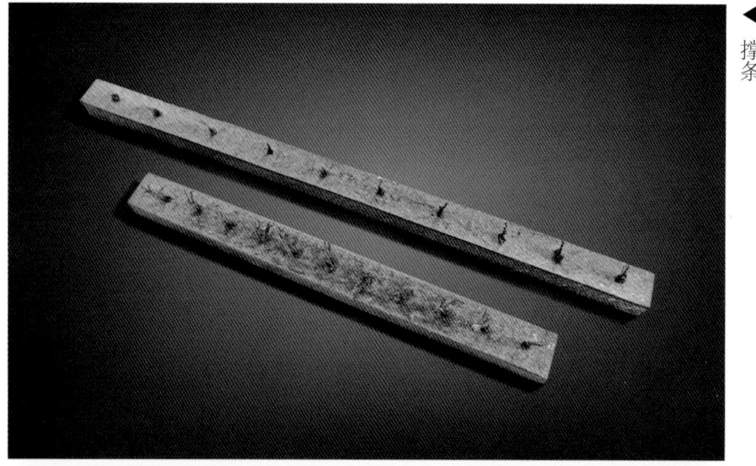
◀ 撑条

撑条

撑条俗称“支子”，是在年画印制过程中保持纸面平整，避免画面污染的工具。

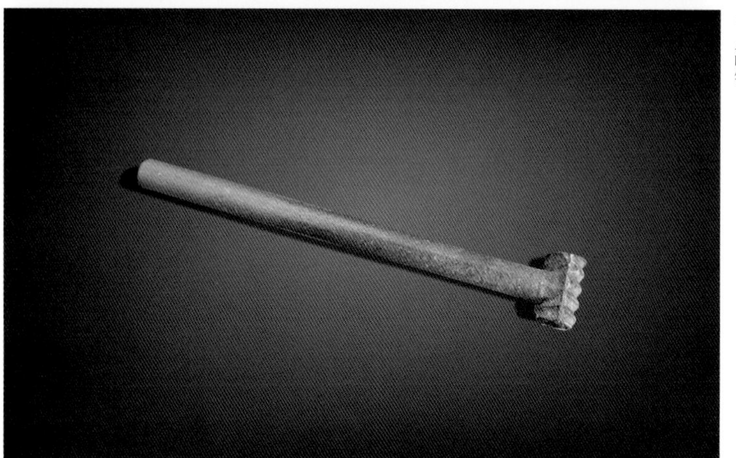
◀ 敲锤

敲锤

敲锤是在年画套印过程中对印刷刻版进行敲击微调的工具。

画笔与植物油瓶

画笔是在年画套印完成后，用来修补年画漏印部位的工具，通常为毛笔和油画笔。植物油瓶是盛装植物油的工具。植物油是点涂到雕版上防止颜料起沫、走色的料具。

▼ 画笔

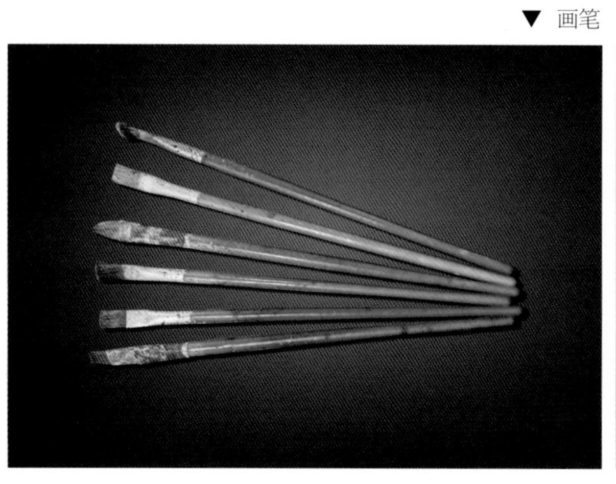

▼ 植物油瓶

撑杆

撑杆是用来挑取放有年画的晾晒杆，将其放置在晾干架上的工具。

▶ 撑杆

晾干架

晾干架是年画套印完成后用来晾干年画用的支架。

▶ 晾干架

◀ 年画晾晒场景

压板与压砖

压板与压砖是在年画印制过程中压平成品年画的工具，使用时先用压板压住年画，压板两端覆以用纸包裹的压砖，以起到压平防止污染的效果。

▼ 压板与压砖

▼ 成品年画（一）

▲ 成品年画（二）

第十三篇

风筝制作工具

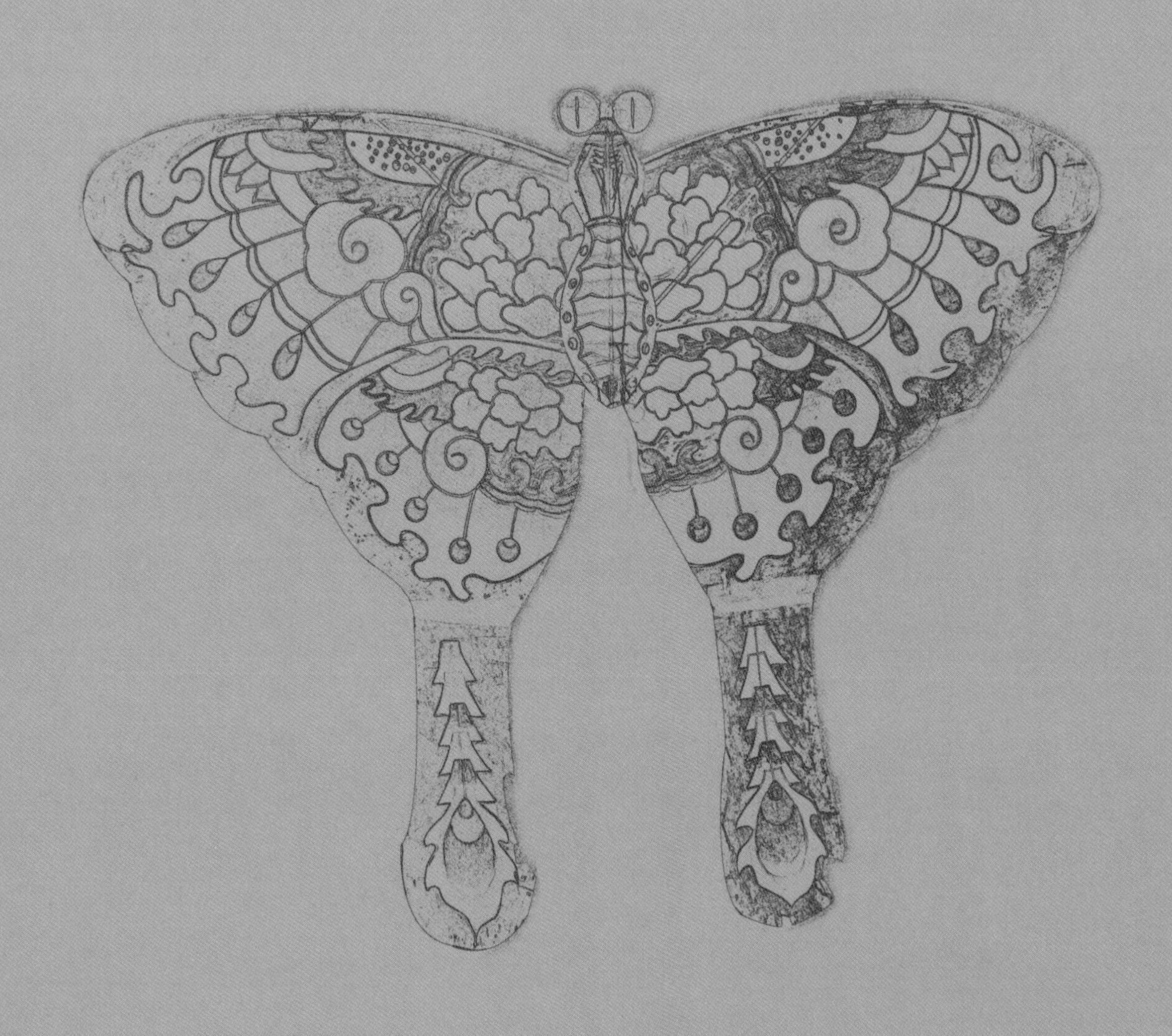

风筝制作工具

“草长莺飞二月天，拂堤杨柳醉春烟。儿童放学归来早，忙趁东风放纸鸢。”这是清代诗人高鼎的一首诗作，名为《村居》，其中所说的“纸鸢”，就是我们今天说的“风筝”。风筝是中国古代流传甚广的一种传统户外娱乐器具。风筝究竟起源于何时，目前已经无从考证，民间一般认为风筝源自春秋时期墨翟制作的一种会飞的木鸟，后来经鲁班改造，以竹篾为骨，才有了现代风筝的雏形。东汉蔡伦发明造纸术后，人们以纸裱糊，使得风筝可以被大量制作，因此，风筝也称“纸鸢”或“鸢”，在南方一些地区则被称为“鹞”。

相传风筝的发明最初是用于军事，楚汉之争时，韩信曾命人制作大量风筝，并敷有竹笛，待飞至楚军阵营，汉军配合笛声，唱起楚歌，楚军士兵闻听后军心涣散，再无一战到底的决心和勇气，这便是有名的“四面楚歌”。由此可见，能发出声响的叫“风筝”，不能发出声响的叫“纸鸢”，后世则将其统称为“风筝”。风筝在唐代时已经成为一种流行广泛的娱乐器具。到了宋代，“放风筝”不仅是一项娱乐活动，而且被当成一种锻炼身体的方式加以提倡，清明时节，人们将风筝放得又高又远，然后将线剪断，寓意带走一年的霉运。到了明代，风筝除了作为娱乐用品，又重新回到了军事用途上，那时人们在风筝上装载火药，用以杀伤打击敌人。明清时期是中国风筝发展的鼎盛时期，明清风筝在大小、样式、扎制技术、装饰和放飞技艺上都有了超越前代的巨大进步。当时的文人亲手扎绘风筝，除自己放飞外，还赠送亲友，并认为这是一种极为风雅的活动。

风筝制作是中国传统民间手工艺的一种。时至今日，风筝已经发展出硬翅风筝、软翅风筝、串式风筝、板式风筝、立体风筝、动态风筝六大类上千个花色品种。山东省潍坊市是风筝重要产地，被誉为“世界风筝之都”，潍坊的别名更是叫作“鸢都”。潍坊风筝兴于明初的杨家埠村。那时，村民已有木版年画的刻印技术，利用每年春天的空余时间，用印年画的纸张、颜料，绘制出各种图案，扎制风筝。开始时仅自娱自乐或馈赠亲朋好友，后逐渐发展为商品。至乾隆年间（1736—1795年），风筝已成为当地重要的手工业。潍坊风筝以制作精良、飞行平稳、质地轻盈为特点，并能制作“长串蜈蚣”“筒子风筝”“软翅风筝”等样式奇巧的风筝，其内容有人物故事、花鸟鱼虫、各类吉祥图案等。

风筝的制作工艺并不复杂，主要有制篾、扎骨架、糊纸、绑刷提线、试飞、修整、着色、完工等几步。按照其制作工艺，可将风筝制作所用工具分为制篾、扎架工具，糊纸、绑线工具，试飞、着色工具三类。

▲ 风筝制作场景

第三十八章　制篾、扎架工具

风筝的骨架一般用竹篾材扎制而成，材料以四川毛竹最佳。扎骨架的工序有选竹材、破竹材、削竹条（有“抽削”“推削”诸法）、修竹条、弯竹条、扎结竹条等，用的工具主要有框锯、羊角锤、钢筋棒、小手锯、蟹刨、劈刀、削刀、铁锥、拐尺、直尺、尖嘴钳、天平、酒精灯、镊子、剪钳、绑扎丝等。

▶ 制篾场景

◀ 框锯

框锯

框锯是在风筝制作过程中，用来锯切竹竿、竹篾等原材料的工具。

▼ 劈刀

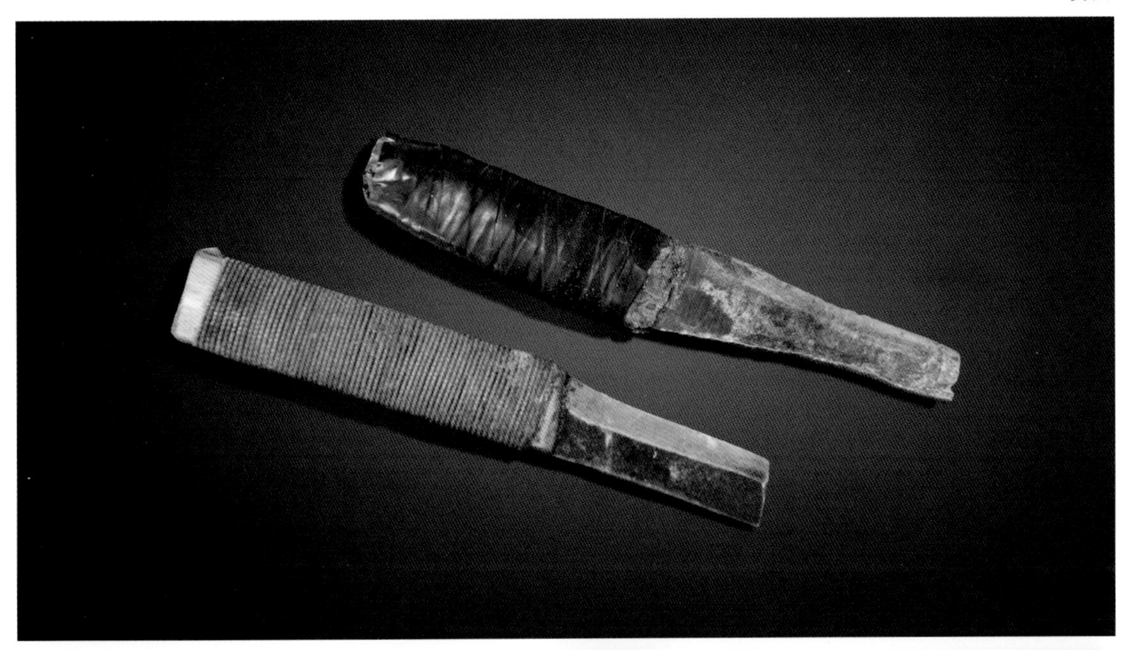

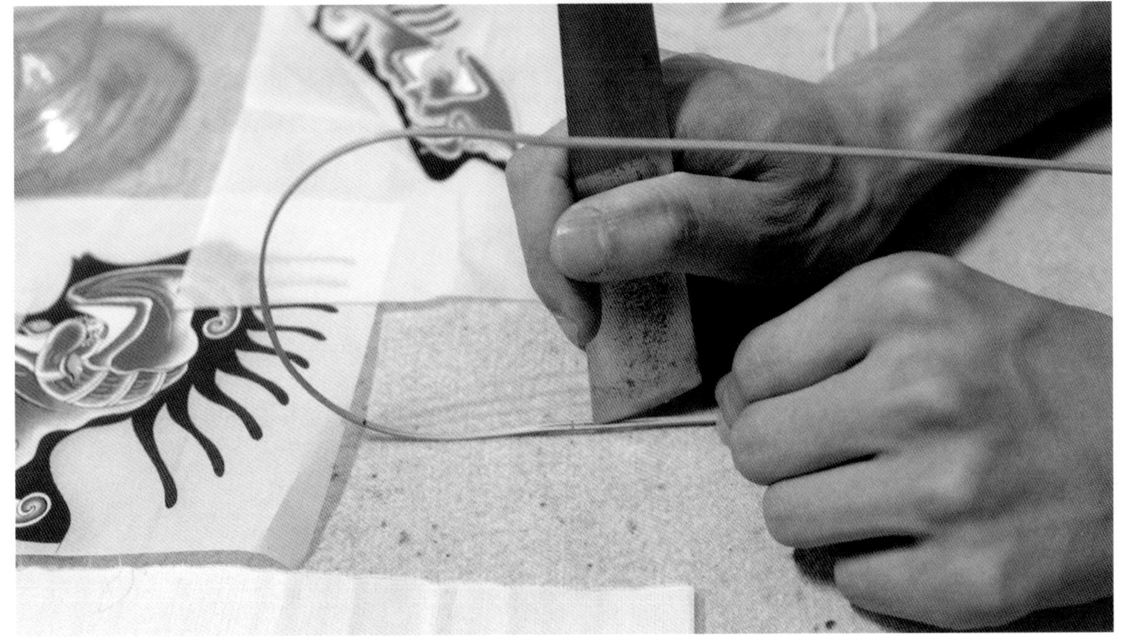

▲ 劈刀使用场景

劈刀

劈刀是在风筝制作过程中用来劈、削竹篾的工具。

钢筋棒使用场景

钢筋棒

钢筋棒

钢筋棒是劈竹篾时用来敲击劈刀的工具。

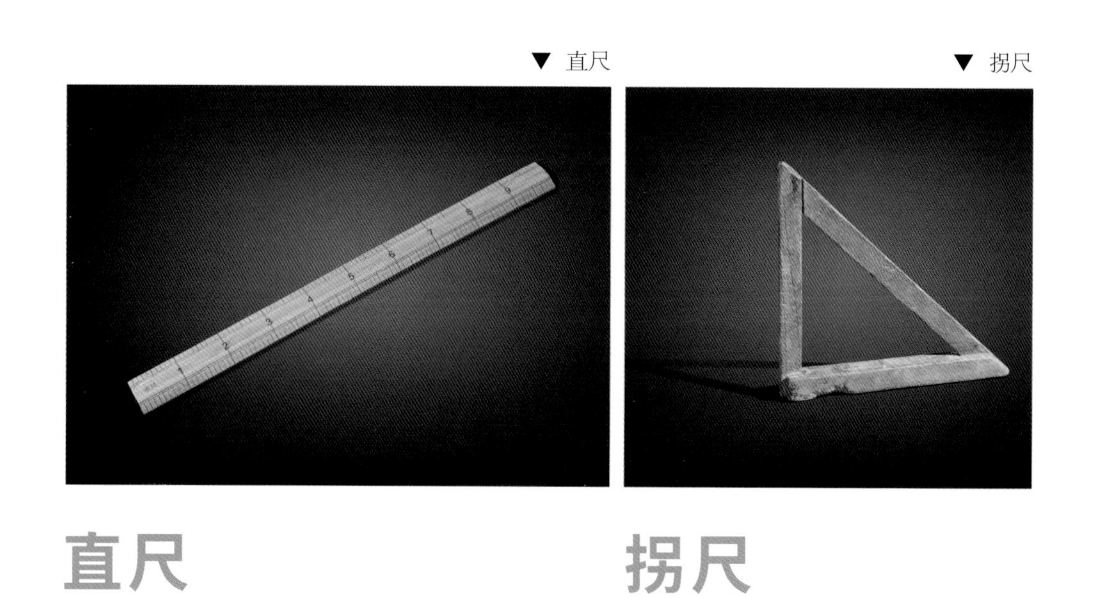

直尺

拐尺

直尺

直尺是在风筝制作过程中用于测量竹篾及骨架长度的工具。

拐尺

拐尺是在风筝制作过程中用以测量、规整风筝骨架的工具。

削刀

削刀是在风筝制作过程中用以削平竹节等材料的工具。

锉刀

锉刀是用来打磨风筝骨架竹篾的工具。

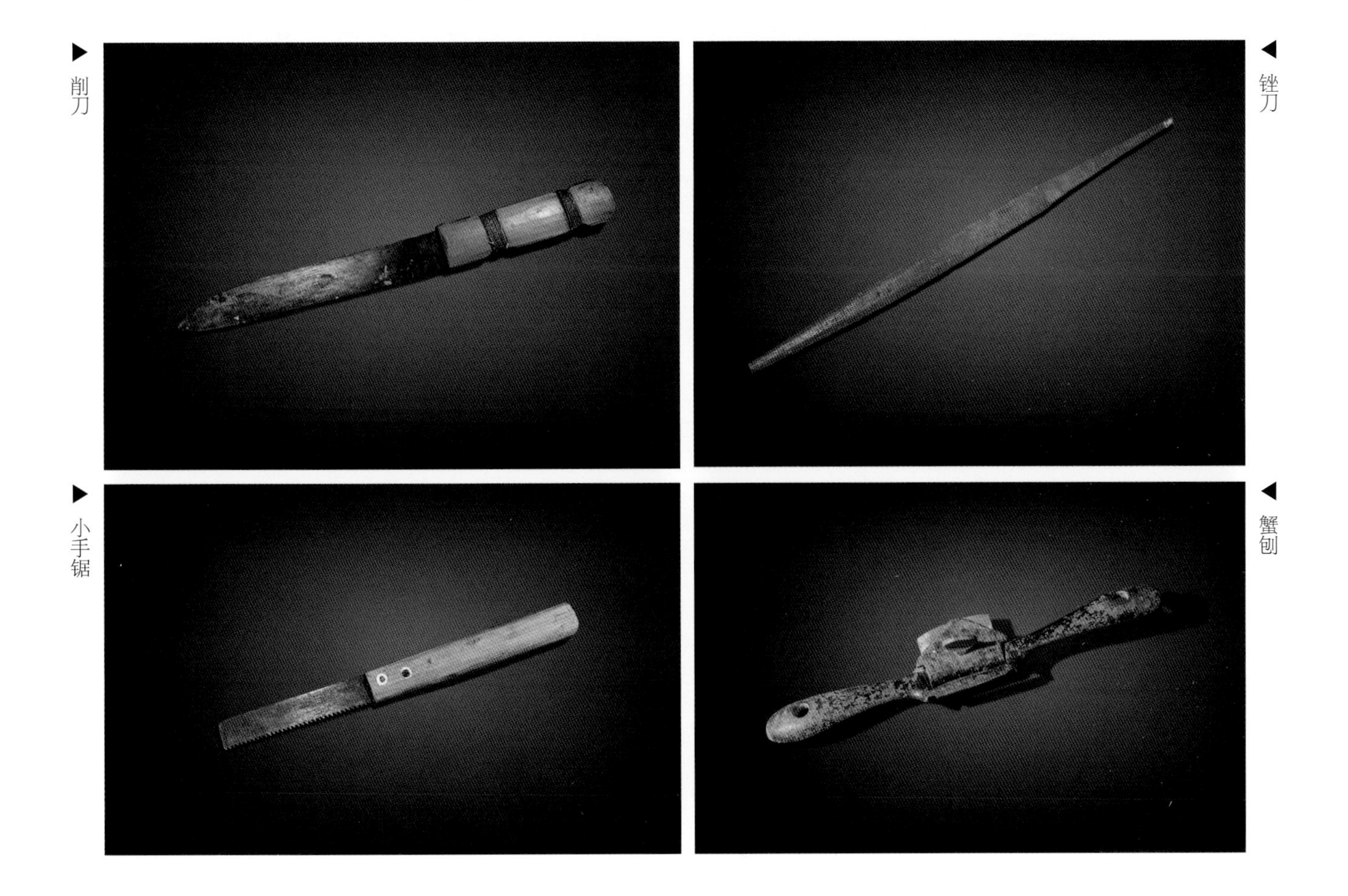

▶ 削刀

◀ 锉刀

▶ 小手锯

◀ 蟹刨

小手锯

小手锯是锯切木料、竹篾及骨架绑扎后多余竹木边角料的工具。

蟹刨

蟹刨俗称“鸟刨”“弯刨”，是在风筝骨架制作过程中，用来刨光构件曲面及倒角的工具。

铁锥

铁锥是在风筝的制作过程中用来对竹篾等材料进行钻孔的工具。

磨石

磨石是在风筝的制作过程中用来打磨劈刀、铁锥等器具的工具。

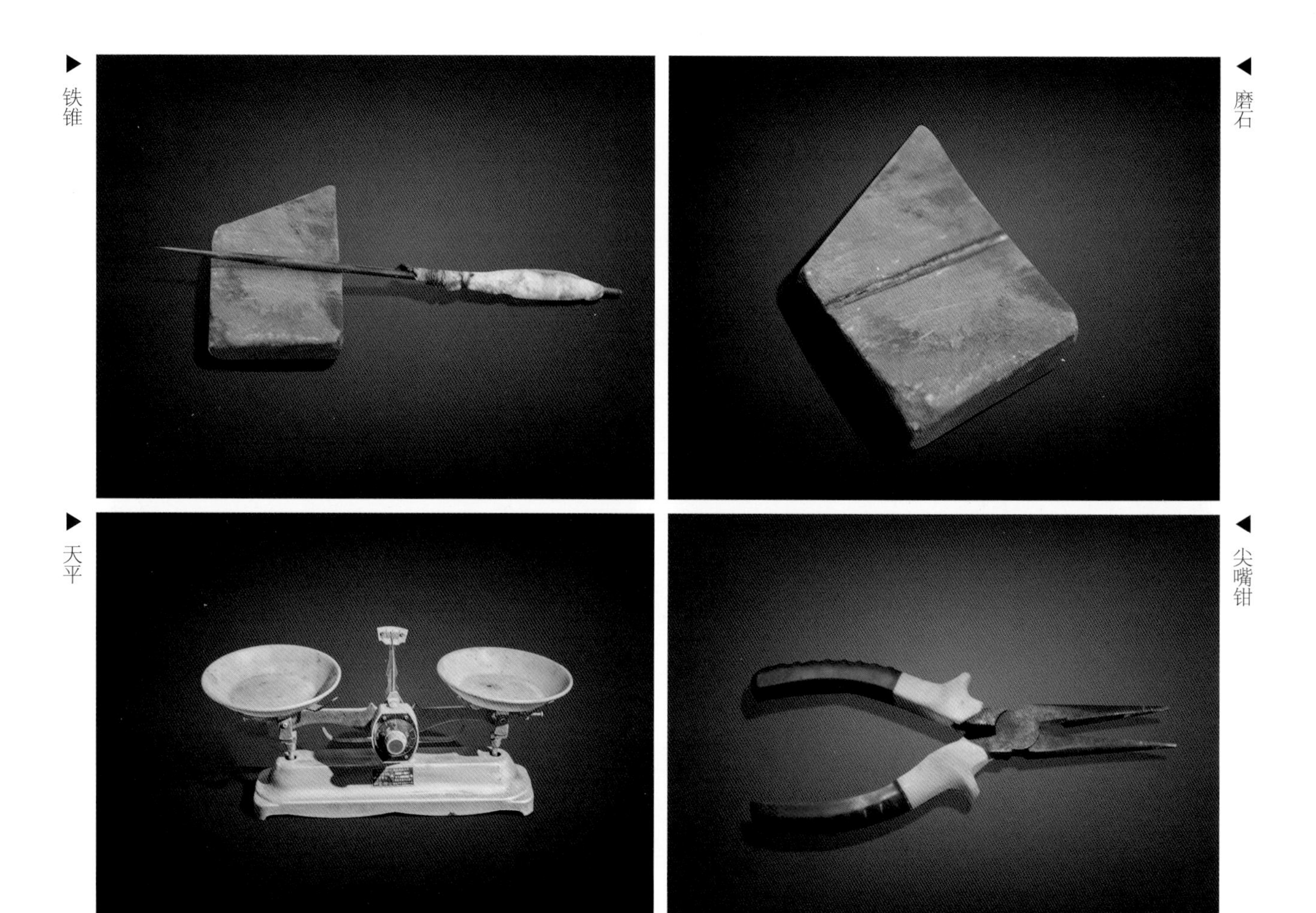

铁锥

磨石

天平

尖嘴钳

天平

天平是在风筝制作过程中用来称量骨架两侧竹篾重量，使其轻重一致、预防偏重的工具。

尖嘴钳

尖嘴钳是在风筝制作过程中用来夹持短小竹篾进行烘烤、造型的工具。

酒精灯

酒精灯是在风筝制作过程中用来加热竹篾，使其易于弯曲造型的工具。

▶ 酒精灯

◀ 酒精灯使用场景

◀ 羊角锤

羊角锤

羊角锤是在风筝骨架制作过程中用来敲击骨架、竹篾等构件的工具。

▼ 镊子

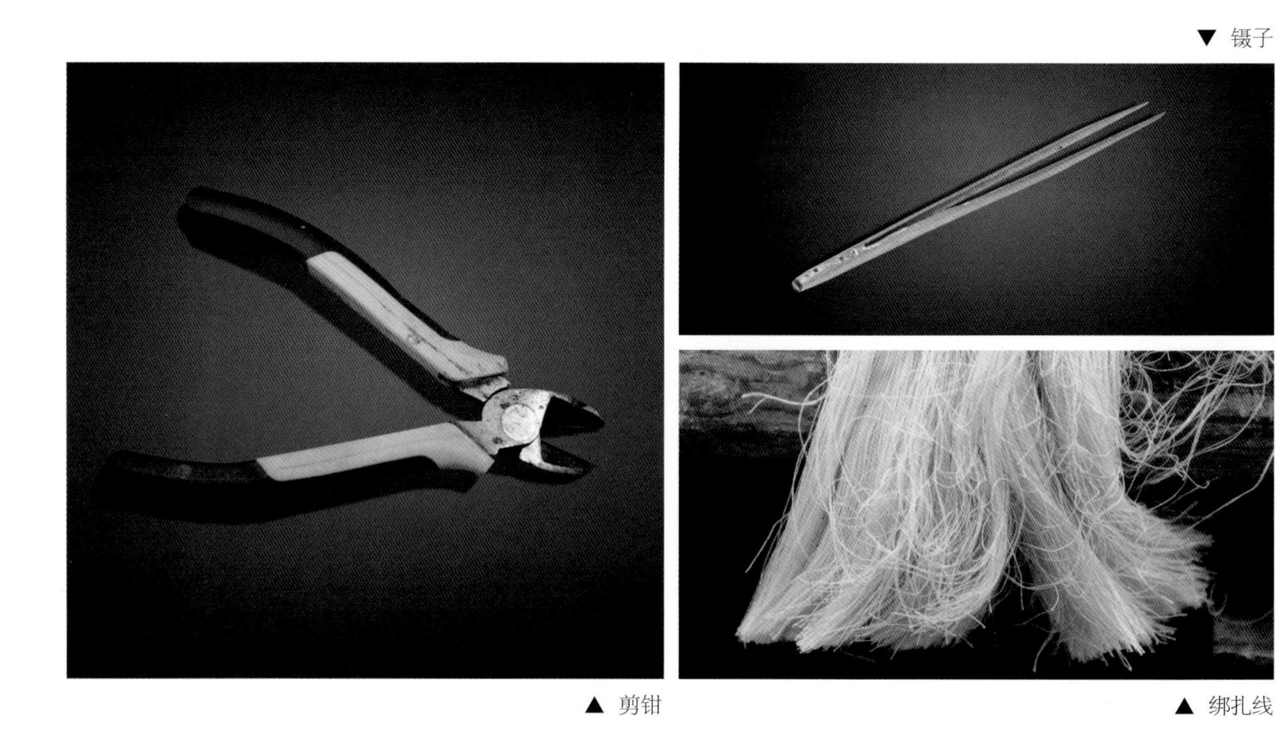

▲ 剪钳　　▲ 绑扎线

剪钳、镊子与绑扎线

剪钳是在风筝制作过程中，绑扎骨架时用来剪切铁丝的工具。镊子是夹取骨架及小部件的工具。绑扎线是用来绑扎风筝骨架的工具，通常用棉线或铁丝。

▼ 绑扎完成的骨架配件　　▼ 绑扎完成的骨架

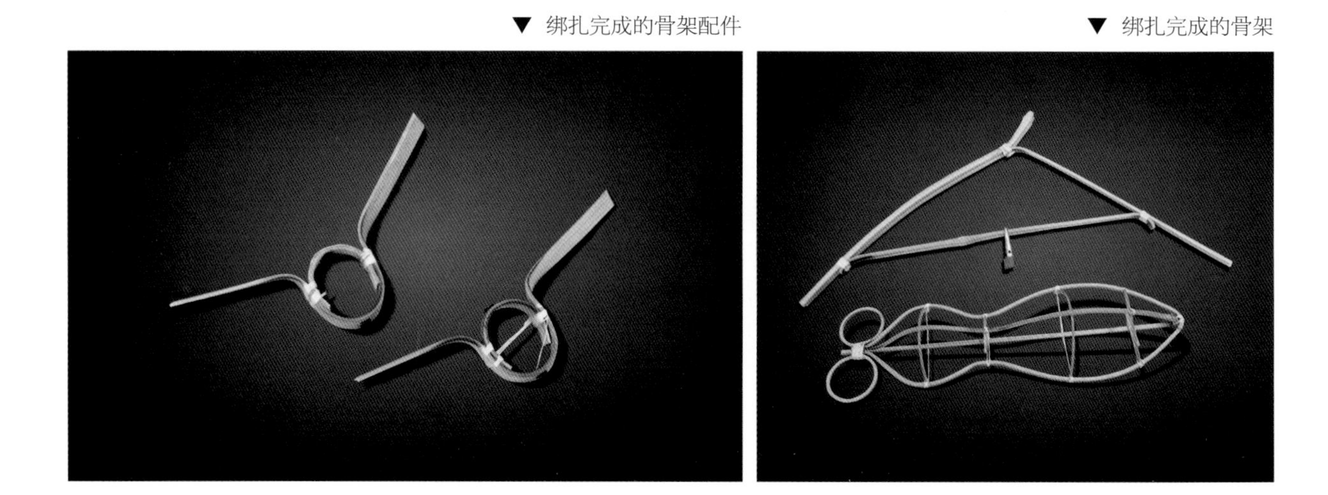

第三十九章　糊纸、绑线工具

糊纸指的是将纸比照骨架的形状先用铅笔轻描轮廓，在各边预留出一厘米左右的边缘，然后按此边裁剪的过程。糊纸时除将纸边涂抹浆糊，骨架部分也应该稍擦浆糊，然后互相粘接。制作中、大型风筝有时需要裁剪数块纸，一一粘在竹架上，如果某块面积较大，可裁出两厘米宽的纸条，糊在背面的竹条或拉线上，这样在施放受力时，纸面不至于被风鼓起。绑线指的是选择风筝合适施力点，进行绑扎风筝线的过程。

▶糊纸场景

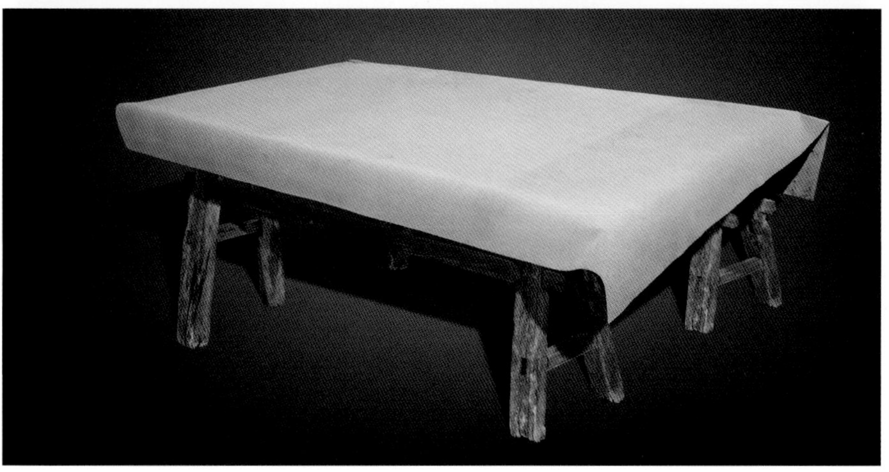

◀操作台

操作台

操作台是绘制风筝糊纸时铺有毛毡的工作台。

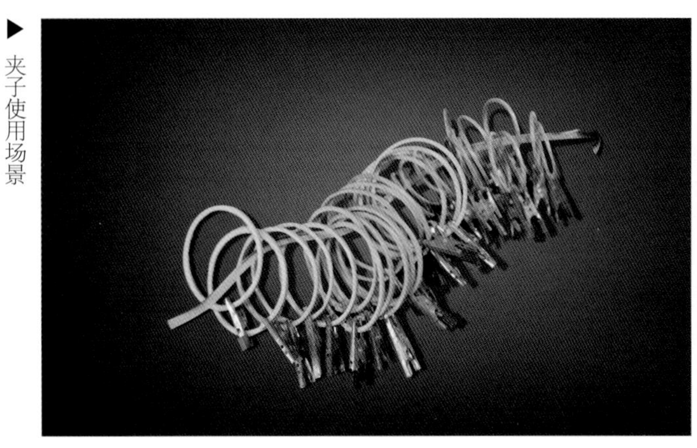

▶ 夹子使用场景

◀ 夹子

夹子

夹子是在风筝制作过程中，用来绑扎竹篾、粘糊纸面时起到夹持、固定作用的工具。

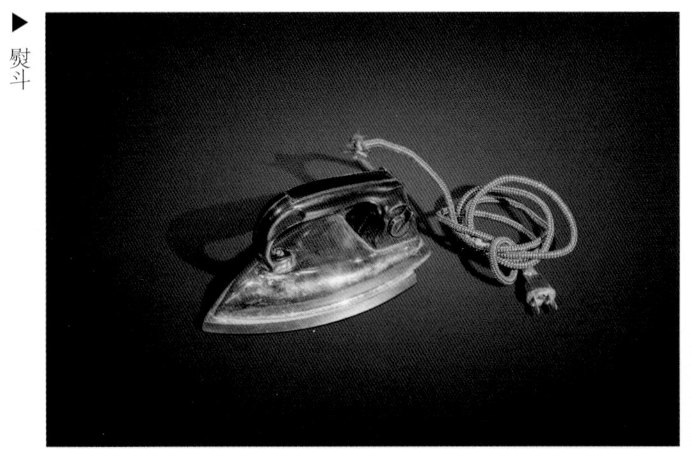

▶ 熨斗

熨斗

熨斗是在风筝制作过程中，裱糊前加热熨平风筝纸面的工具。

◀ 排笔

▶ 浆糊盆

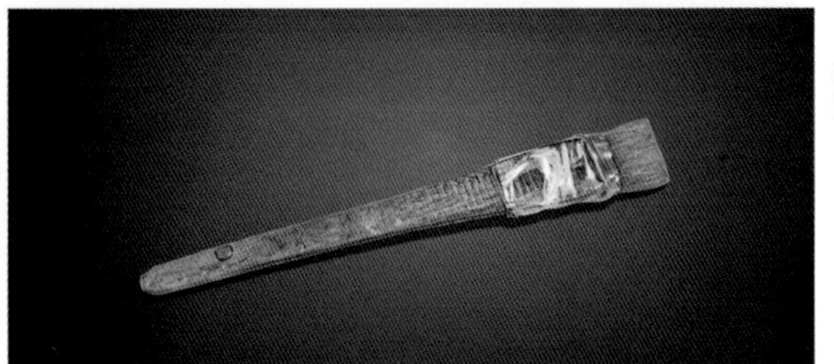

◀ 毛刷

浆糊盆、毛刷与排笔

浆糊盆是糊纸时用来盛装浆糊的工具。毛刷与排笔是用来对纸面和骨架刷浆糊的工具。

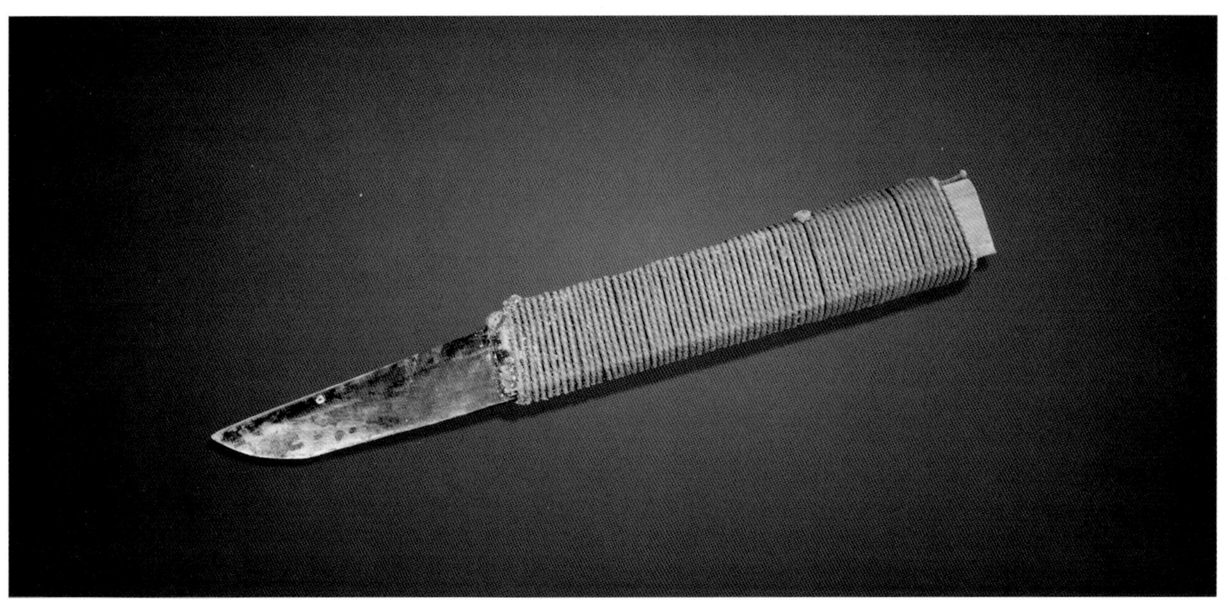

▲ 修边刀

修边刀

修边刀是在风筝制作过程中用来清除纸面毛边及多余浆糊的工具。

▼ 剪刀

▼ 风筝线

剪刀与风筝线

剪刀是用来剪切风筝线的工具。风筝线是用来连接风筝与线滚，放飞风筝的工具，通常为棉线、牛皮线、下班线等。

第四十章　试飞、着色工具

风筝在着色之前，往往还要经过试飞这一环节，试飞是对制作完成的半成品风筝进行检验的过程，试飞完成后，需对不合格的风筝进行修整，也有先进行着色糊纸，再进行试飞、修整的，这是手艺娴熟的匠人才能做到的。着色完成的风筝，经过简单风干后就成为成品风筝了。

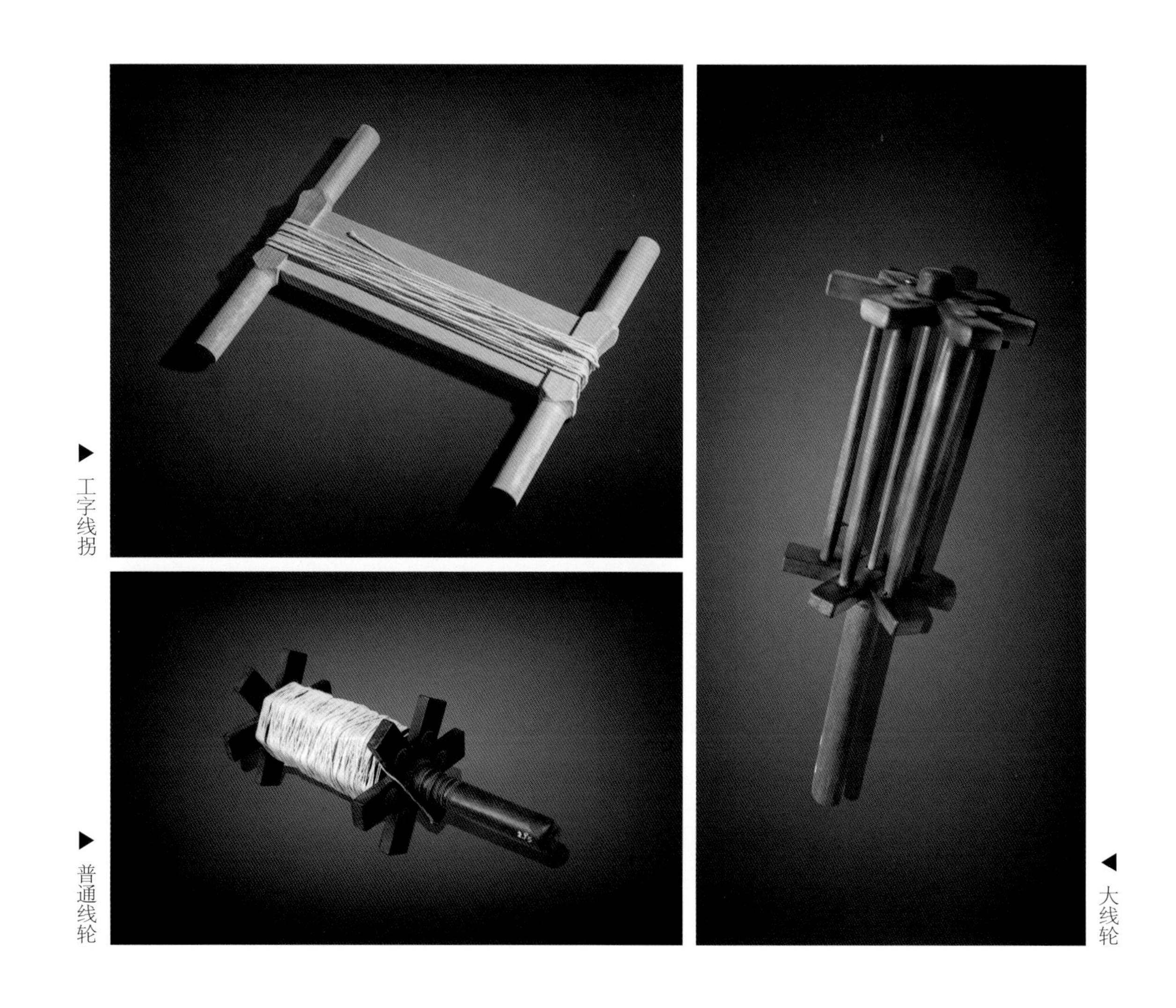

▶工字线拐

▶普通线轮

◀大线轮

线拐与线轮

线拐与线轮是缠绕放飞风筝线所用的工具，可供试飞和放飞两个环节使用。

▶ 风筝画样（一）

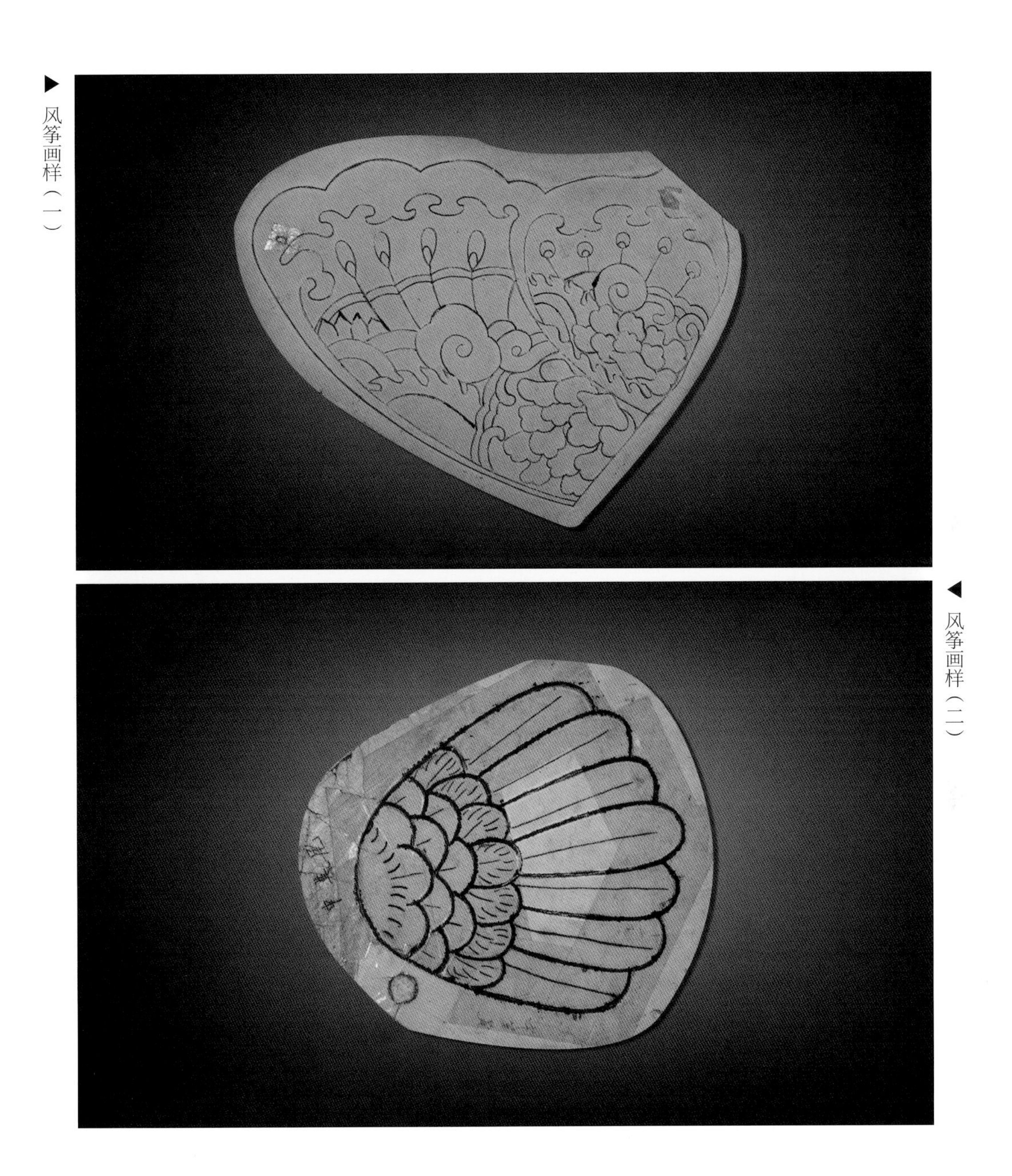

◀ 风筝画样（二）

风筝画样

风筝画样是对风筝纸面进行着色时所依据的底样。

▶风筝纸面绘画场景

▶画笔

◀调色盘

画笔与调色盘

画笔是用来绘制风筝纸面人物故事、花鸟鱼虫等内容的工具，通常使用毛笔或油画笔。调色盘是调制绘画颜料的工具。

风筝纸面着色场景

软毛刷（一）

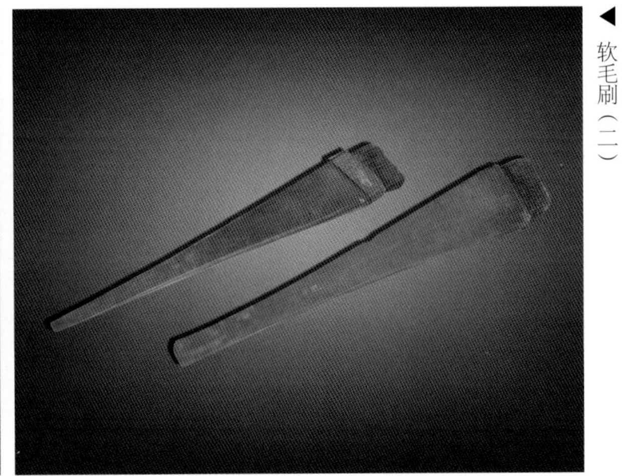

软毛刷（二）

软毛刷

软毛刷是在风筝制作过程中对风筝纸面进行着色施彩的工具。

▲ 笔洗

笔洗

笔洗是在风筝制作过程中用来盛水、洗刷画笔的工具。

▲ 砂纸

砂纸

砂纸是用来打磨竹篾及风筝纸面裱糊后各部细节的工具。

▼ 老鹰风筝

▲ 燕子风筝

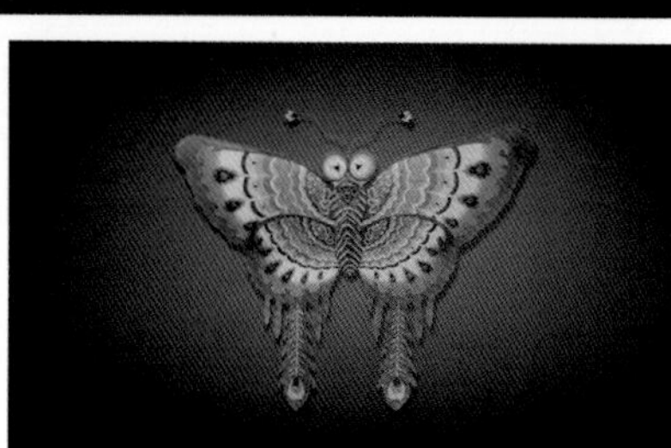

▲ 蝴蝶风筝

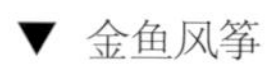

▼ 金鱼风筝

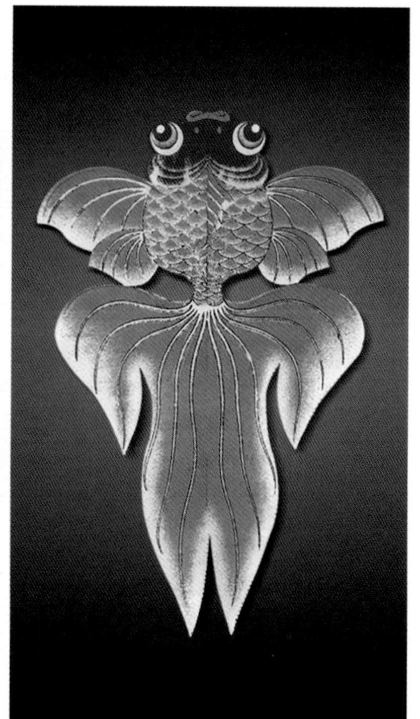

第十四篇

鸟笼、鸣虫笼制作工具

鸟笼、鸣虫笼制作工具

鸟笼文化是中华民间传统文化的一部分，它代表着历史风貌的一个侧面，是传统休闲生活的一个兴奋点。鸟笼文化的兴起最早可以追溯到战国时期，据说那时各诸侯国的城邦大邑就已经出现专门制作鸟笼的匠人，并有售卖鸟笼和鸟的“鸟市”。唐朝以后，玩鸟成为一种风尚。南宋时，鸟笼的制作已经十分精湛。鸟笼制作在清代乾隆年间达到鼎盛，其用材考究、工艺精湛，玩鸟、遛鸟、逗鸟在民间极为流行，鸟笼制作也在各地盛行，并分成了南北派，其中北派当首推北京鸟笼，其他如天津鸟笼、涿州鸟笼、青岛鸟笼也较为有名。南派鸟笼有苏州鸟笼、青柯鸟笼、丹寨鸟笼等。

千百年来鸟笼经过民间艺人的传承和创新，制作技艺日益精湛，形制种类日渐丰富，从选材和制作技艺流程中可以窥探出其蕴涵的民间艺术思想和民间造物的工匠精神。

鸟笼通常由笼框、笼门、笼顶、笼底组成，基本配件有跳杠、果叉、光杯、水杯、食杯、笼钩、底板等。传统手工制作的鸟笼以竹子为主，鸟笼的竹料多为产自安徽、浙江等地的楠竹和慈竹。鸟笼制作技艺步骤繁琐、复杂，具有比较高的技术性，总共将近二百道工序，鸟笼制作工匠有“虽繁不能简其工，虽小不能改其精”的祖训。鸟笼的制作大致经过选料晒料、截料劈料、刨平、蒸料、折圈、膘圈、净圈、整形、刻圈、部件及笼丝制作、组装等技艺流程。

鸣虫笼是用来盛放、饲养鸣虫的笼。鸣虫笼制作是以编织为主要方式的传统手工工艺。所谓“鸣虫”，泛指能发出鸣叫声的昆虫，主要有“蛐蛐”“油葫芦”“蝈蝈”等。我国玩赏鸣虫的历史可追溯到唐朝天宝年间，鸣虫玩赏兴于两宋，盛于明清。不同的鸣虫其笼子的形状和制作材料也是多种多样，主要有竹篾条、高粱秸秆皮、玉米秸秆皮、麦秸秆等，笼子的制作方法因材质会有所不同，但均以手工编制为主，质量上乘的鸣虫笼制作工艺，材料要求则类同鸟笼制作。如果说鸟笼所代表的是过去上层社会的玩赏休闲方式，那鸣虫笼则是充满山野趣味的自然休闲方式。

◀ 鸟笼制作场景

◀ 鸣虫笼

第四十一章　鸟笼制作工具

工序一：备料

制作鸟笼的第一步是制作用来编织鸟笼的各种材料，鸟笼用取材以竹木为主，备料环节又分为取材、选料、晒料、截料、劈料等步骤，所用工具主要有地排车、框锯、弓子锯、木钻、劈竹刀、篾刀。

▶晒料场景

◀地排车

地排车

地排车是在鸟笼选料时用来运输竹料及木料的工具。

框锯与弓子锯

框锯是在备料过程中用来截取鸟笼原料的工具。弓子锯是用来截取笼圈、笼丝等精细材料的工具。

▼ 框锯　　▼ 弓子锯

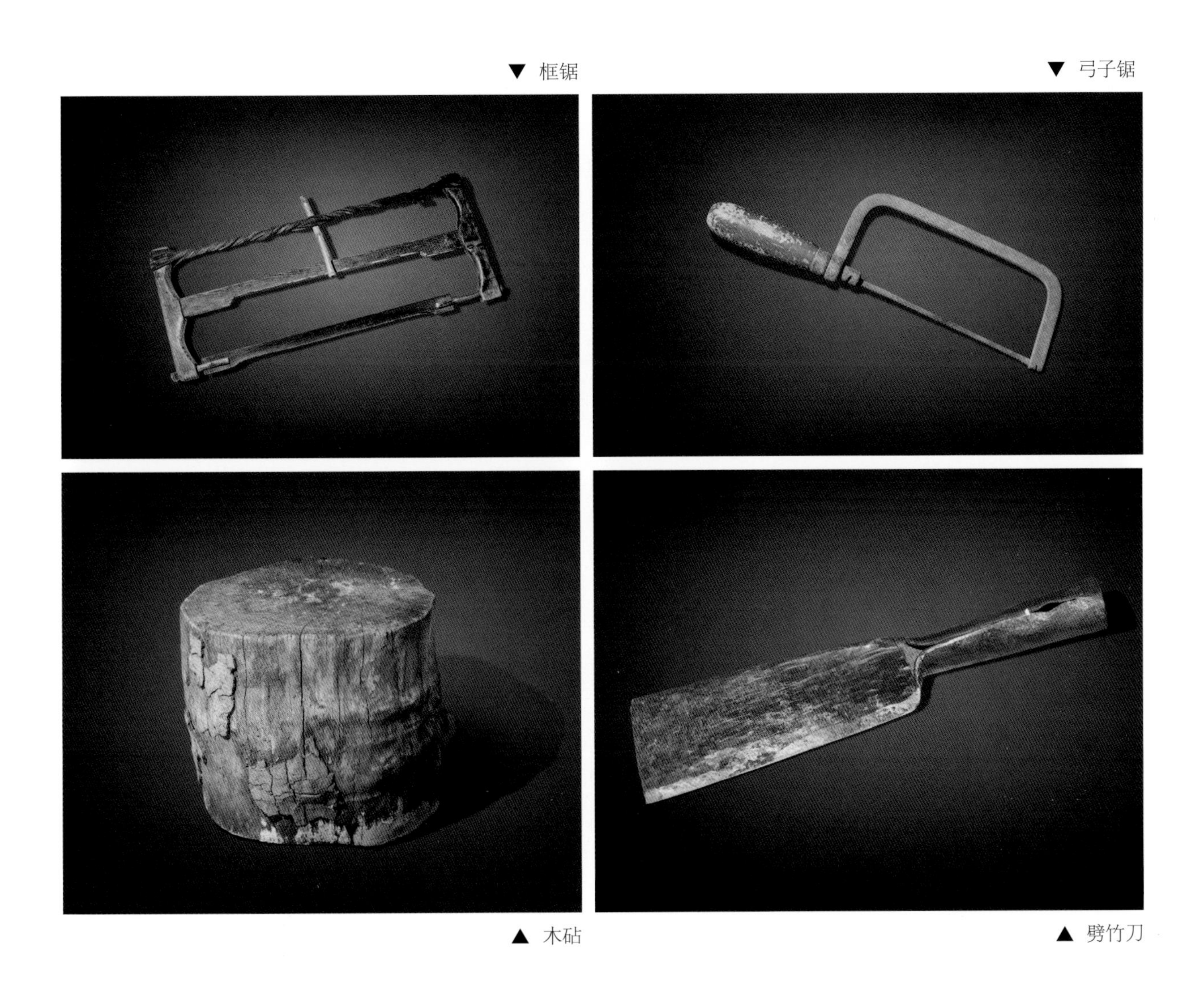

▲ 木砧　　▲ 劈竹刀

木砧与劈竹刀

木砧是在备料过程中劈截竹料时的垫具，通常配合劈竹刀使用，多为桑木、槐木等硬木制成。劈竹刀是用来劈、破竹料的铁制工具，通常刃薄背厚，便于劈竹时增加撑开的力度。

▲ 篾刀（一）

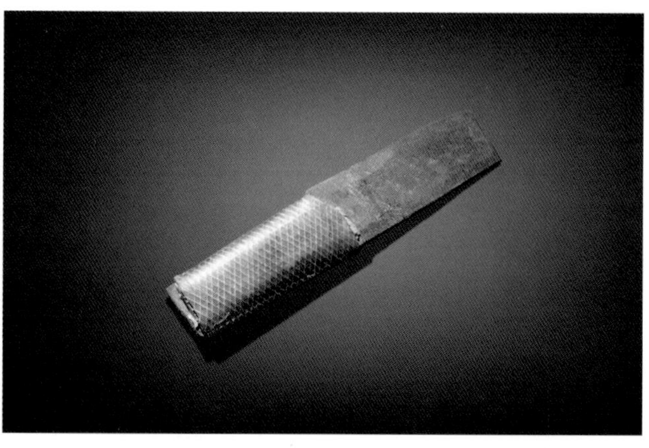

▲ 篾刀（二）

篾刀　篾刀是在备料过程中用来劈削、整修笼圈、笼丝等原材料的工具。

工序二：刨平

刨平指的是将劈砍完成的原材料，进行刨削，使其光滑平整、薄厚一致的过程；所用的工具主要刨床、短刨和板凳。

▼ 刨床

刨床　刨床是在鸟笼制作过程中用来刨平笼圈材料及端头，使笼圈材料规范、接头组接严密牢固的工具。

▲ 短刨

▲ 板凳

短刨与板凳

短刨是在鸟笼制作过程中用来对笼圈、笼丝等材料进行刨平的工具。板凳是进行刨平时，配合刨子使用的木制工具。

工序三：蒸料

蒸料指的是对刨平后的材料通过浸泡、蒸熏，使其易弯易折，增加材料韧性的工序步骤。蒸料是鸟笼制作工艺流程中，一个至关重要的环节，蒸料的时间与温度要得当，经过蒸熏后的竹料会变得更加柔韧，不易走形和生虫，所用工具主要有泡料池、蒸笼。

▼ 泡料池

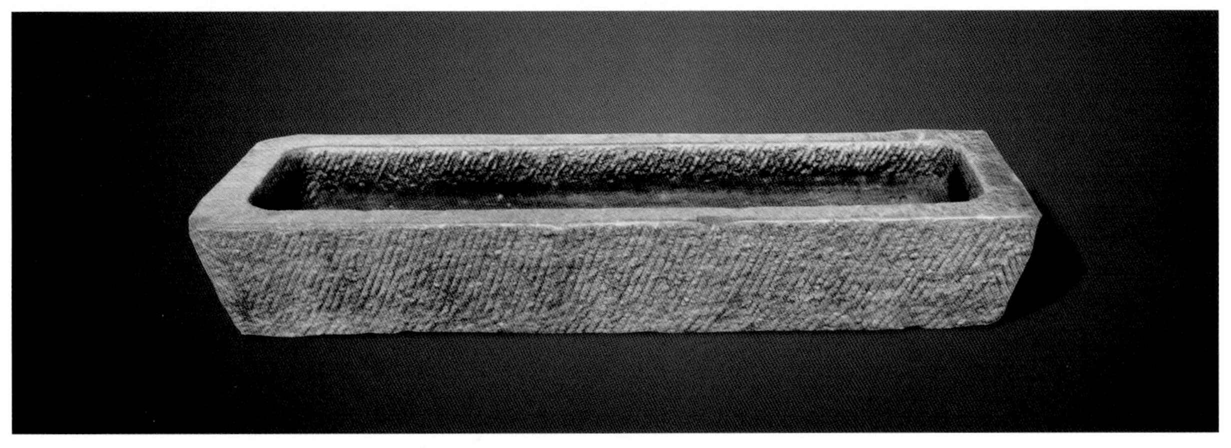

泡料池

泡料池是在鸟笼制作过程中用来将刨好的材料进行浸泡增加其含水量，并稀释竹材内部所含胶质物的石制工具。

蒸笼

蒸笼

蒸笼是在鸟笼制作过程中对浸泡好的材料进行蒸熏的工具。

工序四：制圈

制圈指的是制作鸟笼框架的圆圈，分为折圈、鳔圈、净圈等步骤。其所用工具主要有夹子、圈模、橡胶锤、鳔胶罐、蟹刨、卯锤、刮板、铡刀、刮刀、笼圈夹等。

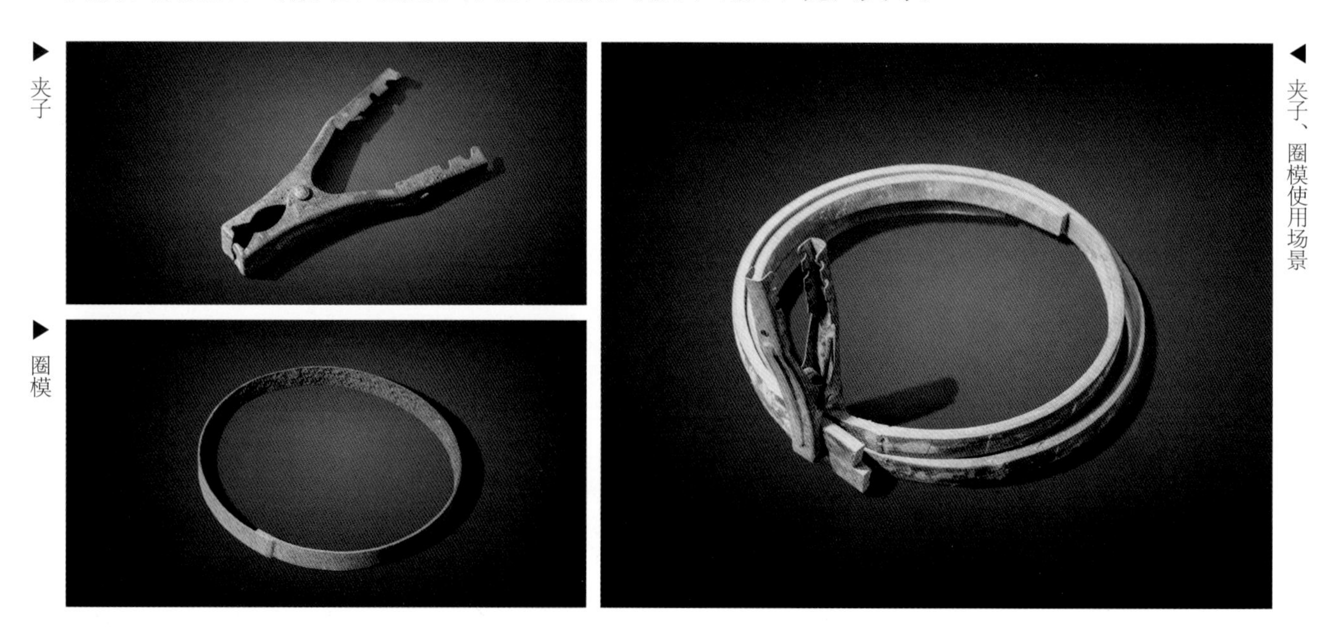
夹子

圈模

夹子、圈模使用场景

夹子与圈模

夹子是在鸟笼制圈时，用来夹取笼圈材料紧贴圈模使其规范成形的铁制工具。圈模是用于笼圈规范成形的模具，根据需要笼圈模具大小不一，为竹制或金属制。

▶ 橡胶锤

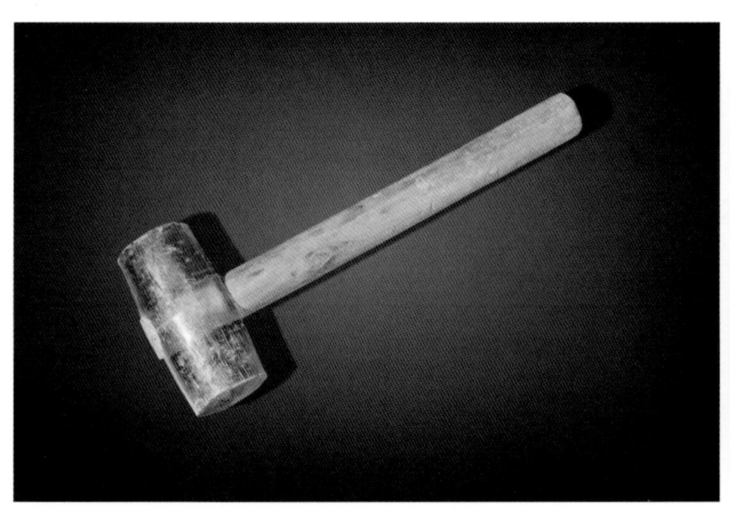

◀ 鳔胶罐

橡胶锤与鳔胶罐

橡胶锤是用以锤打笼圈使其紧密贴合圈模的辅助折圈工具。鳔胶罐是盛放鱼鳔胶的工具。鱼鳔胶是笼圈对接时的粘合材料，故称“鳔圈”。

▶ 卯锤

◀ 蟹刨

◀ 刮板

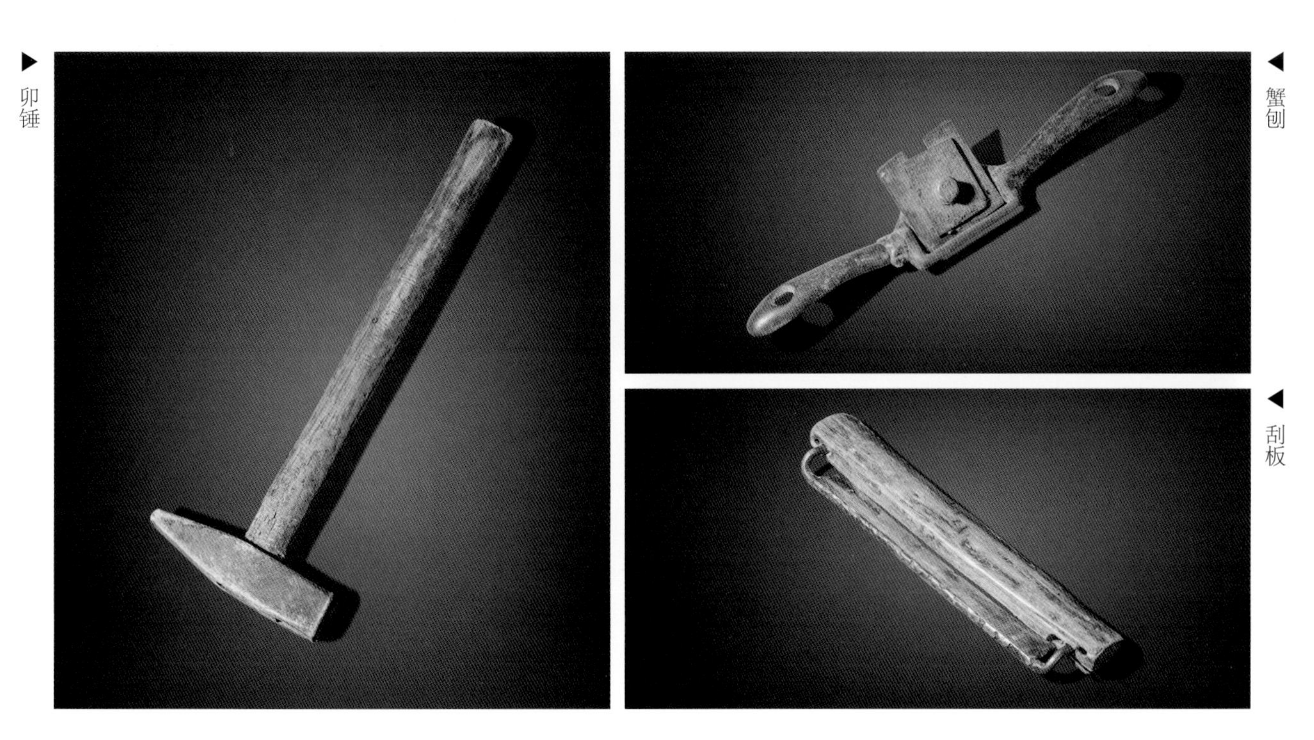

蟹刨、卯锤与刮板

蟹刨是用来对笼圈表面进行刨削、整修的铁制工具。卯锤是在鸟笼制作过程中，敲击笼圈端头对接处竹梢等的工具，为木柄铁锤头。刮板是用来刮除笼圈面皮的工具，为木柄铁刮刀。

铡刀

铡刀是用来对笼圈接头处铡成斜角，便于对接卯固的工具。

▶ 铡刀

▶ 笼圈夹

◀ 刮刀

刮刀与笼圈夹

刮刀是用来对笼圈瓤子（即笼圈内表面）进行刮除的铁制工具。笼圈夹是在鸟笼制作过程中用来夹牢笼圈接头处，便于钻孔钉销的木制工具。

工序五：整形

整形指的是对鸟笼各部件材料形态进一步规范，使其便于安装的工序，所用工具有煤油灯、蜡烛、铁划规。

煤油灯与蜡烛

煤油灯与蜡烛是用来烘烤加热竹圈，对不规则部位进行整形的工具。

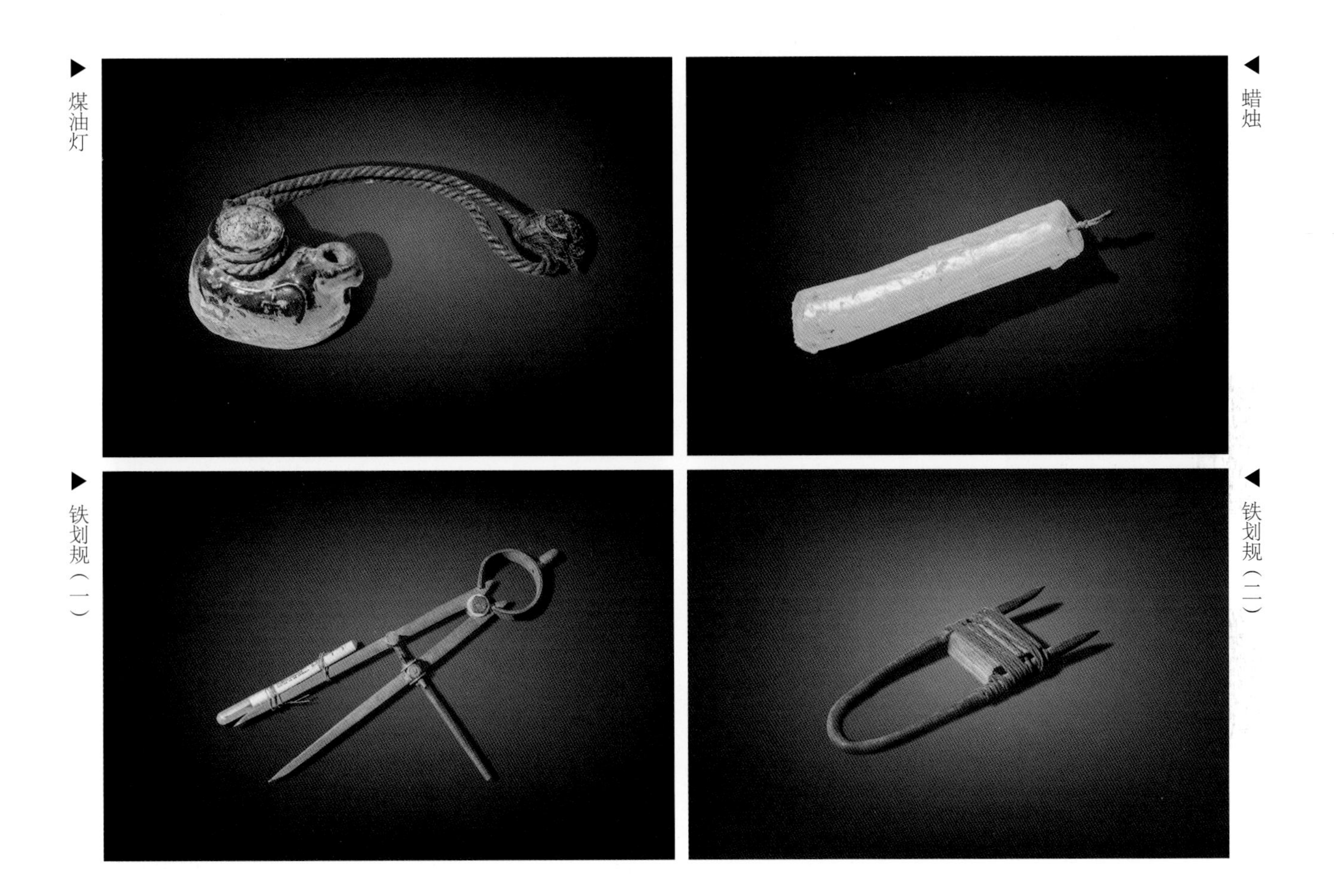

▶煤油灯

◀蜡烛

▶铁划规（一）

◀铁划规（二）

铁划规

铁划规是用来划分笼圈孔距和标记的工具，分为固定式和可调节式两种，多为金属制。

工序六：刻圈

刻圈指的是在鸟笼的底圈、顶圈、笼门边框等部位雕刻图案，使其精致美观的工序。所用工具主要有铅笔、弓锯、木槌、錾刻刀、雕刻刀、半圆刀、竹雕刀、小台钳、拉耙等。

◀ 铅笔

铅笔

铅笔是刻圈时绘制雕刻纹样、标画记号的工具。

▼ 弓锯

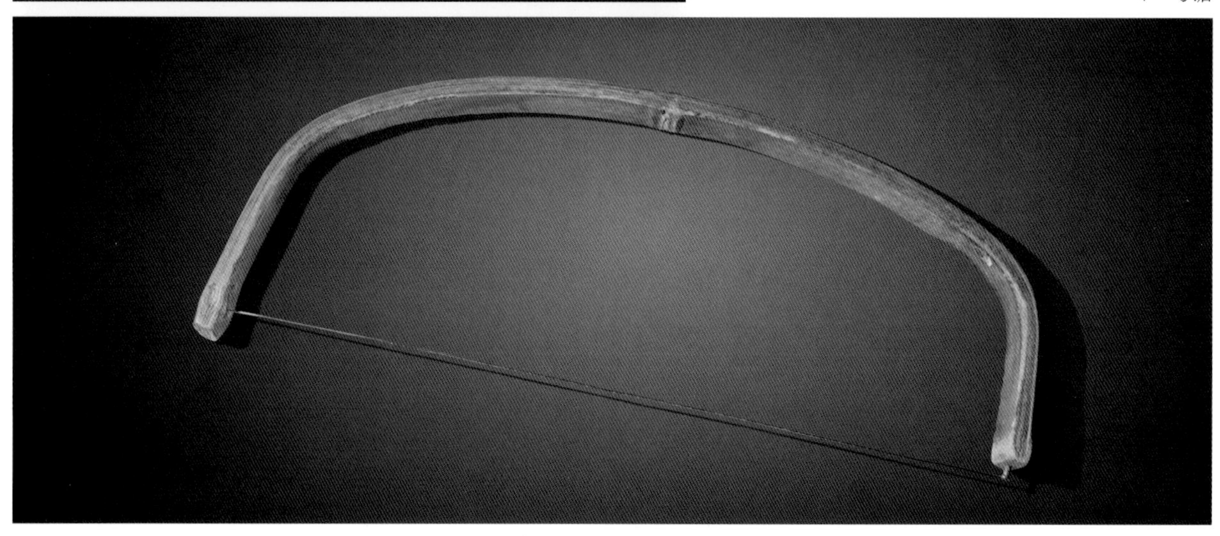

弓锯

弓锯也称“线锯”，是鸟笼进行透漏雕时用来镂空的竹框、线形铁锯条工具。

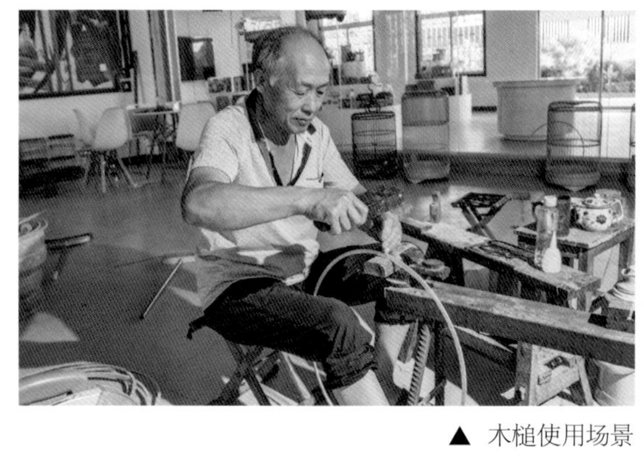

▲ 木槌使用场景

▲ 木槌

木槌

木槌是在雕刻过程中进行錾刻时，用以击打錾头的工具，多用枣木、红木等硬木制成。

錾刻刀

錾刻刀俗称“錾子”“錾头”，是进行錾刻的铁制工具，通常有圆刀、平刀等若干种。

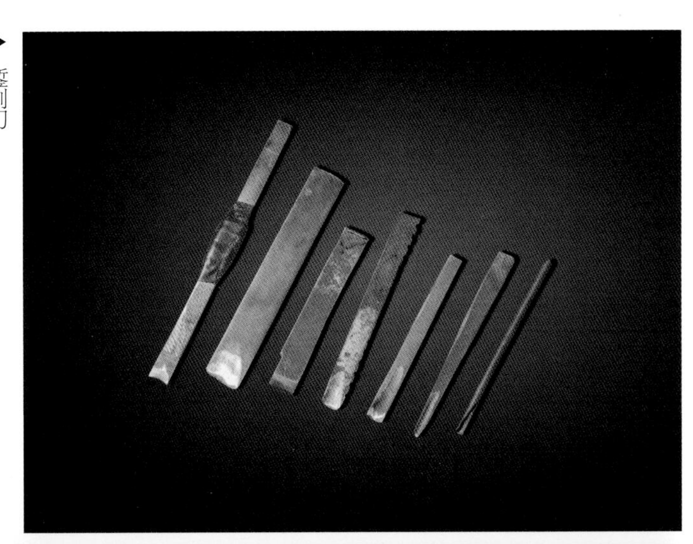

▶ 錾刻刀

▼ 雕刻刀

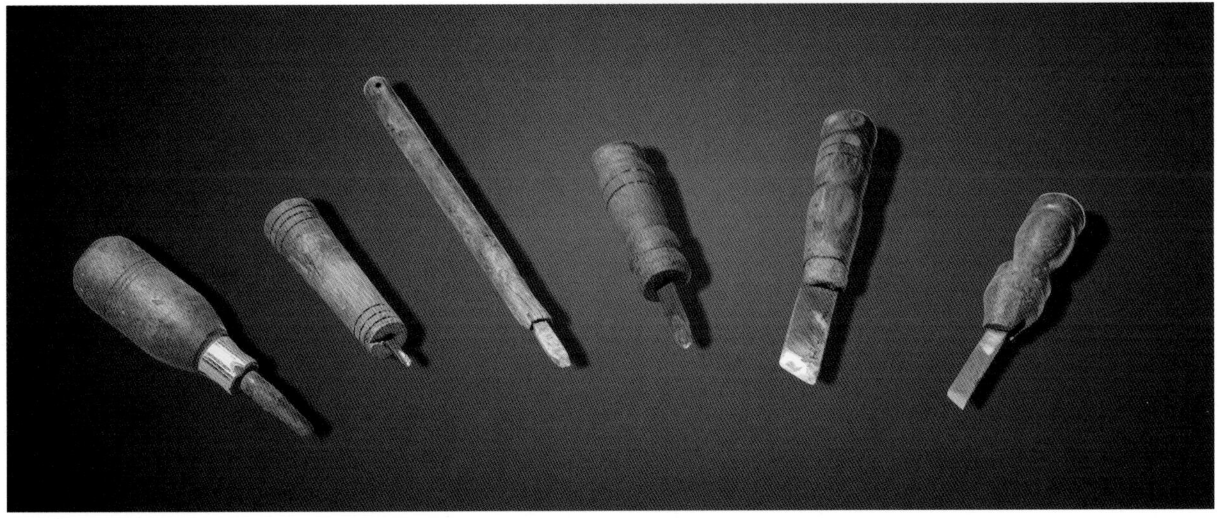

雕刻刀

雕刻刀是用于雕刻不同部位细节处花纹的工具，有大刀、小刀、三角刀、斜刀等。

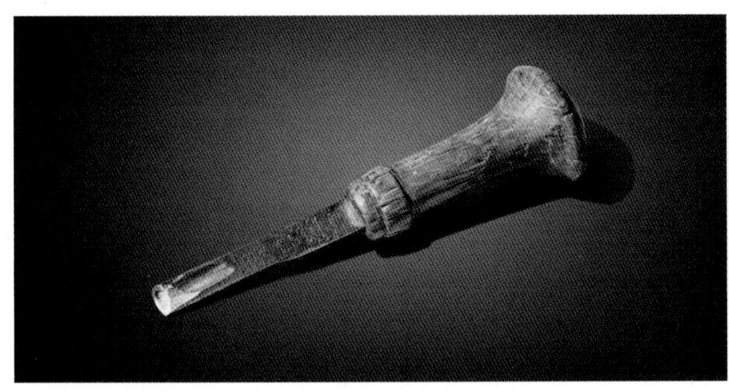

▲ 半圆刀

▲ 竹雕刀

半圆刀与竹雕刀

半圆刀是用来刻划半圆弧形部位的工具，如鱼鳞、梅花瓣等。竹雕刀是用来修削笼架头、竹梢等部位的工具。

小台钳

小台钳是雕刻时用来夹紧构件便于雕刻的铁制工具。

▼ 小台钳使用场景

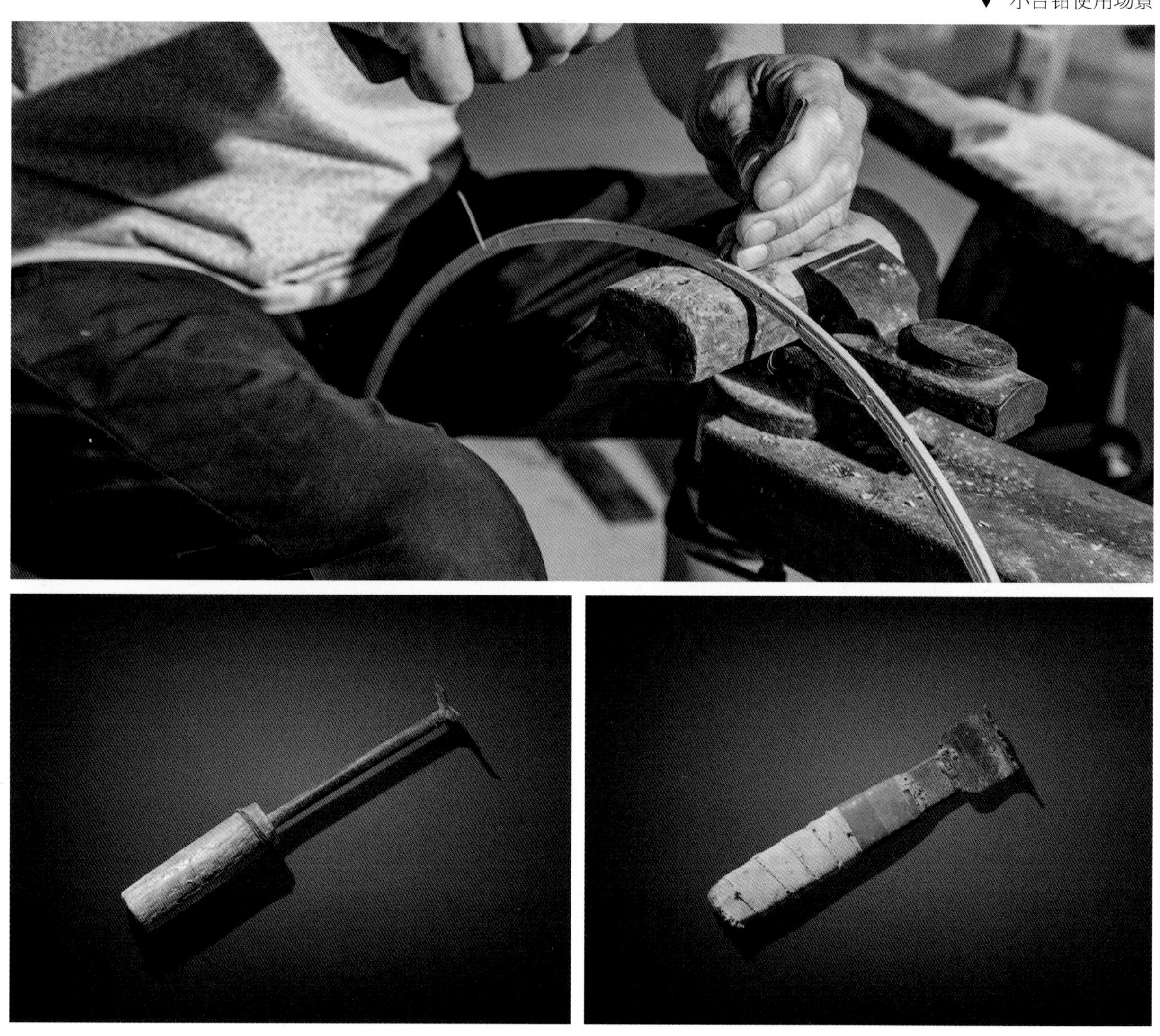

▲ 拉耙（一）

▲ 拉耙（二）

拉耙

拉耙是用于耙出笼圈凹凸线条的工具，刀头有单月牙、双月牙等形状。

工序七：组装

组装指的是将制作完成的鸟笼各部件进行组合安装的工序，组装的过程包括制作笼丝、安装部件、打磨抛光等；所用工具有旋床、卡尺、夹钳、拉丝板、热弯机、磨石、砂纸、坐匣、拉钻、剪刀、锉刀、竹絮等。

▶旋床

旋床

旋床是用来旋转切取制作鸟笼顶部鼓轮的工具。

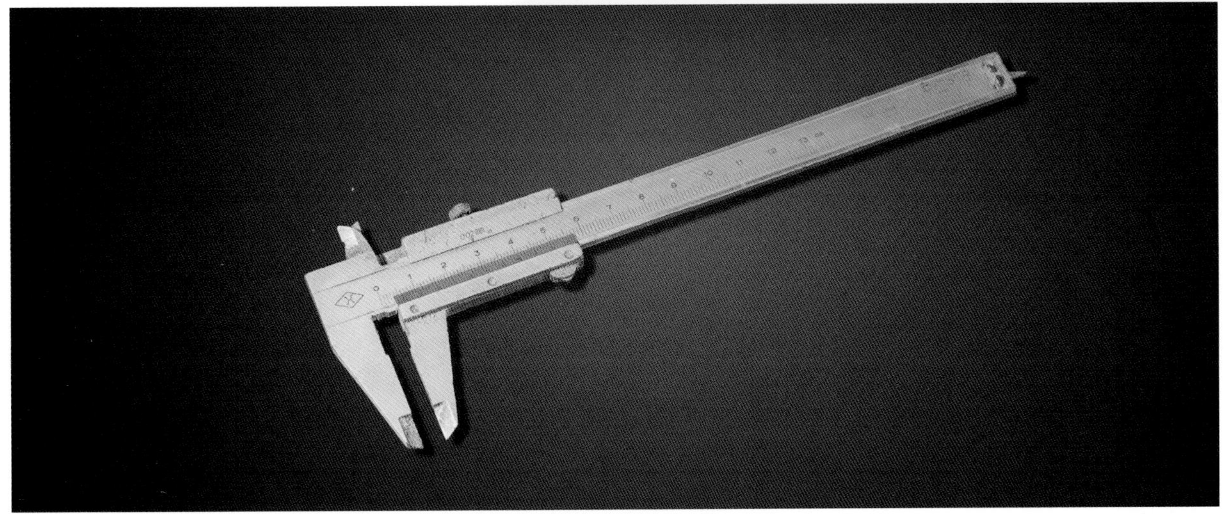

▲ 卡尺

卡尺

卡尺是用来卡量鸟笼部件尺寸，使其更加规整的铁制工具。

夹钳

夹钳是制作笼丝时，夹紧笼丝进行拉扯的铁制工具。

▼ 热弯板

▼ 夹钳

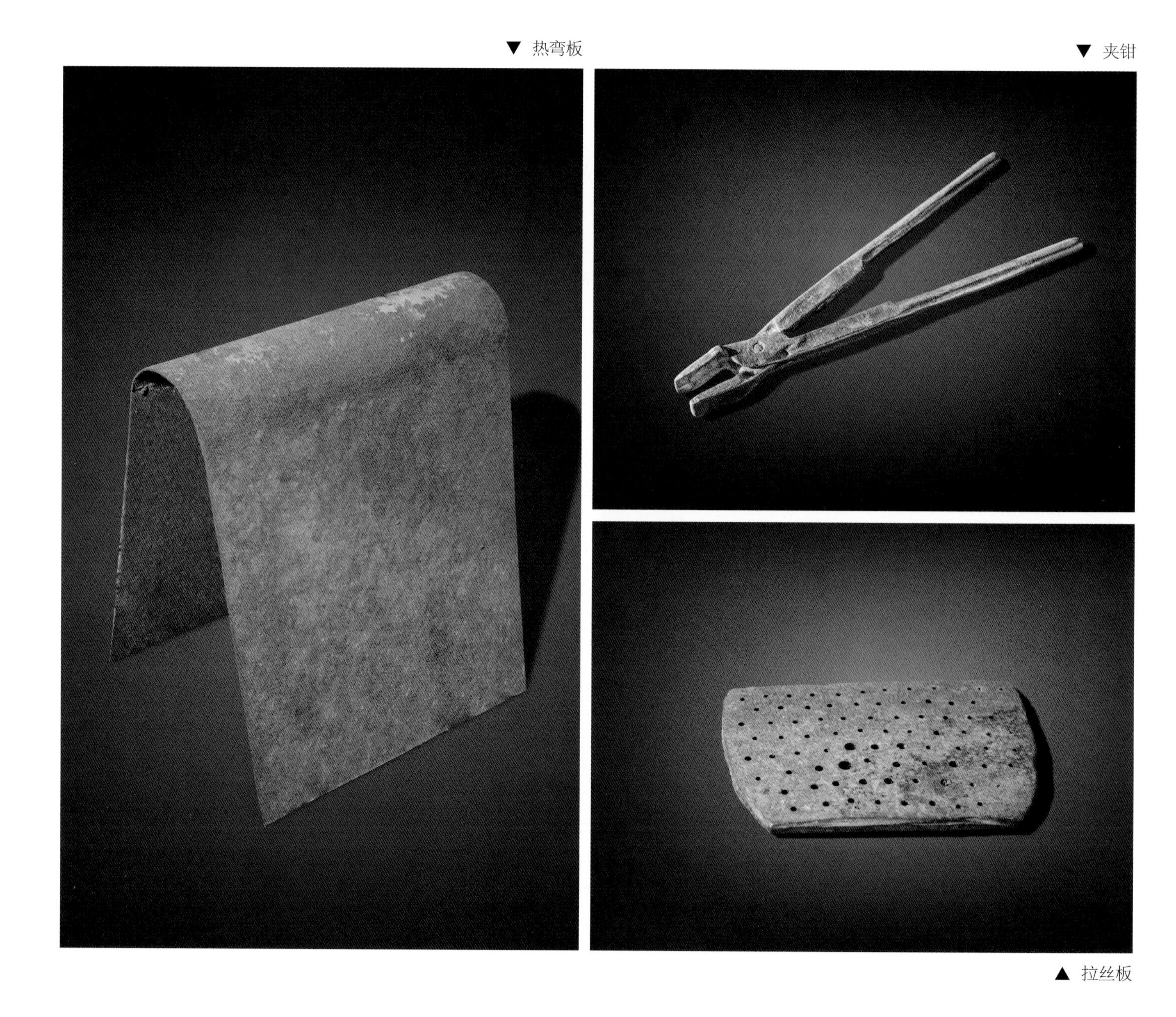

▲ 拉丝板

拉丝板与热弯板

拉丝板是鸟笼笼丝制作的专用铁制工具。热弯板是用木炭加热、弯曲笼丝的模具。

磨石与砂纸

磨石是在鸟笼制作过程中用来研磨各类铁制器具和配件的工具。砂纸是用来打磨鸟笼相关部件使其更加光滑美观的工具。

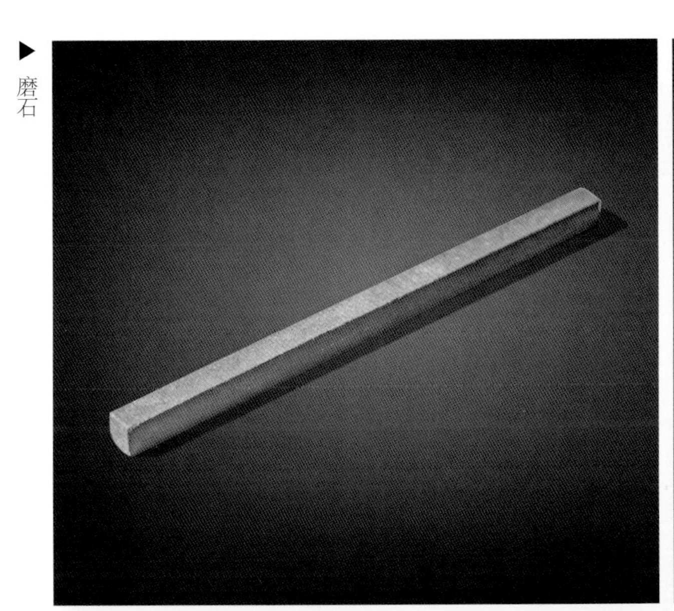

▶ 磨石

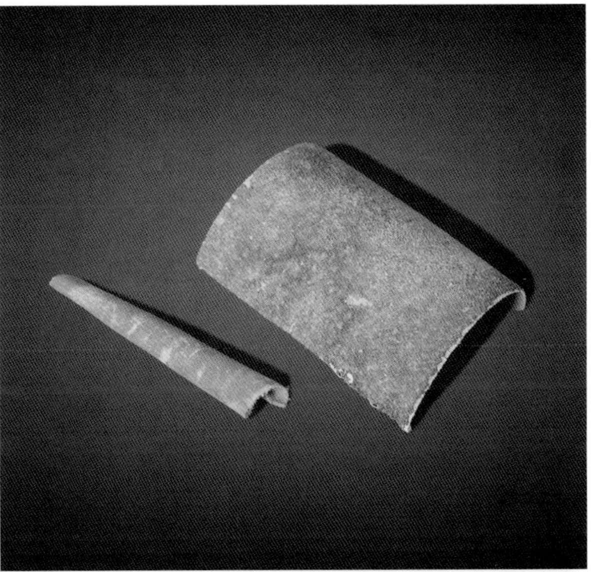

◀ 砂纸

▲ 坐匣

坐匣

坐匣是收纳鸟笼制作器具的工具，也可作为制笼匠人操作时的坐具。

▲ 拉钻

▲ 剪刀

拉钻与剪刀

拉钻是在鸟笼制作中用于对相关部件进行钻孔的工具。剪刀是用以修剪鼓轮、剪切笼丝及其他相关材料工具。

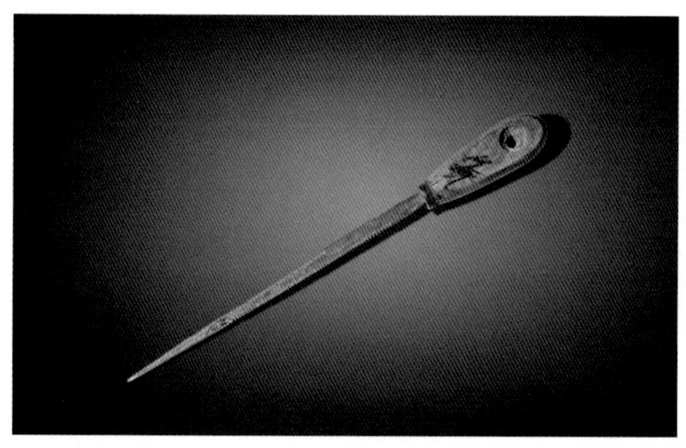

▲ 三角锉

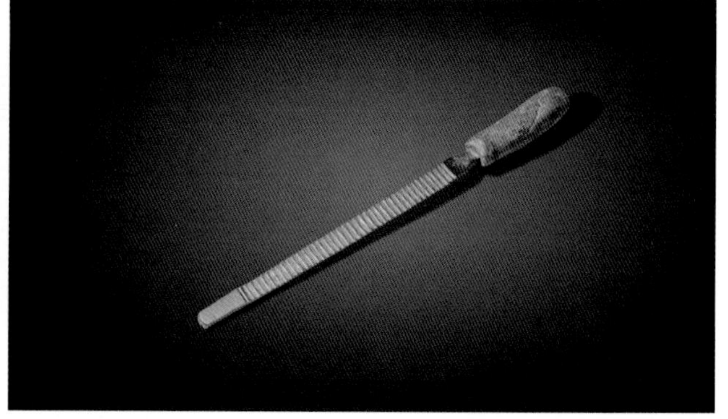

▲ 平锉

锉刀

锉刀是用于鸟笼各部位的锉磨整修工具，有平锉、圆锉、半圆锉、三角锉、方锉等。

竹絮

竹絮是用来对鸟笼相关构件进行打磨抛光，使其顺滑光亮的料具。

▶ 竹絮

第四十二章　鸣虫笼制作工具

鸣虫笼制作工序分为竹篾加工、起底（底面一层）、封面（上面一层）、进位编织、迈步、加密、掩边、笼口安装等。本章以竹篾编织鸣虫笼为例，所用的工具包括劈篾刀、刮刀、编制模具、木圆锥、麻绳、剪刀等。

刮刀

劈篾刀

竹篾

劈篾刀、刮刀与竹篾

劈篾刀是在制作鸣虫笼过程中用以劈、破竹料等的工具，通常刀刃薄、刀背厚，便于劈开竹料。刮刀是用以刮平和切削竹篾等原材料的工具。竹篾是编织制作鸣虫笼的材料。鸣虫笼圆笼的竹篾一般规格要求宽度在3mm、长度在30cm左右，每个圆笼约用33支。

▼ 编制模具

▲ 线槌

编制模具与线槌

编制模具是鸣虫圆笼编制时使用的模具，使用时将竹篾以模具齿等距离立于模具周圈，以纸圈套护，进行打底操作。线槌是用以缠绕和拉紧线绳的工具。

▼ 麻绳

▲ 剪刀

麻绳与剪刀

麻绳是在编织鸣虫笼过程中用以捆缚竹篾，或半成品笼体辅助编织的料具。剪刀是用于修剪竹篾或剪切麻绳等材料的工具。

板擦

板擦是用来对编制完成的鸣虫笼进行擦磨、去除毛刺，使其顺畅光滑的工具。

▼ 木圆锥

▼ 板擦

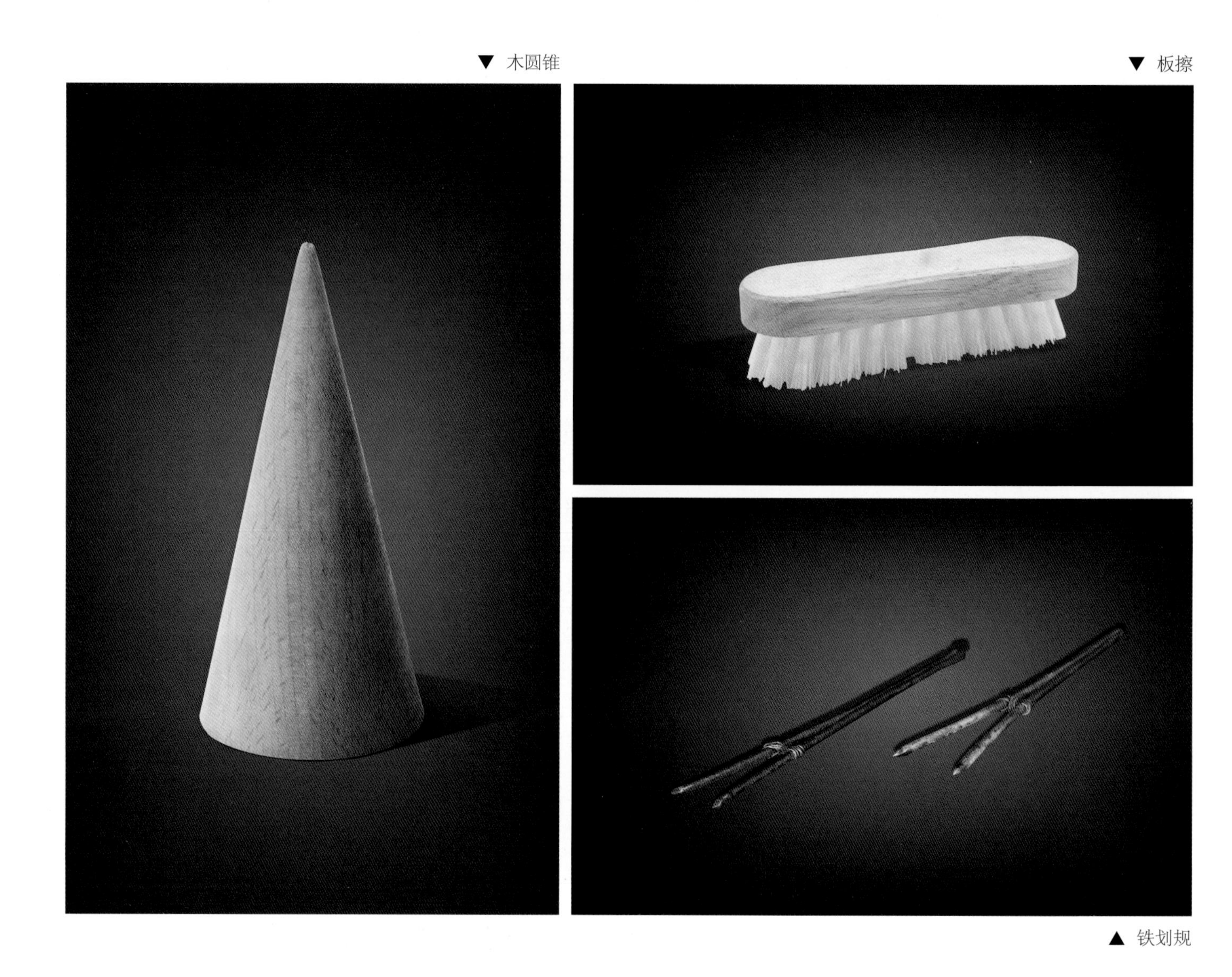

▲ 铁划规

木圆锥与铁划规

木圆锥是用来调整和控制圆笼上下笼口圈尺寸及规矩程度的木制工具。铁划规是制作方形笼等带骨架鸣虫笼时，用来划分笼骨骨架孔距并做标记的铁制工具。

▼ 鸣虫笼挑子

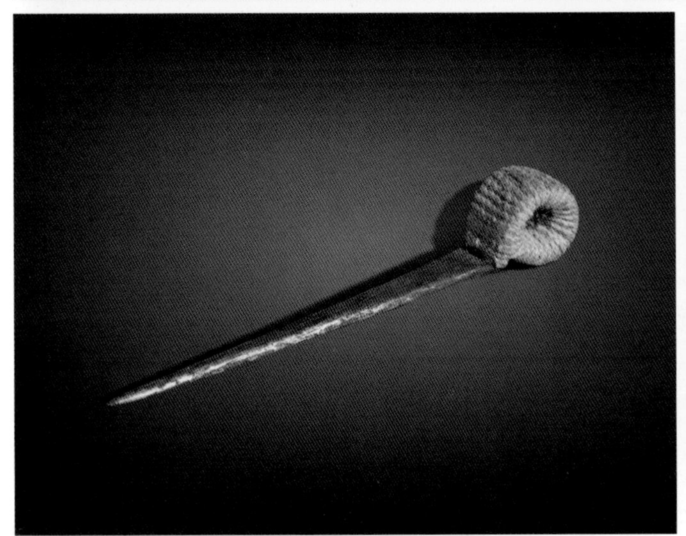

▲ 篾针

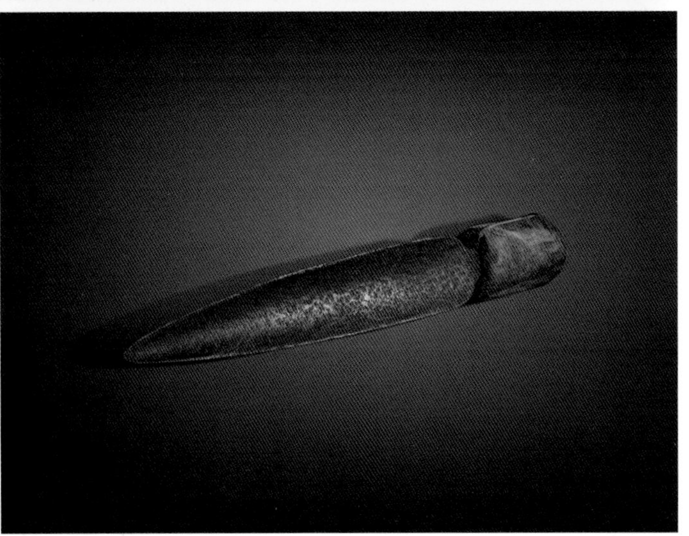

▲ 扁锥

扁锥、篾针与鸣虫笼挑子

扁锥是用来对鸣虫笼龙骨进行钻孔的铁制工具。篾针是鸣虫笼扩充笼丝间隙时，方便进行编织的工具。鸣虫笼挑子是鸣虫笼编制艺人赶集串街时，用以盛放编制器具、材料以及成品、半成品的工具。

▶鸟笼作坊场景

▶鸟笼成品（一）

◀鸟笼成品（二）

▶鸣虫笼（一）

◀鸣虫笼（二）

第十五篇

泥塑、面塑制作工具

泥塑、面塑制作工具

泥塑与面塑是中国传统民间雕塑中的重要门类，与其他大型雕塑（如木雕、石雕、砖雕等）相比，泥塑和面塑虽无具体的功能作用，却丰富了民间生活，反映了各个时期的民俗风情和社会风尚，是中国传统民间手工艺的重要组成部分。

泥塑在中国起源较早，且历史悠久，早在新石器时代，人们便开始使用泥土制作各种器具，其多余的黏土便用来制作各类的动物造型。汉代泥塑已经成为一个重要的艺术品类，考古工作者从汉代墓葬中发掘出了许多泥塑器物，除了造型别致的陶俑、陶器，更有陶车、陶马、陶船等大型泥塑作品，最广为人知的要数“东汉唱书陶俑”，其造型可爱、形态传神，可见当时的泥塑水平已经相当成熟。两汉以后，由于宗教的兴起，直接促进了对泥塑的大量需求，从而提升了泥塑的艺术水平。唐代时泥塑发展达到顶峰，与画师吴道子师出同门的杨惠之见吴道子早先一步出师学成，转而焚笔弃砚，专攻雕塑，终成一代大家，与吴道子齐名。宋代泥塑作品不仅多见于道观寺庙，而且逐步走向民间，出现小型泥塑，这种泥塑便于陈设把玩，也能娱乐儿童。那时出现了许多专门从事泥人制作的匠人，泥塑也作为商品出售。北宋时期著名的泥玩具“磨喝乐”在七月七日前后出售，不仅平民百姓买回去“乞巧”，而且达官贵人也要买回去供奉玩耍。明清以来，小型泥塑经久不衰，几乎全国各地都有生产，其中著名的产地有无锡惠山、天津“泥人张”、陕西凤翔、河北白沟、山东高密、河南浚县以及北京等地。

这种小型泥塑的制作方法是在黏土里掺入少许棉花纤维，捣匀后，捏制成各种人物的泥坯，经阴干，涂上底粉，再施彩绘。它以泥土为原料，以手工捏制成形，或素或彩，以人物、动物为主。泥塑在民间俗称“彩塑”“泥玩”。泥塑发源于陕西省宝鸡市凤翔区，流行于陕西、天津、江苏、河南等地。

面塑是指以面粉、糯米粉、甘油或澄面等为原料制成熟面团后，用手和各种专用塑形工具，捏塑成各种花、鸟、鱼、虫、景物、器物、人物、动物等具体形象的手工技艺，俗称面花、礼馍、花糕、捏面人。本篇所指的是面塑中的“捏面人”，在长江流域又称“江米人”。据目前的文献记载，早在汉代就已经出现了面塑。旧社会的面塑艺人的生存状况可以用“只为谋生故，含泪走四方”来形容，他们挑担提盒，赶集串街，坐于街头，深受群众喜爱，但他们的作品却被视为一种小玩意儿，难登大雅之堂。如今，面塑艺术作为珍贵的非物质文化遗产受到重视，小玩意儿也走入了艺术殿堂。

泥塑和面塑作为中国文化和民间艺术的一部分，是研究历史、考古、民俗、雕塑、美学不可忽视的实物资料，也是我们中华民族宝贵文化遗产中不可忽视的一部分。

▶泥塑作品

▶面塑作品

第四十三章　泥塑制作工具

工序一：备泥

天津西郊区古河道地下一米处有一层红色黏土（俗称胶泥），其黏性强，含沙量小，适合作为制作泥人的原料。泥土经过晒干、制泥浆过滤、沉淀等多个步骤，后加以棉絮反复砸揉而成为熟泥，这便是天津泥人张彩塑制作所需要的泥料。其所使用的工具有铁铲、粗筛、细筛、笸箩、瓷缸、水桶、水瓢、坯土、油纸布、木槌、橡胶锤、泥铲、泥盆、地窖等。

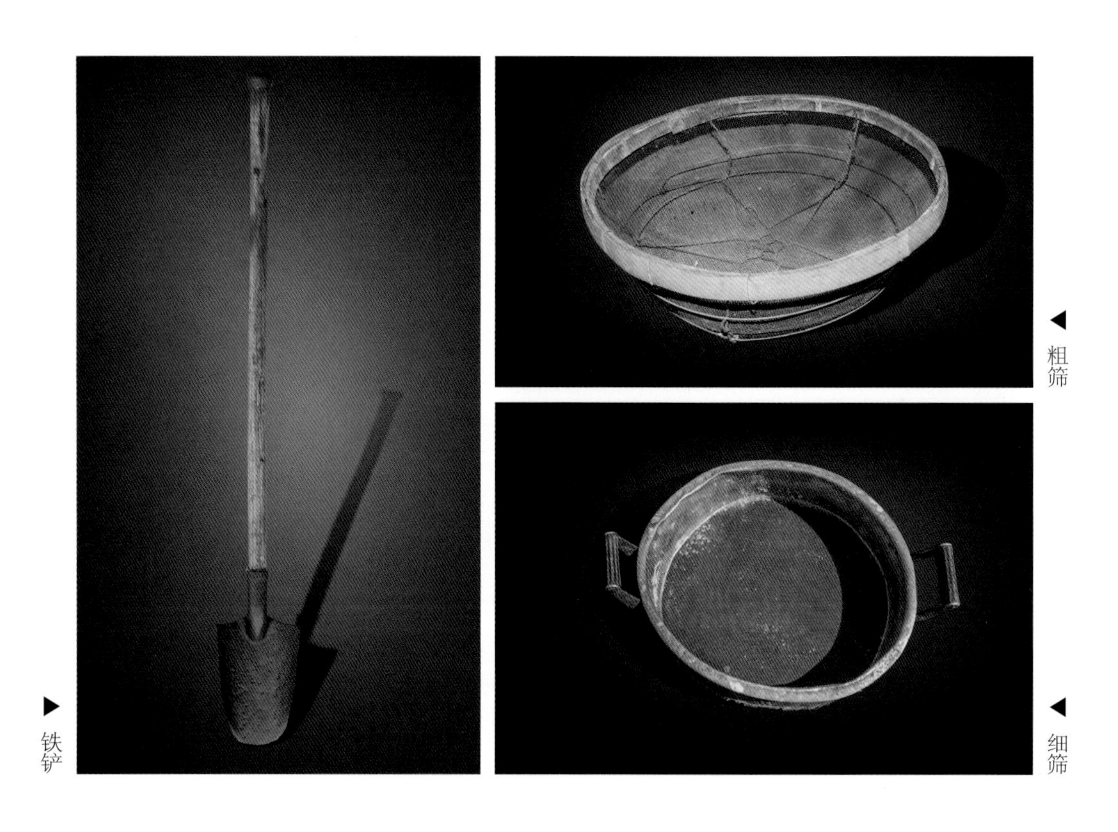

铁铲

粗筛

细筛

铁铲、粗筛及细筛

铁铲是在泥塑过程中用来铲土、和泥的工具。粗筛是将晾晒过的泥土粗略过筛的工具。细筛是筛箩较细泥土的工具。

◀ 笸箩

笸箩

笸箩是在泥塑制作过程中用来晾晒泥土的工具，通常由柳条编制而成。

▼ 水瓢

▲ 瓷缸

▲ 水桶

瓷缸及水桶、水瓢

瓷缸是在泥塑制作过程中用来过滤和沉淀泥浆的工具。水桶是用来盛水和泥的工具。水瓢是用来舀水的工具，有木制或铜制等。

▲ 坯土

▲ 油纸布

坯土

坯土是经过滤、沉淀后用于制作泥坯的材料。

油纸布

油纸布是在泥塑制作过程中用来包裹泥坯、保湿防裂的工具。

▲ 木槌

▲ 橡胶锤

木槌及橡胶锤

木槌与橡胶锤都是在泥塑制作过程中，锤打泥坯、棉絮、纤维等材料使其融为一体的工具。

泥铲

泥盆

▲ 地窖

泥铲、泥盆及地窖

泥铲是在泥塑过程中用来铲泥、和泥的工具。泥盆是用来盛装泥坯的工具。地窖是用来存放坯料，防止皴皮、开裂的工具。

工序二：塑形

塑形指的是将坯料塑造成型的过程。天津“泥人张”制作泥人的过程是有讲究的，要先上后下，先里后外，先粗后细，具体的就是先做头再根据比例做身子。这种方法便于处理头与颈之间的关系，也便于重点刻画人物的头部。老辈艺人做的泥人头是活动的，手也是活动的，其工艺技巧主要是捏和塑，所使用的工具有转盘、压子、修刀、雕塑刀、双头竹针刀、折尺、水盂等。

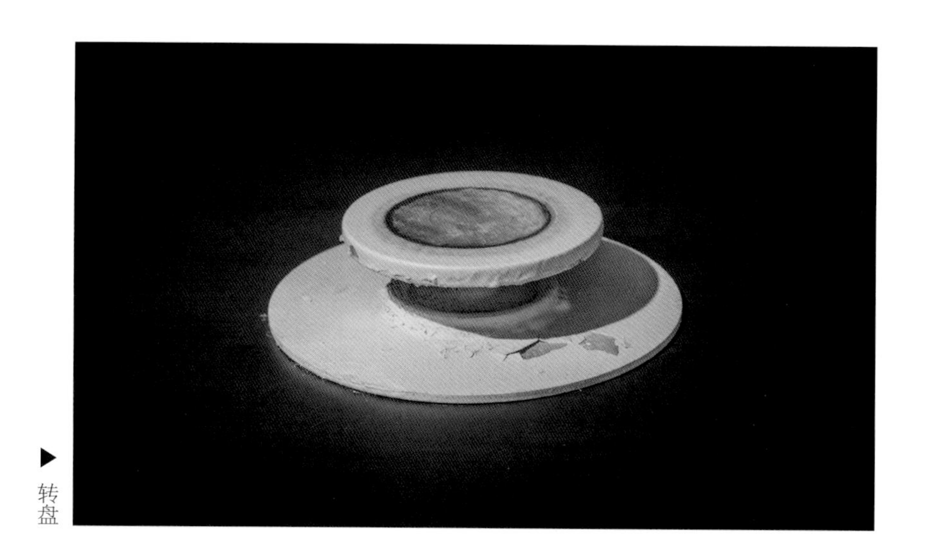

▶ 转盘

转盘

转盘是在泥塑制作过程中，用来承载泥坯的可旋转操作台。

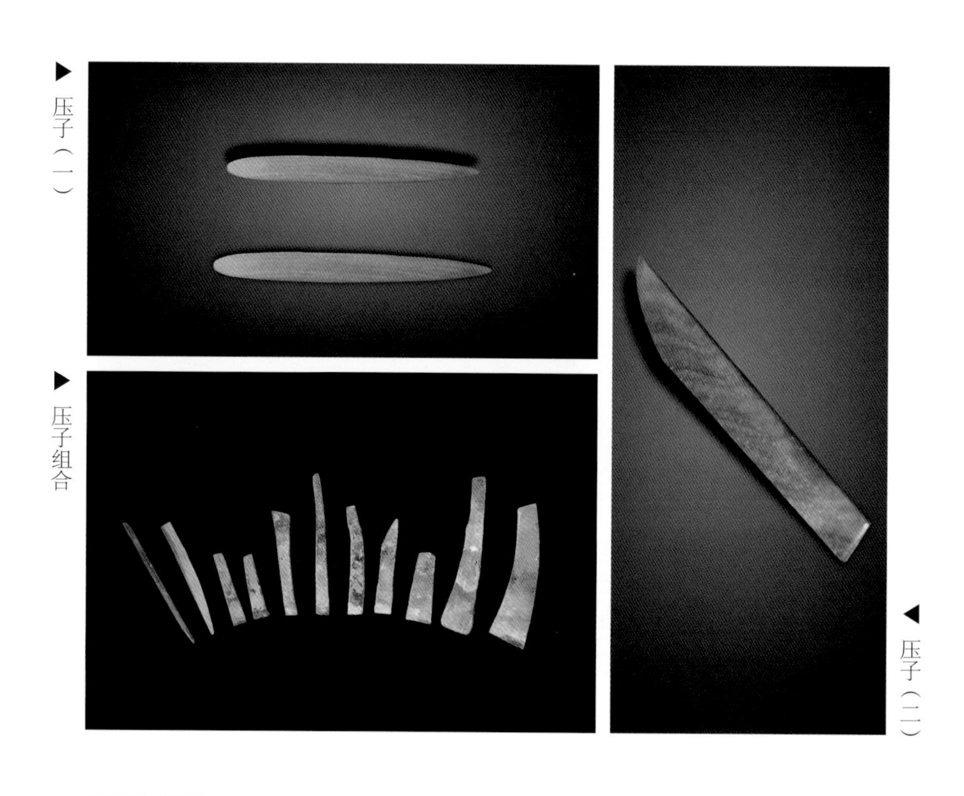

▶ 压子（一）

▶ 压子组合

◀ 压子（二）

压子

压子是用来对坯料进行塑形的主要工具。

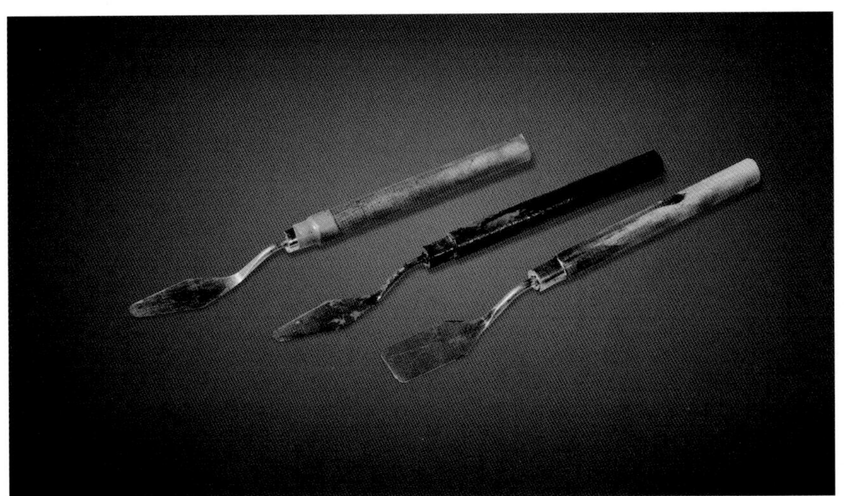

◀修刀

修刀

修刀是在塑形过程中用来切割泥条或处理细节的工具。

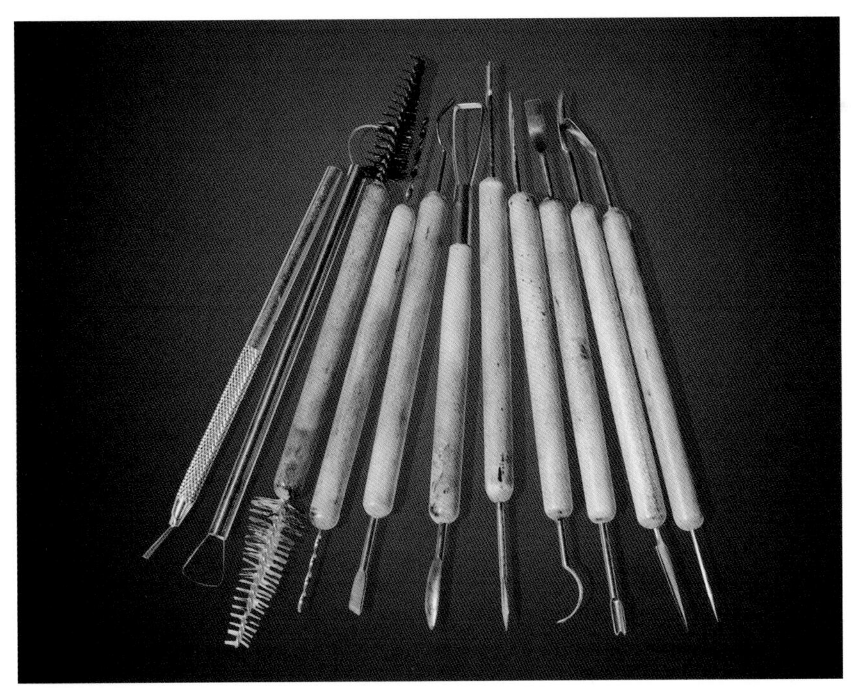

◀雕塑刀

雕塑刀

雕塑刀是用来处理雕塑人物细部的双头刀具。

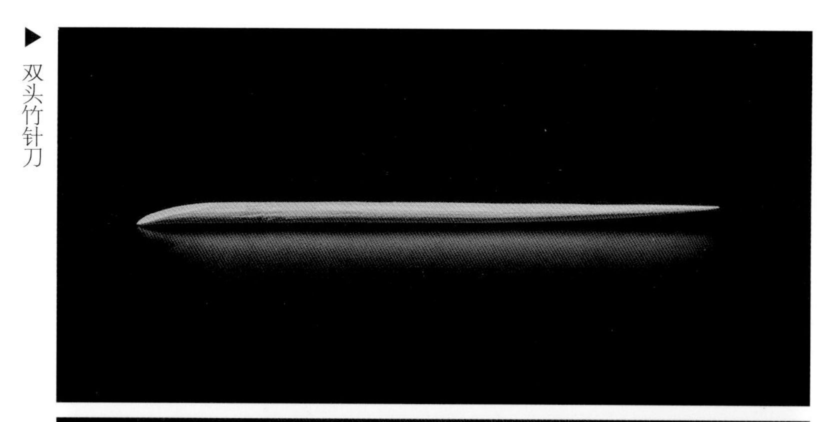

▶ 双头竹针刀

双头竹针刀

双头竹针刀是在泥塑塑形过程中，塑造眼睛等细微处的工具。

◀ 折尺

折尺

折尺是在塑形过程中，用于测量泥塑尺寸或人物比例的竹制工具。

▼ 水盂

水盂

水盂是在泥塑塑形过程中用来盛装清水，供压子等器具蘸水保湿或清洁器具的工具。

工序三：阴干

阴干，是将塑形完成的泥塑坯体避免阳光直射、自然晾晒阴干的过程。待素胎八成干后，方可进行日晒或烘烤。

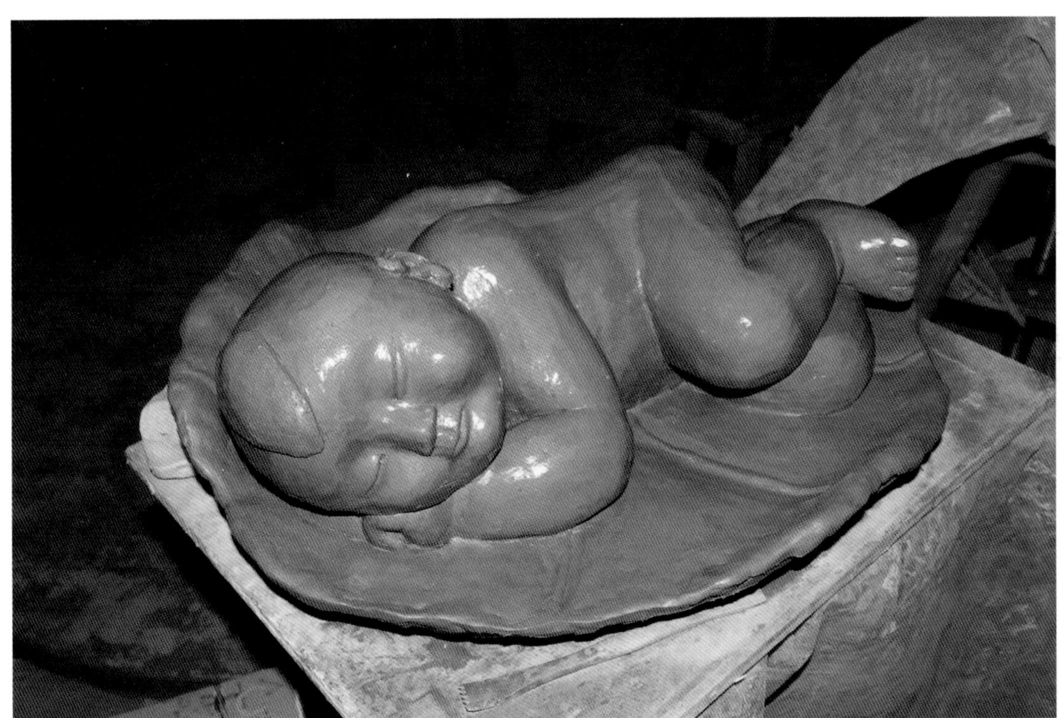

阴干场景

工序四：入窑

入窑指的是将阴干后的素胎放入窑内，进行烘烤的过程。泥塑烘烤的窑内温度一般在700～1000℃，出窑后对泥塑坯胎进行检验，没有瑕疵后即可进行下一步。

入窑场景

工序五：打磨

打磨指的是泥塑出窑后，经仔细检查，对泥塑毛坯进行打磨、修复的过程，所使用的工具有砂纸、磨石、毛刷。

砂纸与磨石

砂纸是在泥塑制作过程中打磨泥塑的工具。磨石是对泥塑所用的器具进行打磨的工具。

▶砂纸

◀磨石

◀毛刷

毛刷

毛刷是在泥塑打磨过程中将石膏泥扫入开裂的缝隙，进行修补填实的工具。

工序六：施彩

施彩指的是对泥塑人物根据其角色、场景进行彩绘的过程。施彩的顺序一般是先头后身、先上后下、先淡后浓、先白后黑，渐次描绘。彩笔的涂绘要厚薄均匀、层次清晰。其所使用的工具有排笔、毛笔、画笔、颜料碟。

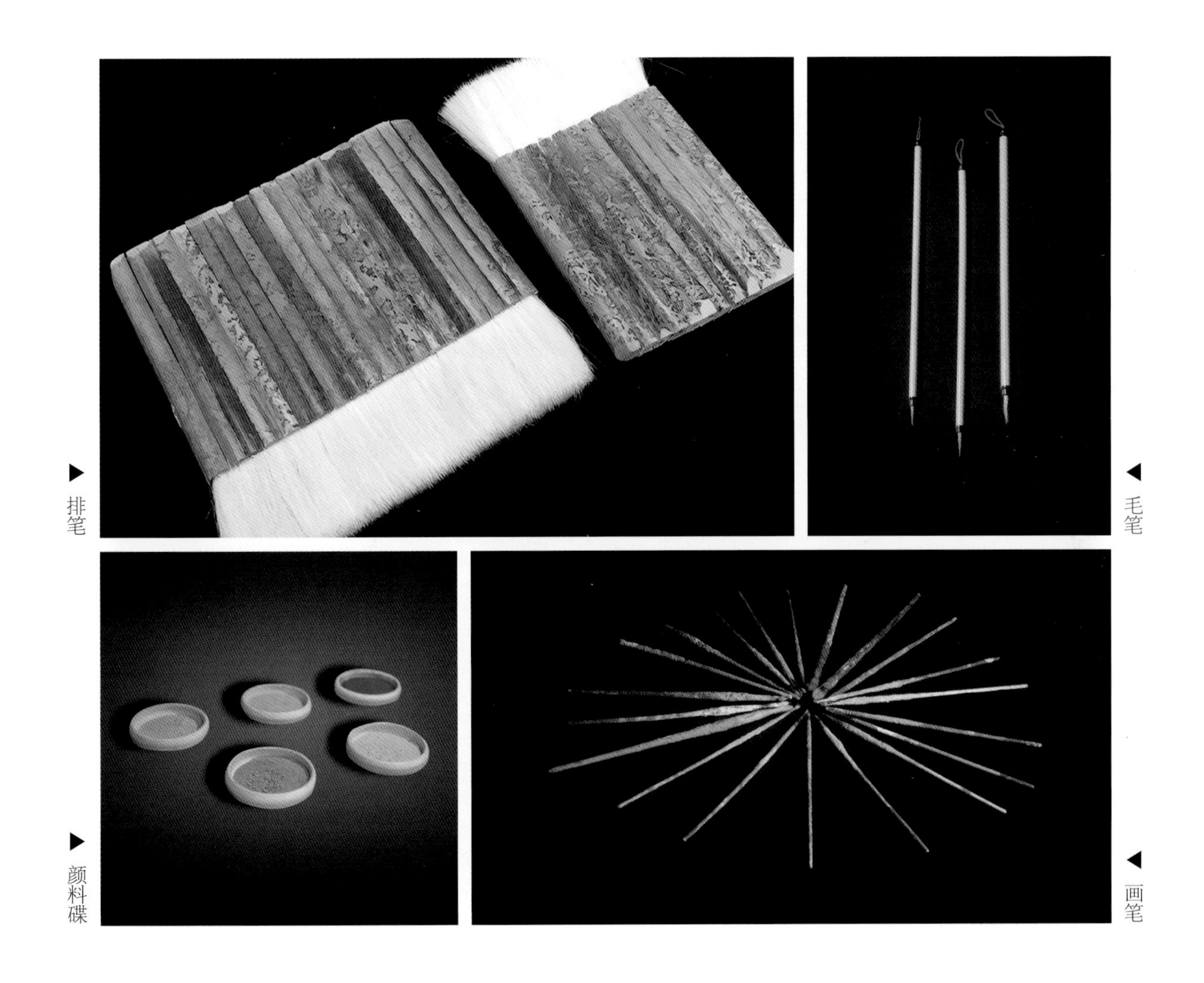

▶排笔

◀毛笔

▶颜料碟

◀画笔

排笔、毛笔、画笔与颜料碟

排笔是在施彩过程中，用于大面积着色的工具。毛笔与画笔是用于勾勒装饰细节的施彩工具。颜料碟是盛放彩绘颜料的瓷制工具。

第四十四章　面塑制作工具

相较于泥塑来说，面塑的制作工艺较为简单，主要是备料、和面、上色、造型等步骤，所用工具主要有:面塑桌、面盆、工具包、纹理刀、开眼刀、木制纹理刀、面部刀、球刀、压面板、游标卡尺、泡沫板、插板和竹签、转台、水盂、水笔、眉剪、手油盒、手锥、调色盘、毛笔等。

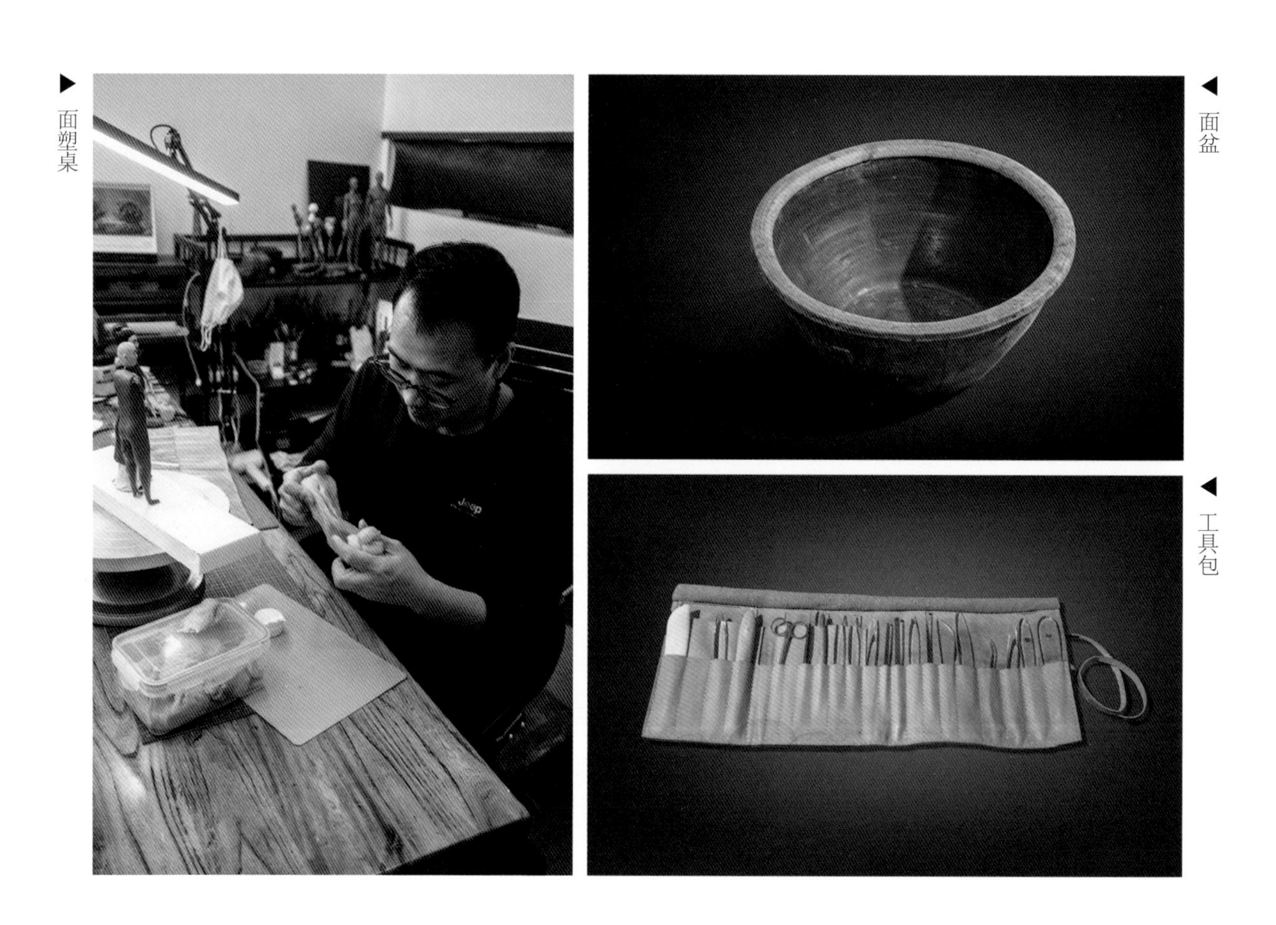

▶面塑桌

◀面盆

◀工具包

面塑桌、面盆及工具包

面塑桌是面塑匠人进行制作的工具台。面盆是在面塑制作过程中用来和制面粉、盛装面坯的工具，通常为陶瓷制。工具包是用来收纳面塑刀具的工具。

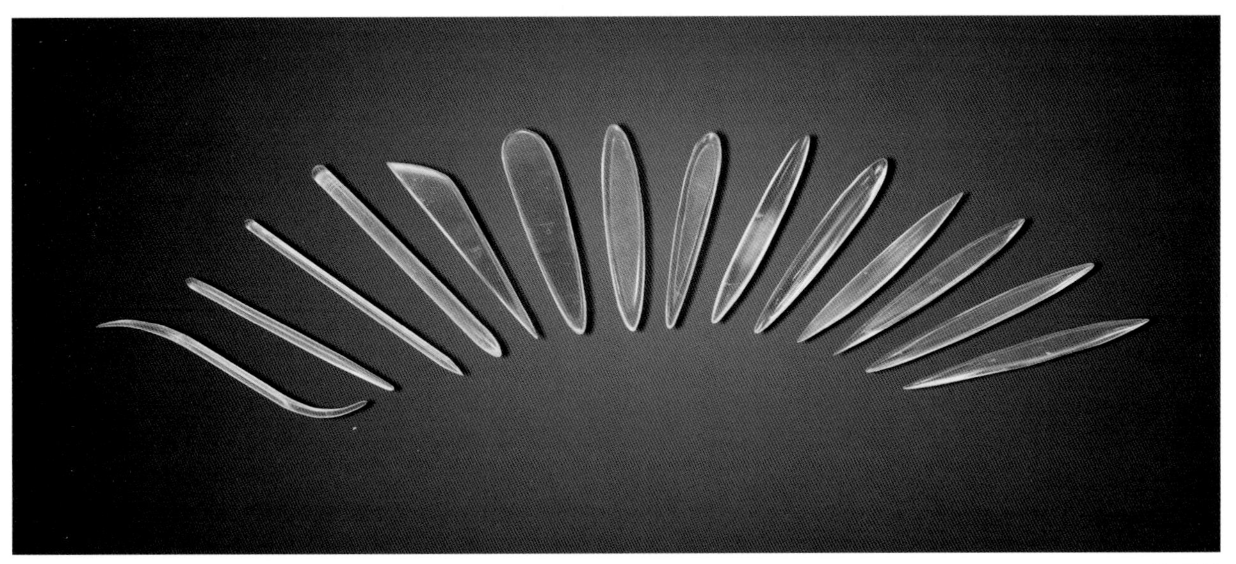

▲ 面塑刀具

面塑刀具

面塑刀具，是用来给面塑刻画面部细节及衣服纹理的工具。塑造面人传统面塑刀具多为竹制，现在多以亚克力制作。面塑刀具有多种，其中，主刀用于给人物面部起形；楔形的切面刀为切割下料使用；两头尖的挑花刀用来塑造铠甲花纹及眼睛高光；S形的塑形刀可塑造飘逸的衣服；圆滚刀用于人物头部与身体衔接处及袖口衣纹的塑造。

▲ 纹理刀

纹理刀

纹理刀是用于塑造、修饰面塑人物衣服纹理的工具。

▲ 开眼刀

开眼刀

开眼刀是用于处理眼睛、手指以及其他细节部位的工具。

▲ 木制纹理刀

▲ 木制纹理刀使用场景

木制纹理刀

木制纹理刀是在面塑制作过程中，塑造衣服纹理雏形的工具。

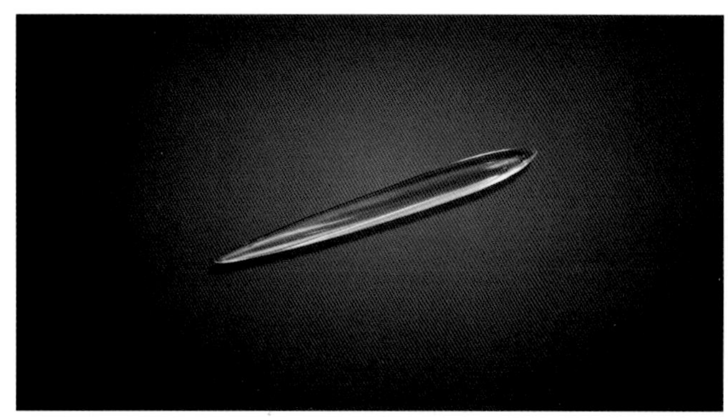

▲ 面部刀

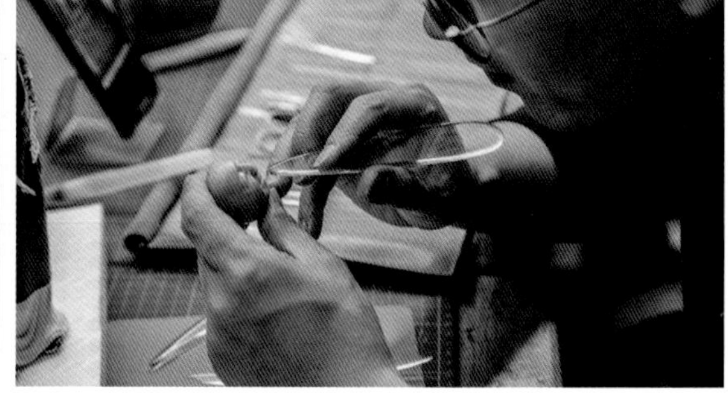

▲ 面部刀使用场景

面部刀

面部刀是在面塑制作过程中，给头部高度2cm以上的人物开脸的工具。

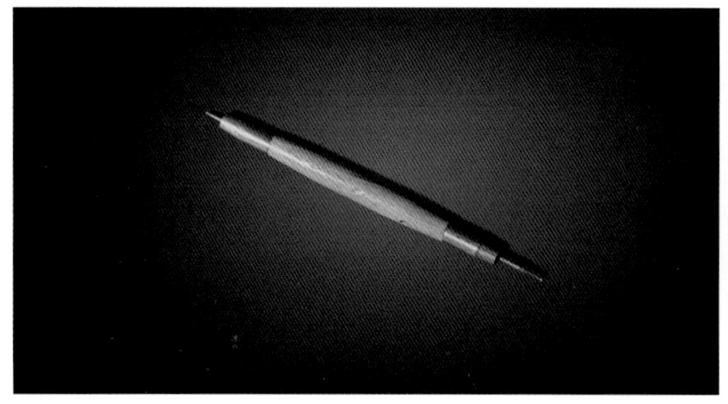

▲ 球刀

▲ 球刀使用场景

球刀

球刀是在面塑制作过程中用以制作鼻孔、耳蜗等细节部位的工具，端部呈球状。

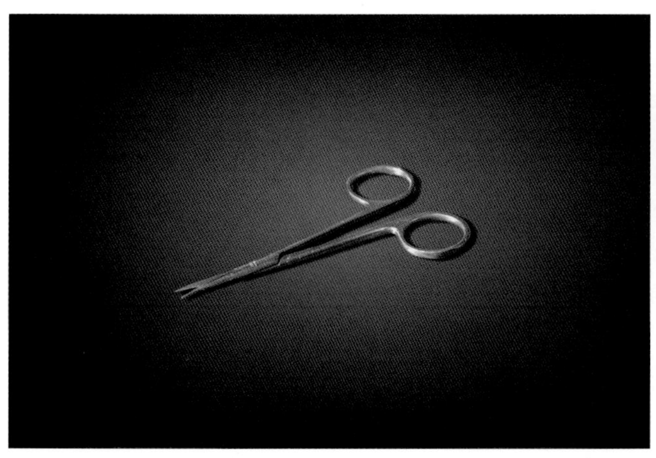

▲ 眉剪

▲ 眉剪使用场景

眉剪

眉剪是在面塑制作过程中对面塑细小部位进行修剪的工具。

▲ 压面板

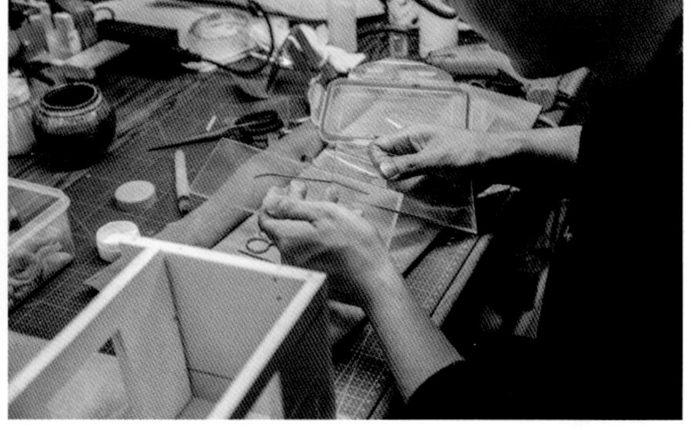

▲ 压面板使用场景

压面板

压面板是用来搓线条、压面片的工具。如制作人物的腰带、服饰等需要将面坯压成片状或线状。

▲ 泡沫板

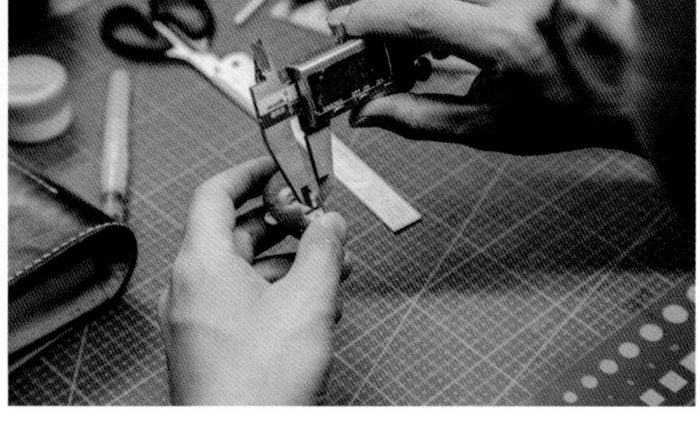

▲ 游标卡尺使用场景

泡沫板与游标卡尺

泡沫板是用于前期定型时，作为面塑底座的垫具。游标卡尺是在面塑制作过程中用来测量面塑精准比例所使用的工具。

▼ 水盂

◀ 转台

转台与水盂

转台是在面塑制作过程中，用来承载面塑的可旋转操作台。水盂是方便面塑坯体加水润湿的盛水工具。

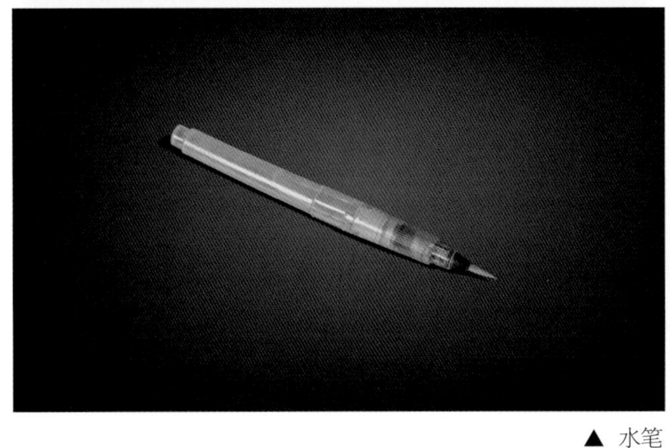

▲ 水笔

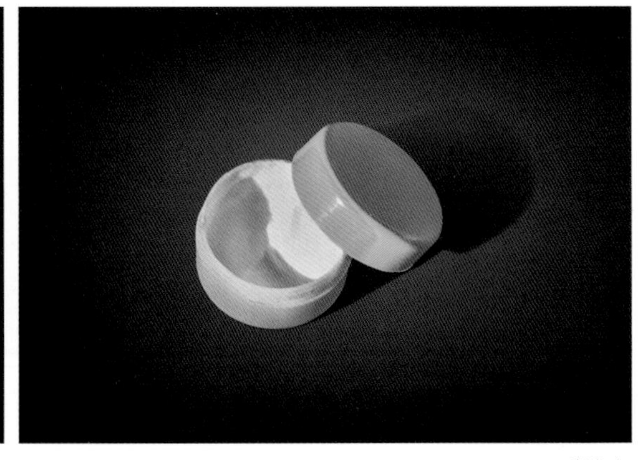

▲ 手油盒

水笔与手油盒

水笔是在面塑制作过程中，给面塑坯体局部蘸水润湿的工具。手油盒是盛装手油，防止面筋粘手和保护皮肤的工具。

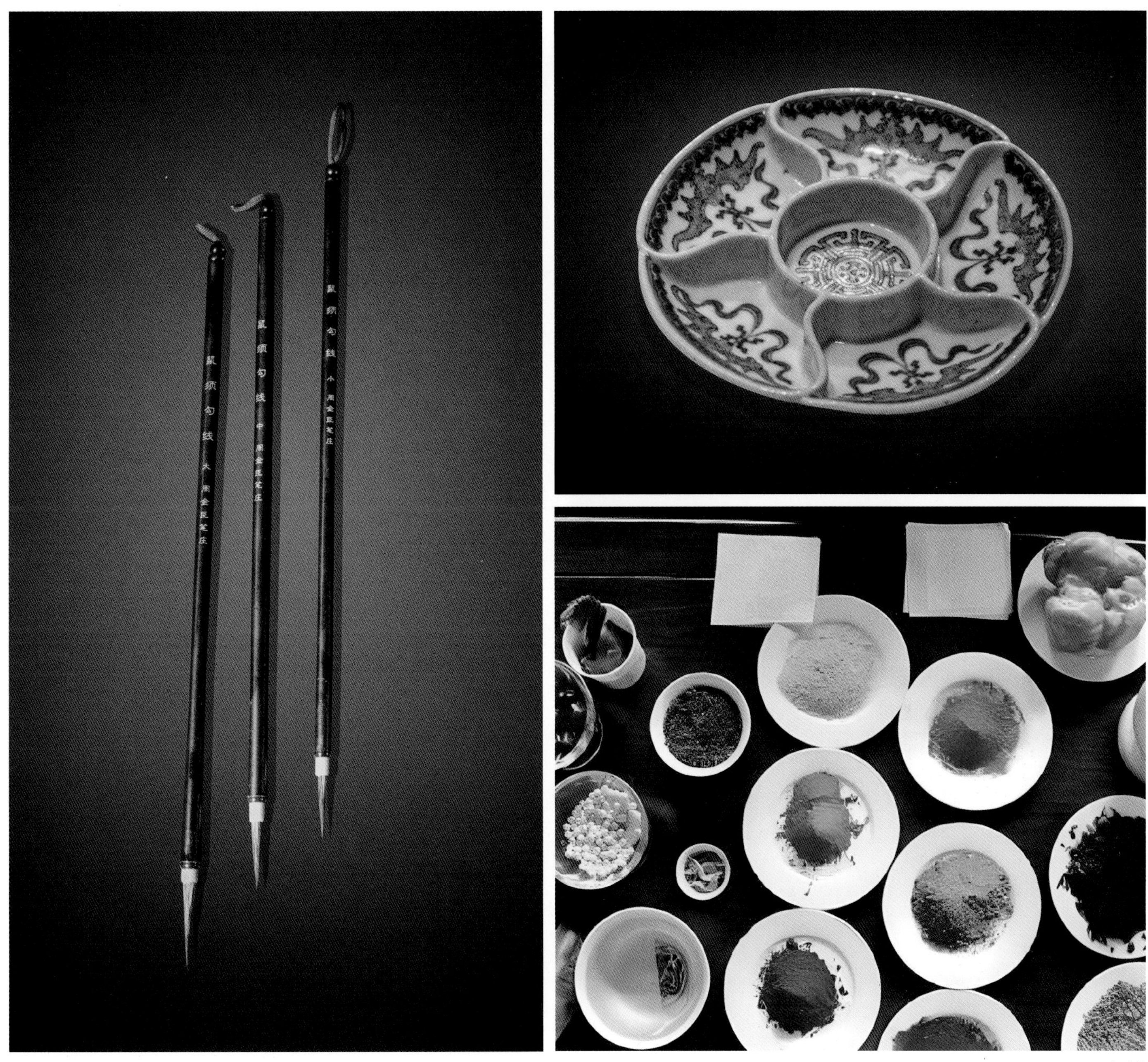

▼ 毛笔

▼ 调色盘

▲ 颜料

毛笔、调色盘与颜料

毛笔是在面塑制作过程中，用于面塑彩绘、补色、修饰的工具。调色盘是用于调配颜料色彩的工具，通常为瓷制。旧时多用矿物或植物作为颜料。

▶ 插板与竹签

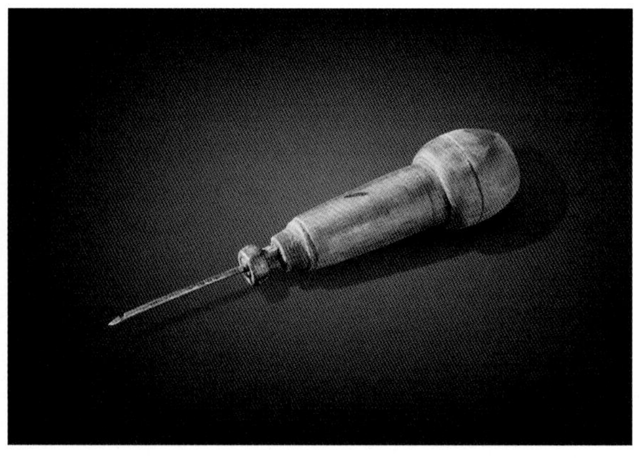

◀ 手锥

插板、竹签与手锥

插板和竹签，是在面塑制作过程中用以固定面塑坯体的工具。插板主要用于固定竹签和面塑坯体。竹签主要用于面塑的支撑。手锥是用来在插板上打眼，方便插入竹签的工具。

▼ 面塑作品（一）

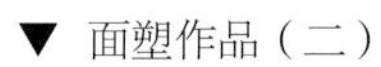

▼ 面塑作品（二）

▲ 面塑作品（三）

▲ 面塑作品（四）

第十六篇

瓷器制作工具

瓷器制作工具

瓷器是中国古代劳动人民对世界文明的一大贡献。中国瓷器是从陶器发展演变而来的，原始瓷器起源于3000多年前。早在商代，人们便开始尝试着制坯、上釉、烧造，但因技术条件有限，烧制出的瓷器较为粗糙原始，因此被叫作“原始瓷”。宋代是瓷业最为繁荣的时期，那时名窑、名瓷已遍及大半个中国。当时的汝窑、官窑、哥窑、钧窑、定窑并称为宋代五大名窑，比较有名的还有柴窑和建窑。被称为瓷都的江西景德镇在元代出产的青花瓷成为瓷器的代表。青花瓷釉质透明如水，胎体质薄轻巧，洁白的瓷体上敷以蓝色纹饰，素雅清新，充满生机。青花瓷一经出现便风靡一时，成为景德镇的传统名瓷之冠。正所谓：“白釉青花一火成，花从釉里透分明，可参造化先天妙，无极由来太极生。”

古往今来，精美绝伦的瓷器已然成为中国的名片，被世界各地收藏者们所追捧和推崇，也是我们至今仍引以为傲的中华瑰宝。瓷器的制作工艺极其讲究，且每种瓷器的制作工艺又有独到的法门，但总结起来，瓷器制作所用的工具主要可以分为取土、制泥工具，淘泥、摞泥工具，制坯工具，上釉、彩绘工具，烧窑、成瓷工具五类。

▲ 瓷罐（一）

▲ 瓷罐（二）

▲ 瓷碟

第四十五章 取土、制泥工具

瓷器制作所用的土，多为“高岭土”，高岭土颜色白中微带灰色或黄色，因最初在江西浮梁（今景德镇）东乡高岭村发现而得名。要制作精美的瓷器，首先要选择合适的材料并制成便于塑形的泥料，这一步就是“取土、制泥”。其使用的工具有高岭土、镢、锨、水碓、泥叉、沉淀池。

◀采土场景

◀高岭土

高岭土

高岭土是制作瓷器的主要材料，因最初在江西浮梁（今景德镇）东乡高岭村发现而得名。

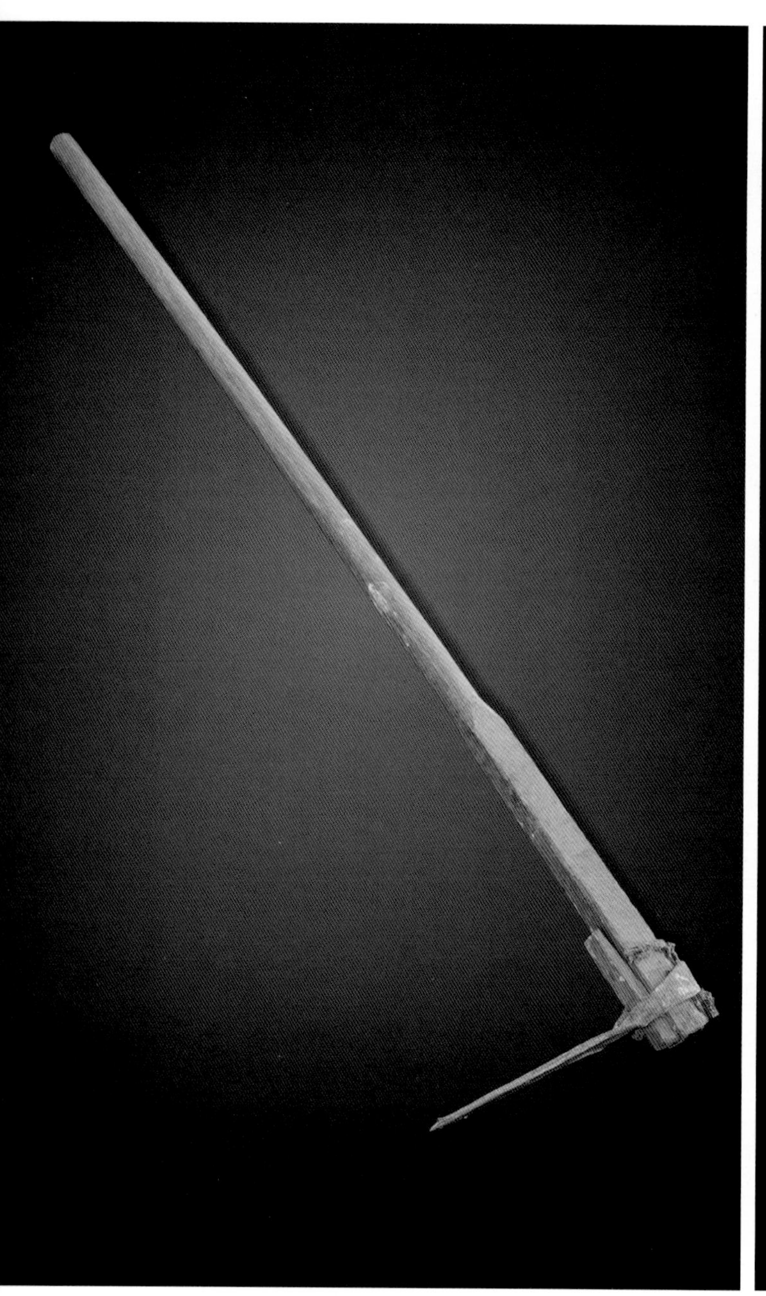

▲ 镢

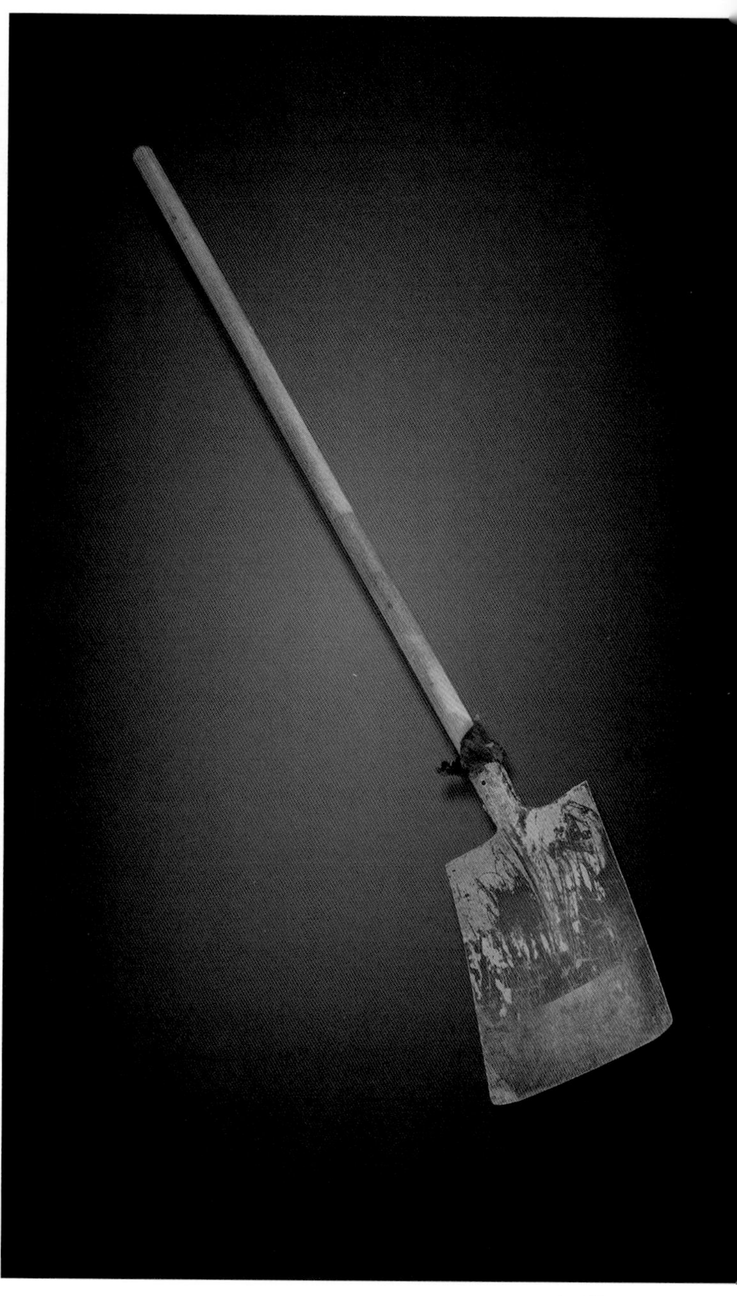

▲ 锨

镢与锨

镢是在瓷器制作中用来刨土、采土的工具。锨是用来铲土、取土的工具。

▲ 水碓

水碓

水碓是用来碾压高岭土，使其成为细土的工具。

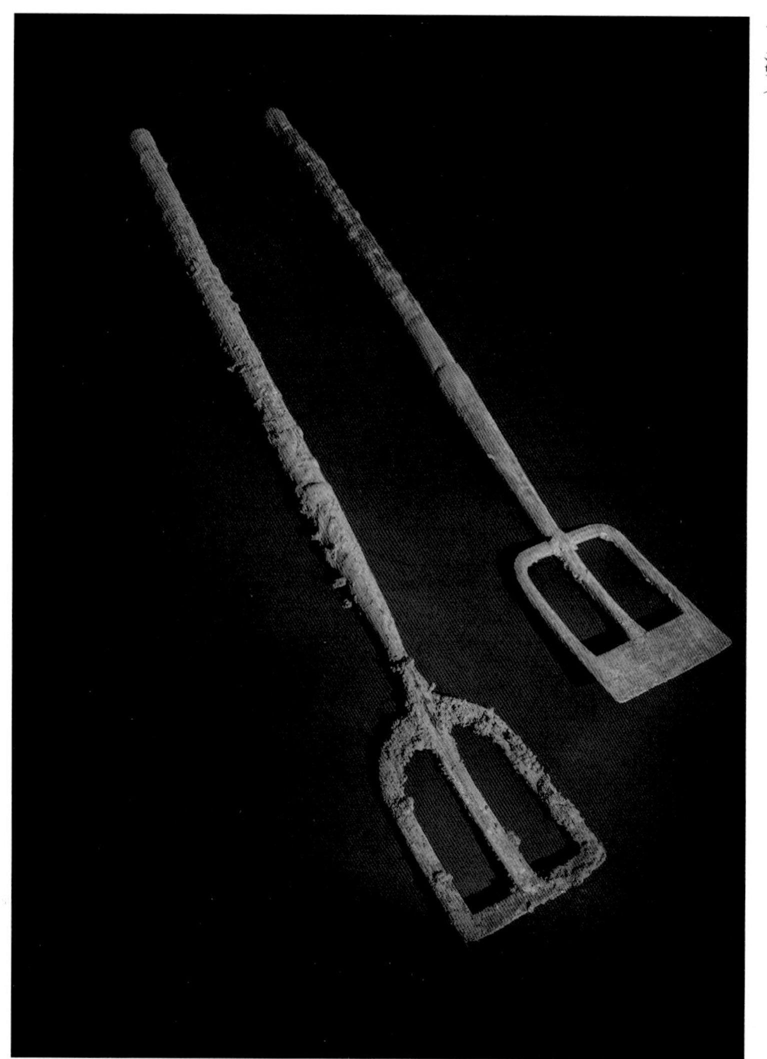

◀泥叉

泥叉

泥叉是制作瓷器泥料时的工具。泥叉的特殊设计，是为了减少与泥浆的接触面积，防止黏连，操作起来更省力。

▼ 沉淀池

沉淀池

沉淀池是用来沉淀制瓷泥料的池子。

第四十六章　淘泥、摞泥工具

瓷器制作的第二步是对瓷土进行筛选，这一步叫“淘泥”。“摞泥”是将淘好的瓷泥进行分割，摞成柱状，以方便储存和拉坯备用。其所使用的工具大致有箩筛、箩床、泥缸、水桶、比重计、振动筛、储浆罐、割坯机、钢丝弓等。

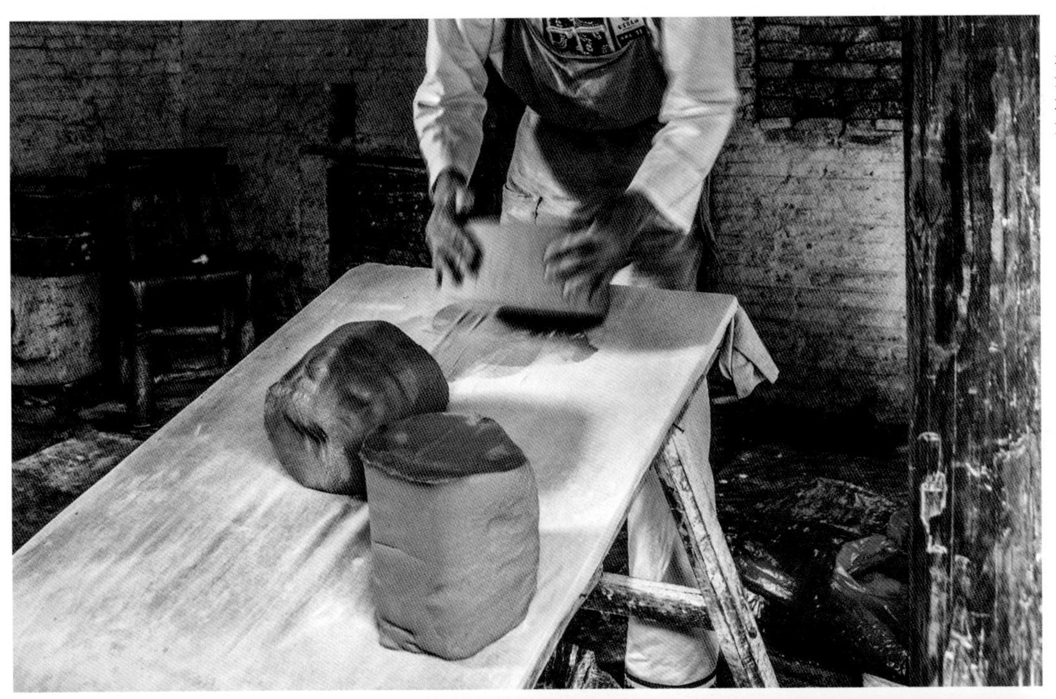

◀摞泥场景

箩床与箩筛

箩床，是陶瓷制作过程中，用于承载箩筛进行推拉晃动，过滤泥浆或釉中颗粒的工具，木制，配合箩筛使用。箩筛是用于过滤泥浆或釉中颗粒杂质的工具。

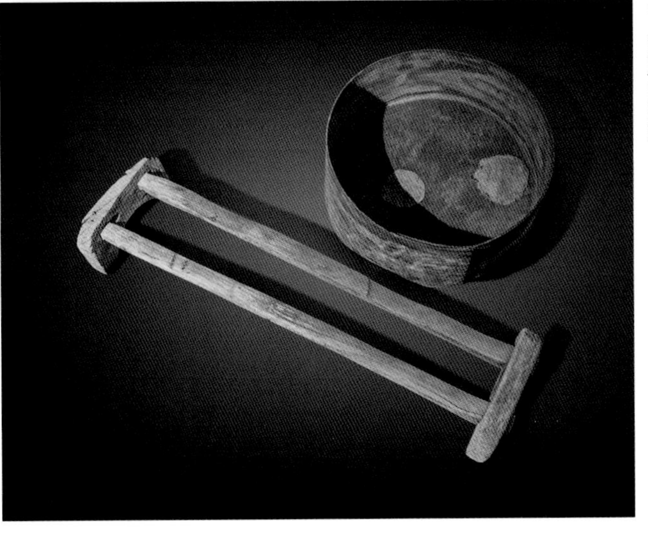

◀箩床与箩筛

▶ 泥缸

◀ 水桶

泥缸与水桶

泥缸是在瓷器制作过程中用来盛装泥浆或釉的工具，为保湿通常配合木盖使用。水桶是用于提取水的木制工具。

▶ 比重计

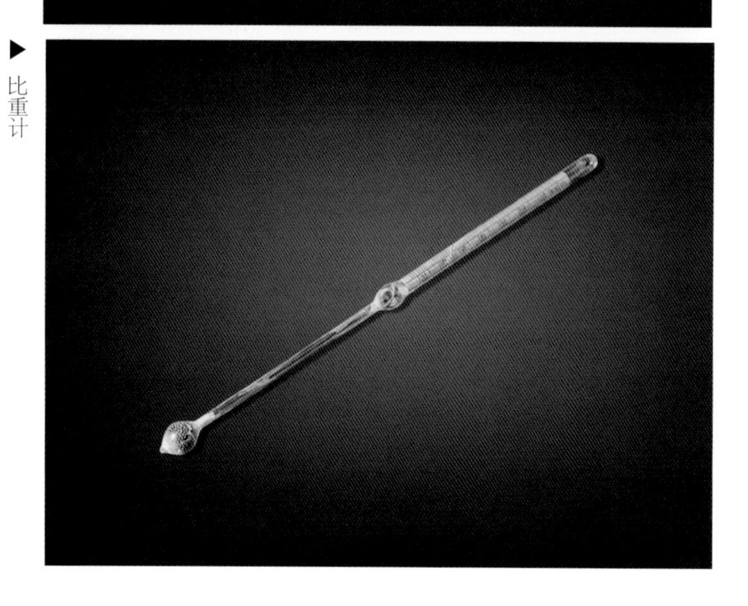

比重计

比重计是在瓷器制作过程中用来测量泥浆和釉的相对密度及控制稠度的工具。

▲ 振动筛

▶ 储浆罐

振动筛与储浆罐

振动筛，在瓷器制作过程中是用来将瓷泥打成浆状并筛箩、过滤泥浆的铁制工具。储浆罐是用于储存瓷泥浆的铁制工具。

割坯机

割坯机是在瓷器制作过程中依据设计要求将泥坯调制和分割成所需大小泥块的铁制工具。

▼ 割坯机

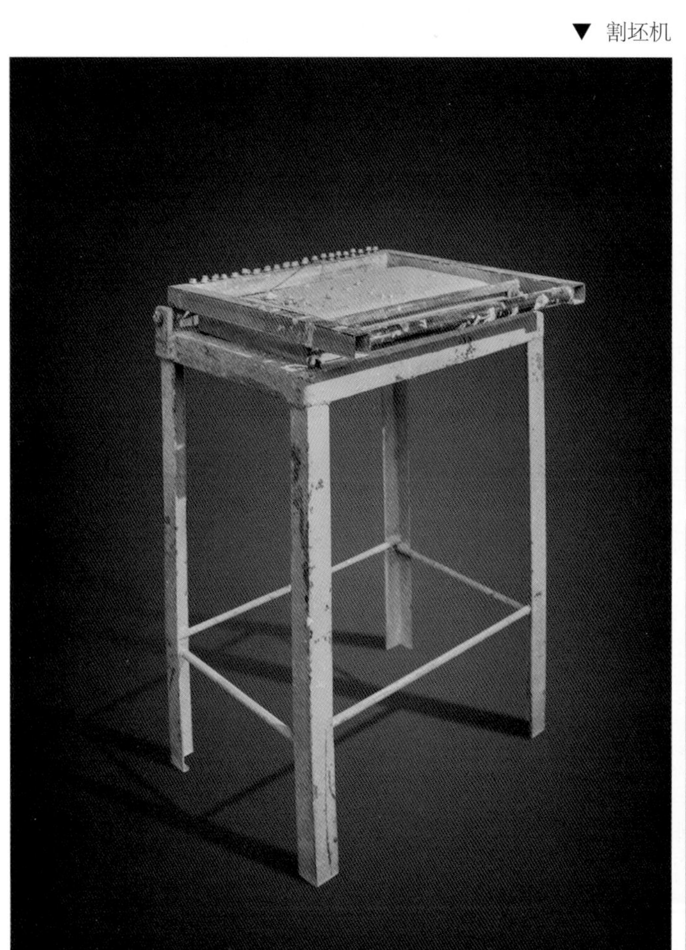

▼ 钢丝弓（一）

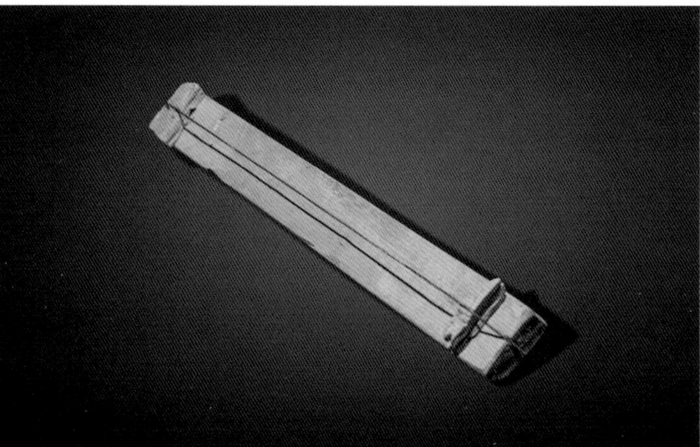

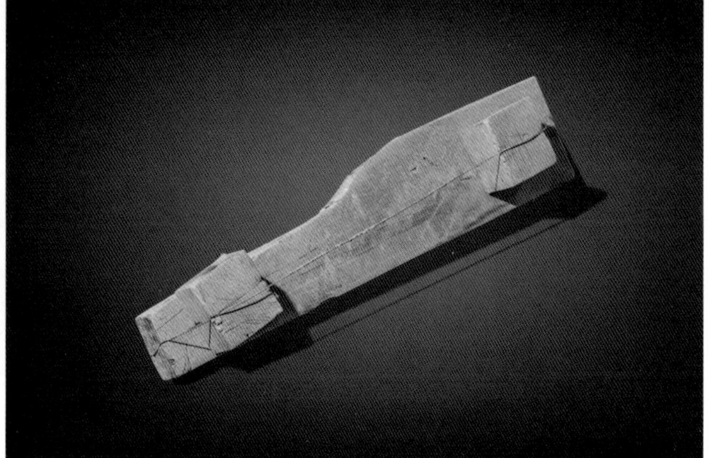

▲ 钢丝弓（二）

钢丝弓

钢丝弓是在瓷器制作过程中用于泥块切割及拉坯成型后切割陶瓷坯体的工具。

第四十七章 制坯工具

制坯指的是将瓷土制作成用以烧制坯料的过程，也是对瓷器进行塑形的工艺。制坯环节主要分为拉坯、印坯、修坯、捺水、画坯。拉坯是利用转盘，将摞好的瓷泥放上，旋转转盘，使用手或拉坯工具，将瓷泥拉成瓷坯。印坯是根据需要选用印模，将瓷坯用印模印成各种不同的坯件。修坯分为湿修和干修两种，它是将厚薄不均的毛坯，按照需要利用修坯工具修刮整齐、匀称。捺水是用清水洗去坯上的尘土，为下一步画坯、上釉等做好准备。许多瓷器为增加其独特的艺术效果需要画坯，画坯即在坯上作画，可写意、可工笔、可书法。制坯所用工具主要有碾辊、轮车、拐尺、环形雕塑刀、模型支架、注浆桶、模具、铲刀、木槌、空气压缩机、修坯刀、修口刀、修把刀、修型刮刀、水扫帚、瓷泥盘、喷壶、剪刀、周转箱、海绵块与擦布等。

▲ 拉坯场景

拐尺与环形雕塑刀

拐尺是拉坯、修坯时对坯件进行测量的工具。环形雕塑刀是用于实心坯体掏空及修整的工具。

▼ 拐尺

▼ 环形雕塑刀

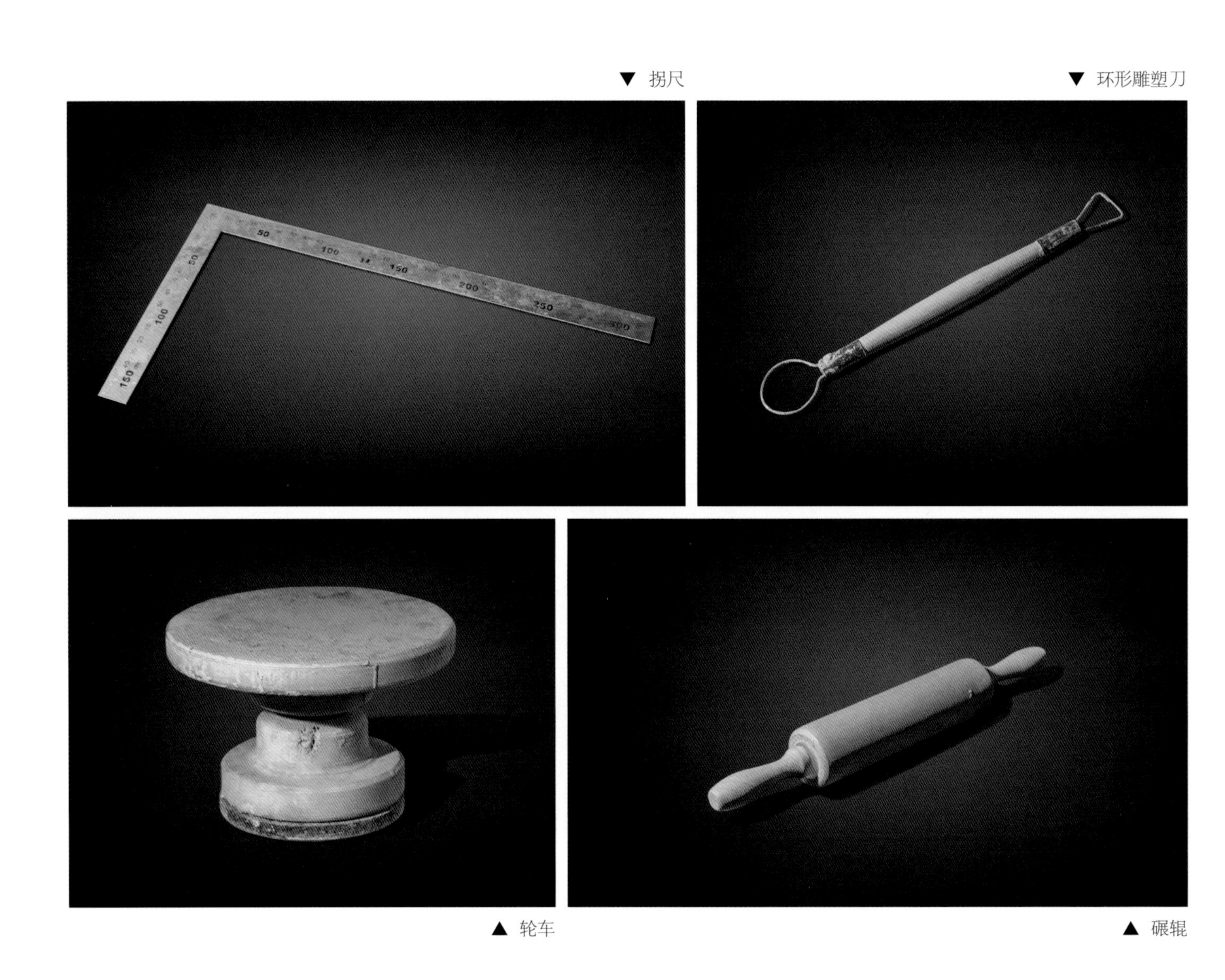

▲ 轮车

▲ 碾辊

轮车及碾辊

轮车也称“辘轳”，俗称“手轮”，是在制坯过程中，对圆形坯体拉坯、修坯的主要工具，一般为铁制或塑料制。碾辊是用于擀压泥板或泥片的工具。

模型支架

模型支架是印坯时放置模具的铁制工具。

注浆桶

注浆桶是用来往模具内注浆的工具。

▼ 模型支架

▼ 注浆桶

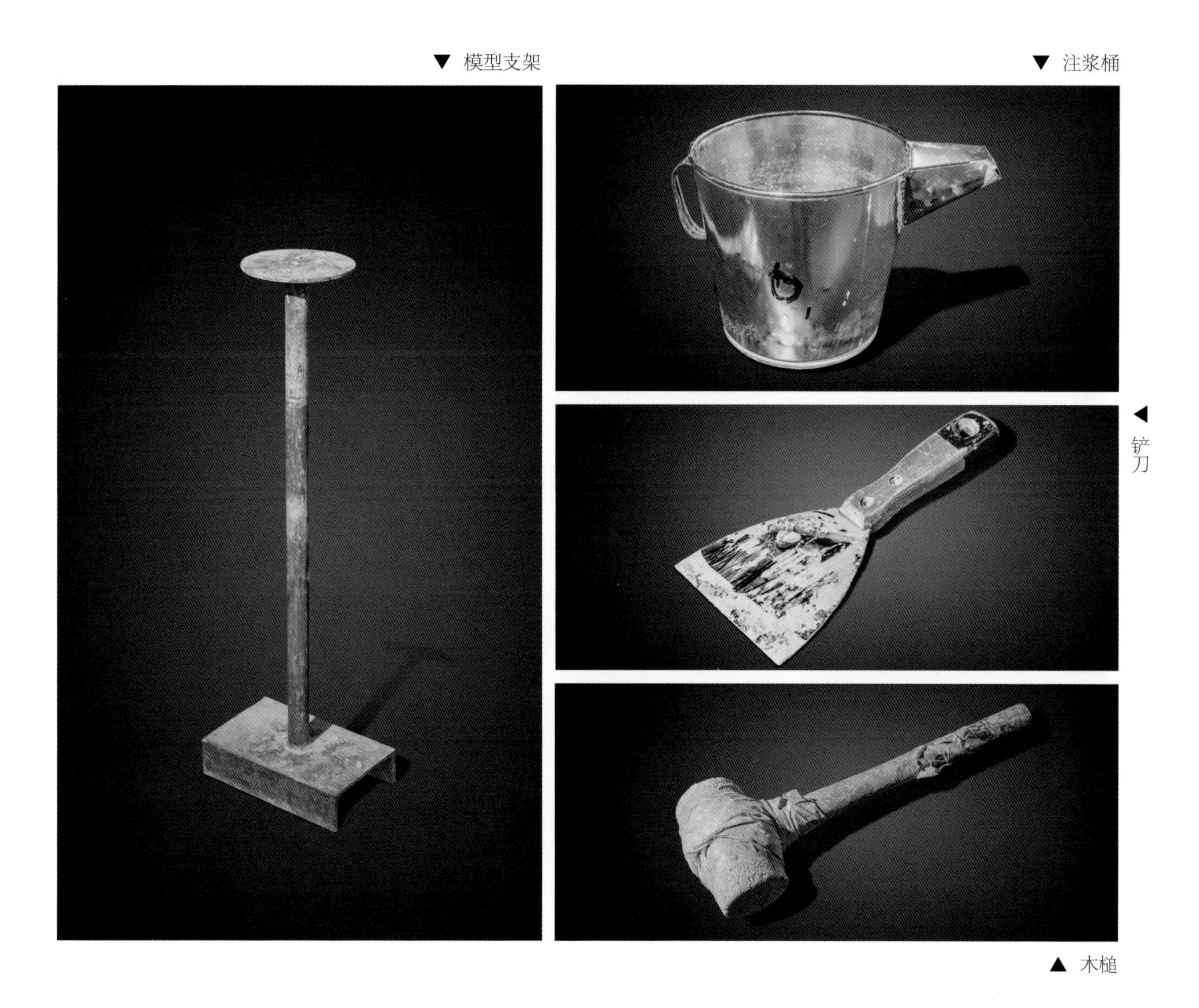

◀ 铲刀

▲ 木槌

铲刀与木槌

铲刀是在制坯过程中用来铲泥料和铲除模具外多余泥浆的工具。木槌是用来紧固或开启模具的工具。

◀ 杯把模具

◀ 头像模具

▲ 花瓶模具

模具

模具，俗称“模子”，是用来将泥料、泥片放入模具内制成坯体、坯件的工具。模具又分为注浆模具、机压模具等，多由生土或石膏等制成。

◀ 空气压缩机

空气压缩机

空气压缩机是在制坯环节中，辅助脱坯、除尘、喷釉的工具。

▶修坯场景

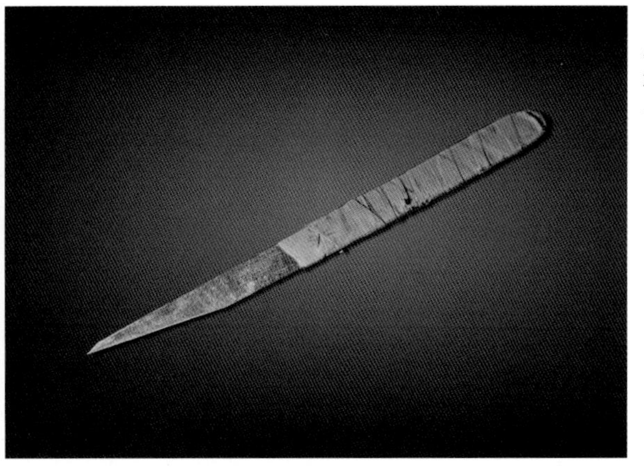

◀修坯刀

修坯刀

修坯刀是对泥坯成型后进行精细修整的工具。

▶修口场景

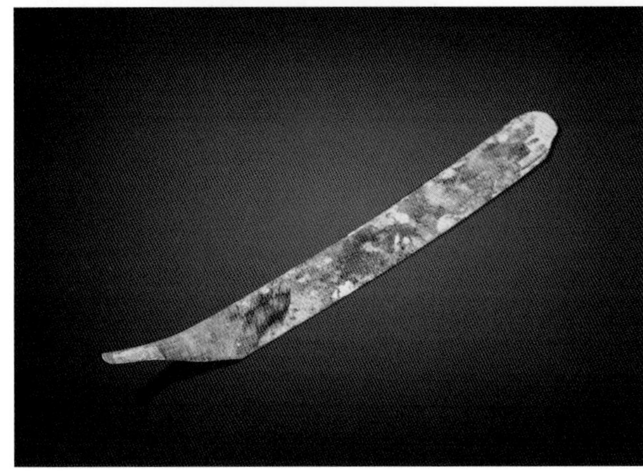

▲ 修口刀

▲ 修把刀

修口刀

修口刀是对坯体口部进行修整的工具，刃口薄而锋利。

修把刀

修把刀是对坯体把手等部位进行修整的工具。

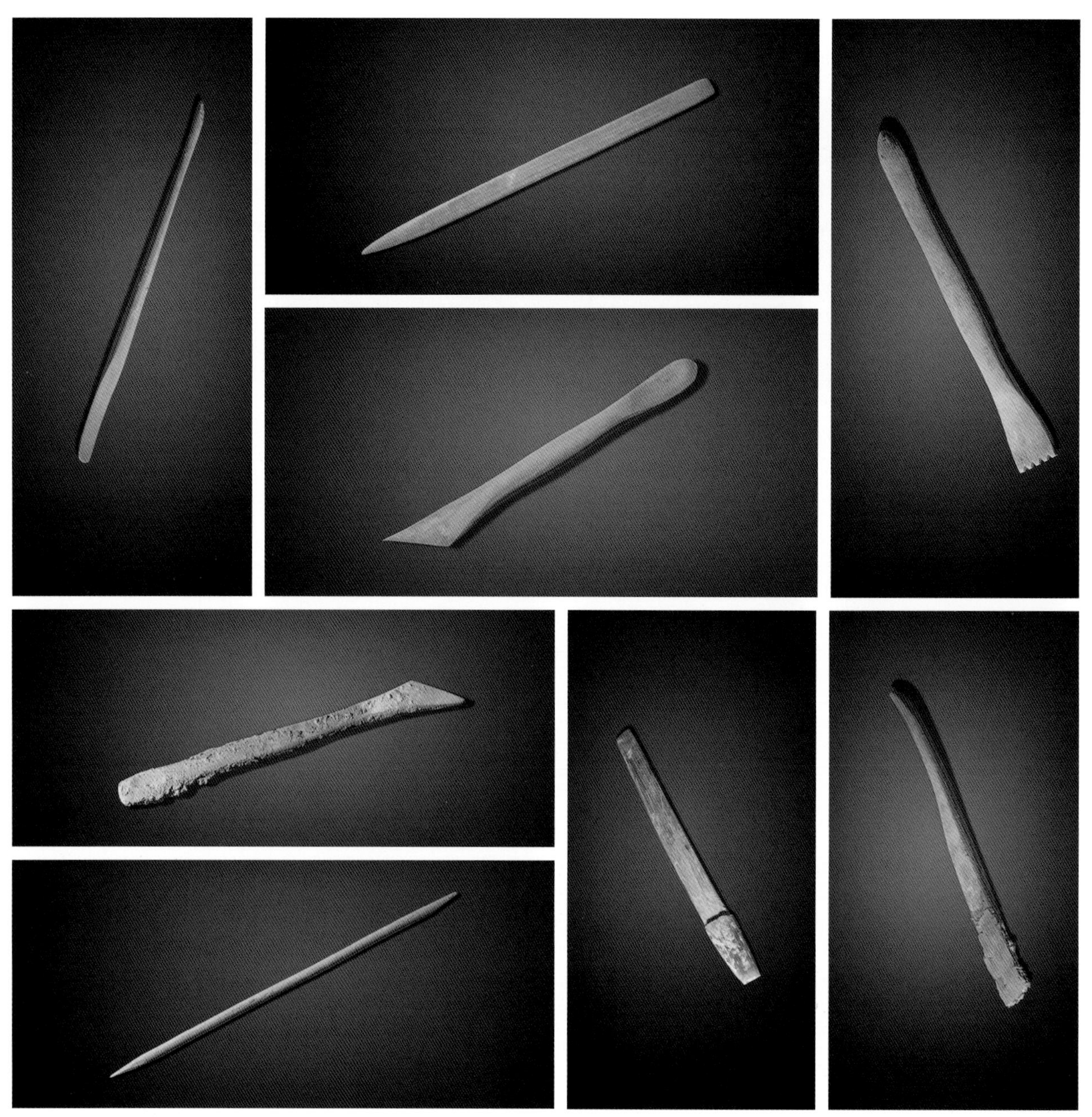

▲ 各类修型刮刀

修型刮刀

修型刮刀是依据设计要求，对坯体进行各种精细整修的工具。因整修部位要求不同，刮刀形状各异，大小不一，通常为竹木制。

▶ 水扫帚

水扫帚

水扫帚是在制坯过程中，为防止坯体干燥对坯体进行刷水增湿的工具。

喷壶

喷壶是在制坯过程中，用来对坯料喷水增湿的工具。

瓷泥盘

瓷泥盘是在制坯过程中，对小型瓷器加工或补泥时，用来盛放泥浆的工具。

▶ 喷壶

▶ 瓷泥盘

▶ 剪刀

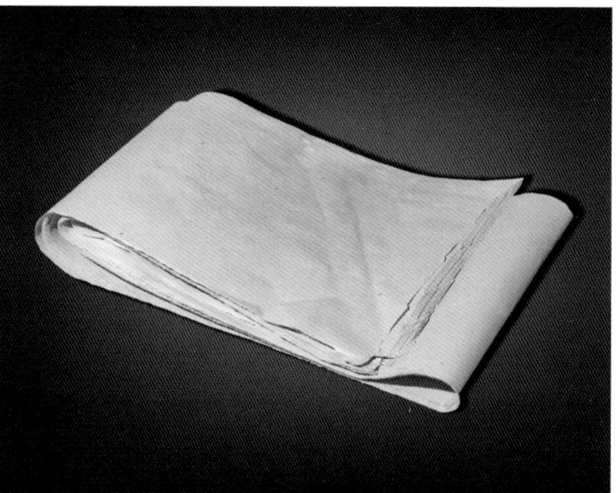

◀ 防粘纸

▲ 周转箱

剪刀、防粘纸与周转箱

剪刀是在制坯过程中，用来裁剪防粘纸的工具。防粘纸是防止坯体粘连、碰撞所用的纸张、布料等。周转箱是用来盛装坯体，便于保湿运输的工具。

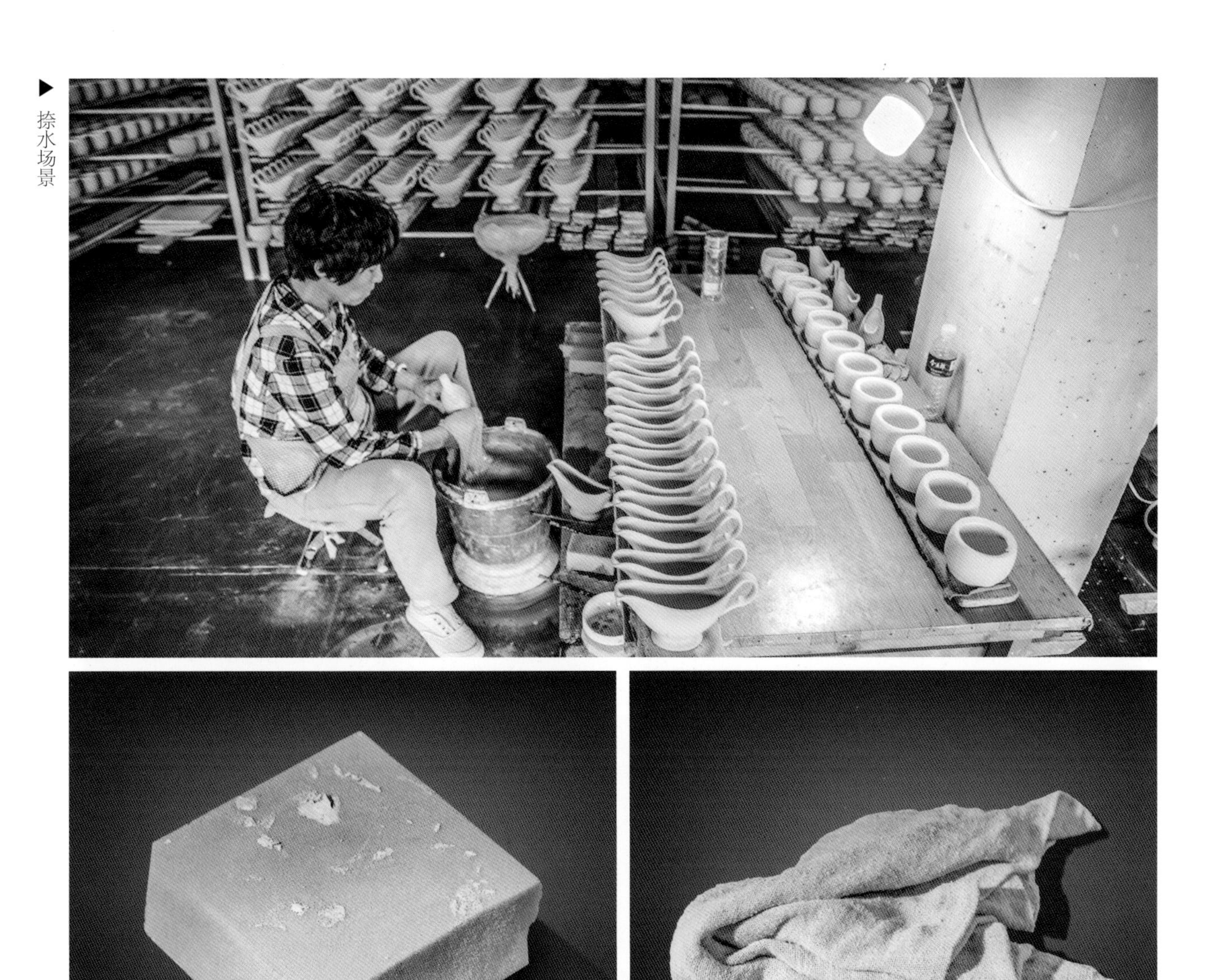

▶ 捺水场景

▲ 海绵块

▲ 擦布

海绵块与擦布

海绵块与擦布是在制坯过程中，用来蘸水擦湿坯体和去除灰尘杂质的工具。

第四十八章　上釉、彩绘工具

上釉指的是为瓷器坯体表面施釉的过程。上釉的瓷器解决了瓷坯粗糙、呆涩的外观的问题。常用的上釉方法有淋釉、喷釉、浸釉、刷釉、荡釉等，上釉方法不同，效果也全然不同。彩绘，是在上釉前用青花、釉里红等矿物颜料对坯体进行装饰，等瓷器烧制出来后，会呈现蓝色、红色等不同颜色的纹饰和图案，以增加瓷器成品的观赏效果。上釉、彩绘所用到的工具主要有凿子、舀子、毛刷、喷气枪、颜料盘、画胚笔、釉下彩底标等。

▶上釉场景

◀彩绘场景

凿子

凿子是坯体上釉后对凹凸部位清理的铁制工具。

▼ 凿子

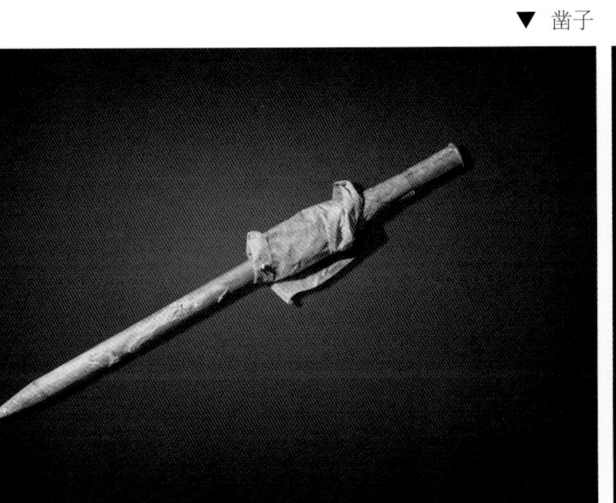

舀子

舀子是对坯体上釉修补时用来盛装釉的工具。

▼ 舀子

▲ 毛刷

毛刷

毛刷是在上釉过程中对胚体刷釉的工具。

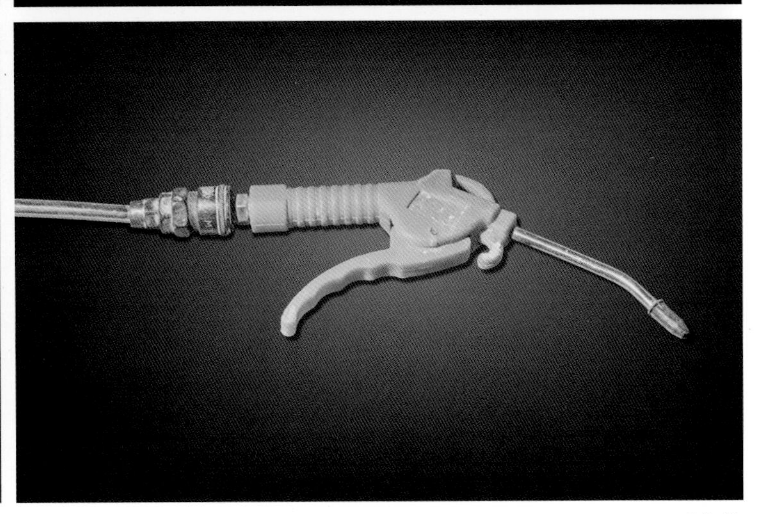

▲ 喷气枪

喷气枪

喷气枪是上釉前吹掉坯体上的灰尘及污染物的工具，需要与空压机配合使用。

颜料盘

颜料盘是在彩绘过程中盛放画坯颜料的瓷制工具。

釉下彩底标

釉下彩底标是粘贴在坯体底部进行上釉标识的工具，故名“釉下彩底标”。

▼ 颜料盘

▼ 釉下彩底标

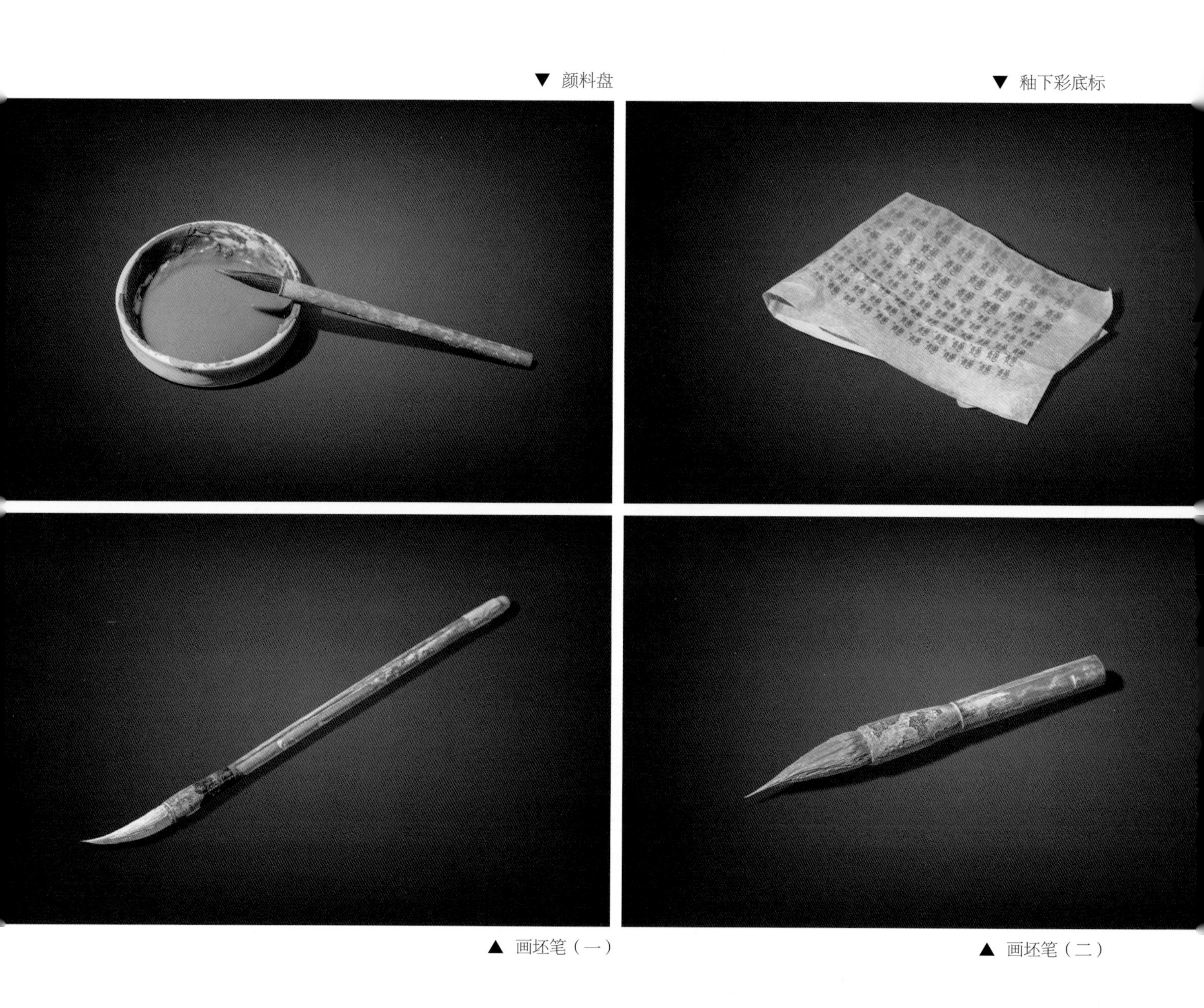

▲ 画坯笔（一）

▲ 画坯笔（二）

画坯笔

画坯笔是用于坯体彩绘或上釉的工具。

第四十九章　烧窑、成瓷工具

烧窑，在古代用龙窑，现在常用气窑、电窑等。烧窑过程分为装窑、烧窑、出窑三个阶段。烧窑对温度的把控十分讲究，通常由经验丰富的老师傅进行监督操作。烧窑完成后还要对有瑕疵的瓷器进行缺陷修补。烧窑所用的工具主要有缶架、缶盒、缶盘、板条、平板拖车、调坯车、支烧柱、火标、匣钵、垫饼、龙窑、窑神雕塑、羊角锤与圆头锤、油石、钻石笔等。

▲ 烧窑成瓷场景

▲ 缶架

缶架

缶架俗称“架子车”，是用以放置坯体及成品瓷器运输的工具。

▲ 缶盘

▲ 缶盒

缶盘

缶盘是盛放小型坯体便于搬运的竹木制品工具。

缶盒

缶盒是用于放置壶把手等较小坯体的木制工具。

◀ 板条

板条

板条是在烧窑过程中用来摆放成品坯体的木制工具，为防止坯体粘连碰撞，板上通常铺有毛毡。

▶ 平板拖车

平板拖车

平板拖车是在烧窑过程中，用来运送上好釉的大型坯体的工具。

▲ 调坯车

调坯车

调坯车是在烧窑过程中，将瓷坯运送至窑内的工具。

▲ 支烧柱

支烧柱

支烧柱是用来支撑棚板及板上的坯体，使坯体在烧制过程中均匀受热的支烧工具，多为碳化硅制成。

▲ 火标

火标

火标又称“火照”，是瓷器烧制过程中用以检验窑内温度和坯件成熟度的陶土类工具。

◀ 匣钵

匣钵

匣钵是装窑时放置胚体的工具，通常由陶土烧制而成。

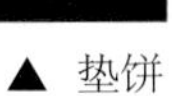

▲ 垫饼

▲ 窑神雕塑

垫饼

垫饼是装窑时放置坯体，防止坯体与匣钵粘结的工具，多为耐火土或高岭土烧制而成。

窑神雕塑

窑神雕塑是瓷窑建设时为祈福能够烧出成色佳的瓷器及出窑率高，而放在窑上的祥瑞雕塑。

▲ 龙窑内部

龙窑

龙窑是将坯体装入窑内烧制成品瓷器的工具。窑体用砖砌筑，外加石棉保温层。龙窑是我国传统窑炉的一种形式，形若长龙，故称“龙窑”。龙窑依山势建造，利用自然抽风，使窑内升温快，降温也快，烧制成本低。龙窑的建造充分体现了古代工匠的智慧，对我国瓷器烧制的发展产生了深远的影响。

▲ 羊角锤

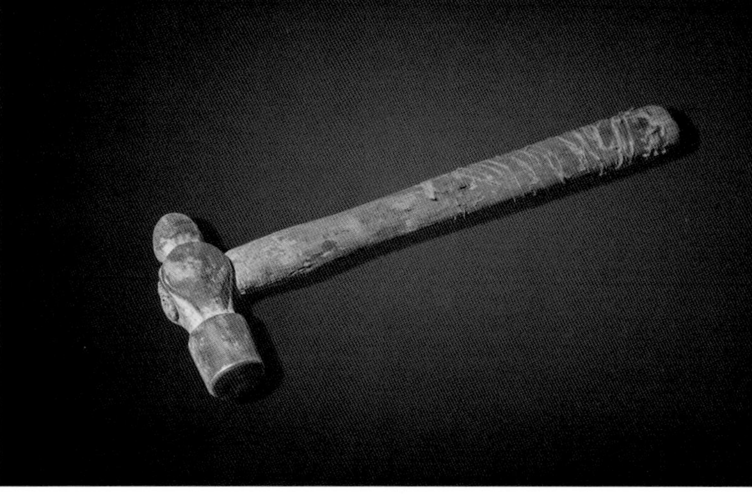

▲ 圆头锤

羊角锤与圆头锤

羊角锤与圆头锤是在瓷器制作过程中，用来维修工具或出窑时敲击炼炉瓷器及焦块的工具。

▲ 油石

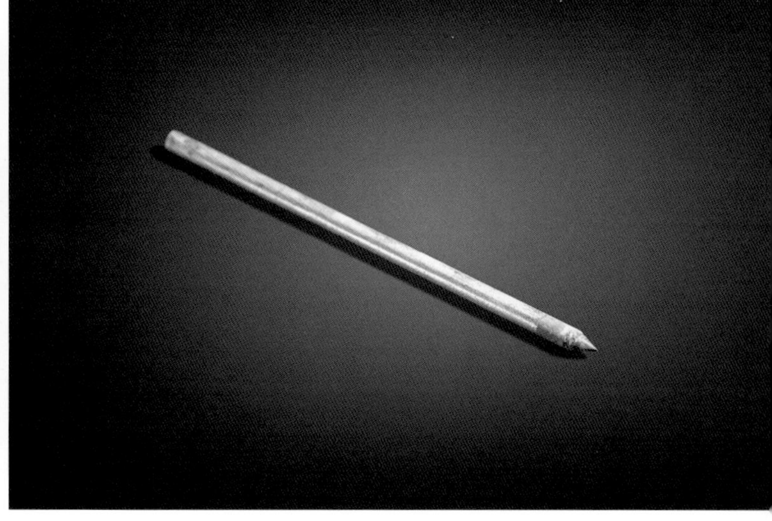

▲ 钻石笔

油石

油石是对烧制后的瓷器进行磨修的工具，其形状各异，大小不等。

钻石笔

钻石笔是对瓷器雕刻修补的工具，通常为铁制，笔尖为金刚石。

开窑后的成品瓷器

钧窑月白釉紫斑纹双系罐

哥窑石榴樽

汝窑青釉洗

定窑白釉划花萱草纹碗

青花瓷

景德镇青花瓷

第十七篇

紫砂壶制作工具

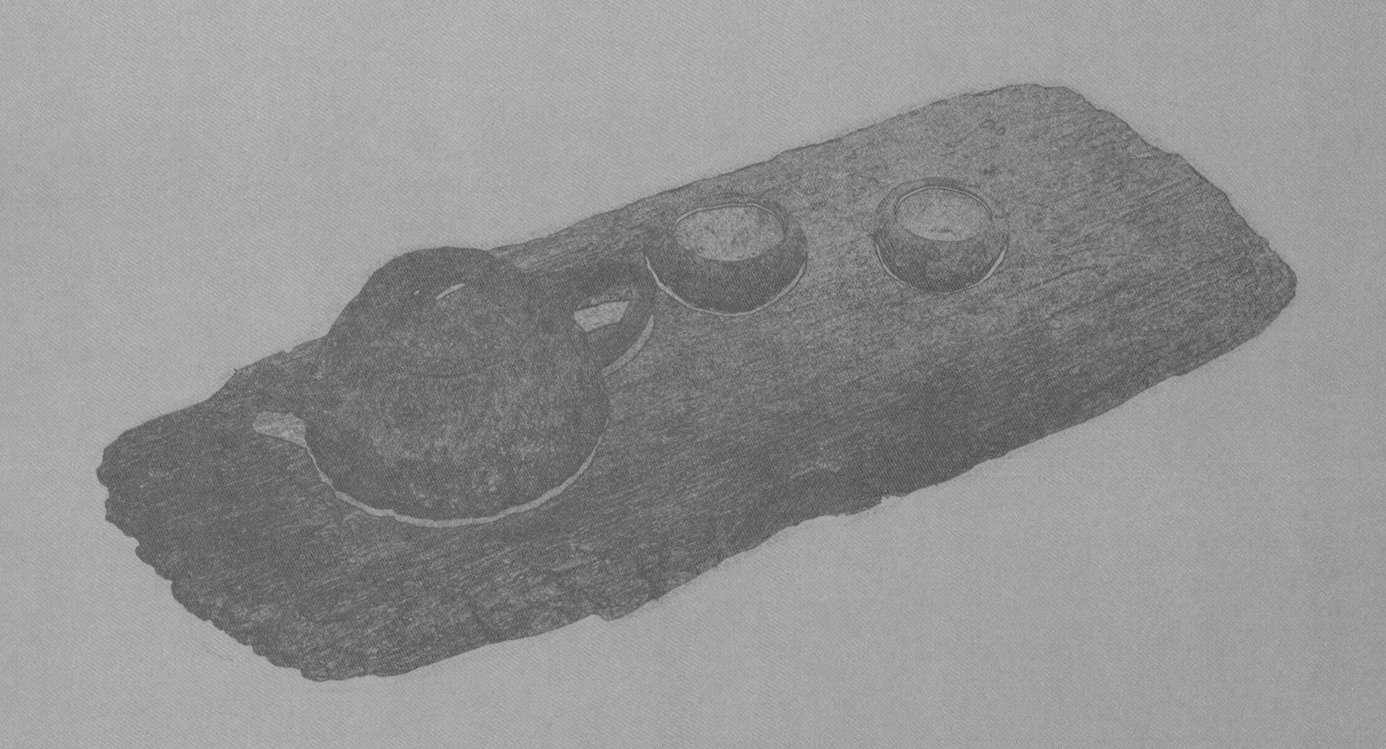

紫砂壶制作工具

紫砂壶是中国传统手工陶制工艺品，作为茶壶的一种，紫砂壶被誉为“茶具之首”。紫砂壶相传为明代正德年间制壶大师供春所创。考古发现，早在宋代，生活在江苏宜兴丁蜀镇一带的人们便开始利用附近山中开采的紫砂矿来制造各种陶器，但为什么独有紫砂壶能成为一个独立的艺术品门类传世留存，并在今天依然熠熠生辉，为众多茶客和收藏者所追捧。这其实与饮茶方式的转变有很大的关系。茶叶自从被人们发现后，饮茶的方式经历了几次变化，泡饮法虽然唐代已经出现，但所泡之茶多为茶饼，烹茶之法以煮、煎、点为主。明代开始，为了保留茶叶原来的色香味，人们不再制作茶饼，而是制作可以直接沸水冲泡的散茶，这就使得原先用来碾茶、罗茶、点茶的各种茶具成为多余之物，因此，造型小巧、便于携带、冲泡简单的茶壶便被人们发明出来，这算是茶界和茶具的一次革命。

紫砂与茶壶、茶叶似乎有着天生的缘分。紫砂是一种多孔性材质，能较好地保持茶叶原有的香气，在透气、保温、耐加热方面也有极佳的性能，用紫砂壶泡茶能保留“茶汁”，在壶壁内形成“茶锈”，长时间使用还能使得紫砂壶光润亮泽，适合把玩、观赏。紫砂壶色泽古朴、线条洗练，即使不施釉，不加任何装饰，仅凭造型也独具美感。数百年来，历代制壶大师也在紫砂壶制作技艺上下足了功夫，历朝历代，各个时期，不断有制壶名家和名壶问世，许多制壶大师往往以制作一把“传世之壶”为目标，不断求索，这就需要不断从传统文化和其他艺术门类中汲取营养，增加自己的“旁修”。因此许多制壶大师，交友广泛，涉猎颇多，他们不仅从传统书画、篆刻、雕塑等艺术门类中学习技法，而且融合儒道释思想内容，使得一把小小的紫砂壶兼具实用性和艺术性，凝结了诸多传统思想文化内核，体现了中国人独有的生活方式和审美情趣。

紫砂壶制作工艺在发展过程中，形成诸多流派，所采用的方法也是因人而异，各有不同，但总结归纳起来，主要工序有制坯、成型、装饰、烧制四步。按其工序，紫砂壶制作工具大致可以分为制坯、成型工具和修饰、烧制工具。

▼ 紫砂壶成品

▼ 石瓢紫砂壶

▲ 西施紫砂壶

▲ 提梁紫砂壶

第五十章　制坯、成型工具

所谓“制坯”指的是将紫砂矿土经取土、碾压、调配后，制作成紫砂泥料，这一步也叫“练泥”。其中，紫砂矿土的筛选和调配，又叫“调砂”，调砂完成的泥料将决定紫砂壶的质地和使用。用泥料经过一定工艺，制作出壶身、壶嘴、壶把、壶盖，对各部位进行组合，形成紫砂壶的坯样。制坯的方式有多种，如手捏法、模具注浆法、拉坯法等。成型指的是对壶体的各部位进行精细修整，使其造型美观，便于装饰和烧制。其所用的工具有木夯、木槌、石磨、泥料、泥凳、割线、喷壶、套缸、水笔帚、塔只、木转盘、辘轳、矩车、直尺、泥尺条、木鸡子、篦只、身筒拍子、泥仟尺、滋泥筷、木拍子、尖刀、环形雕塑刀、虚砣、盖座、挖嘴刀、小铜管、的捻子、骨针、石膏模、壶嘴模具等。

切割泥料场景

木夯

木槌

木夯与木槌

木夯是在紫砂壶制坯过程中用来练泥的木制工具。木槌是用来进一步练泥的工具。

石磨

紫砂矿料

泥料

石磨

石磨是在紫砂壶制坯过程中用来研磨粉碎紫砂矿土的工具。

泥料

泥料是紫砂壶制作的主要材料。

泥凳

泥凳

泥凳是紫砂壶制作过程中的操作台，因形似坐凳，故称“泥凳”。

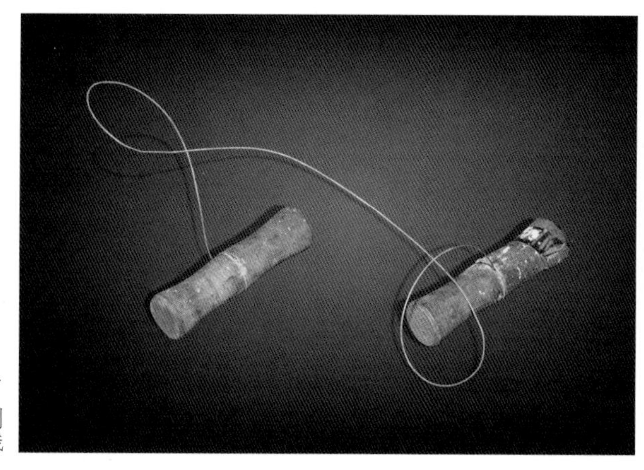

▶割线

割线

割线是用来切割泥料的丝线。

◀喷壶

喷壶

喷壶是用于喷水，为坯料保湿的工具。

▶套缸

套缸

套缸是用来放置紫砂坯料，以保持湿度、防止干裂的工具；为了保持湿度，通常配有木盖。

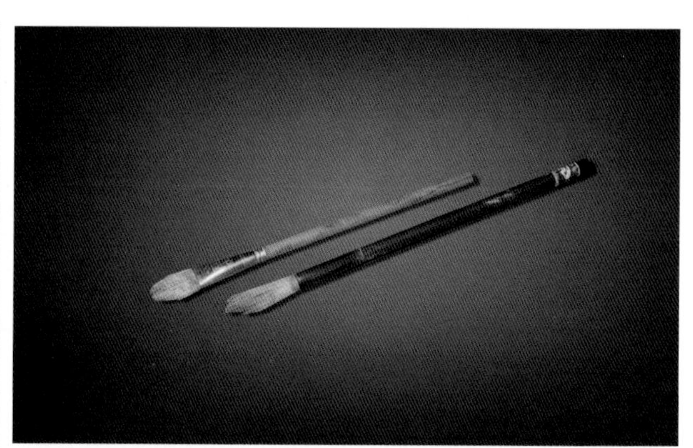

◀水笔帚（一）

◀水笔帚（二）

水笔帚

水笔帚是在制坯过程中用于蘸取水分，刷扫坯体，以保持湿度的工具。

▲ 塔只

▲ 塔只使用场景

塔只

塔只古称“椎”，俗称“泥搭子”，是用于锤打紫砂泥及拍打泥条、泥片的木制工具。

▶ 木转盘

▶ 辘轳

木转盘与辘轳

木转盘是打身桶、清盖板、勒大只等操作时用来承托泥料的工具，通常由硬木制成，多与辘轳配合使用。辘轳是紫砂壶制作过程中，手动操作时转动的轮盘工具，分上下两块圆盘，中间以轴承链接，由木或金属制成。

矩车使用场景

矩车（一）

矩车（二）

矩车

矩车又称“规车”，是在紫砂泥制坯成型过程中用于裁划圆弧形泥片的工具，矩车柄为竹木制，车钉为铁制。

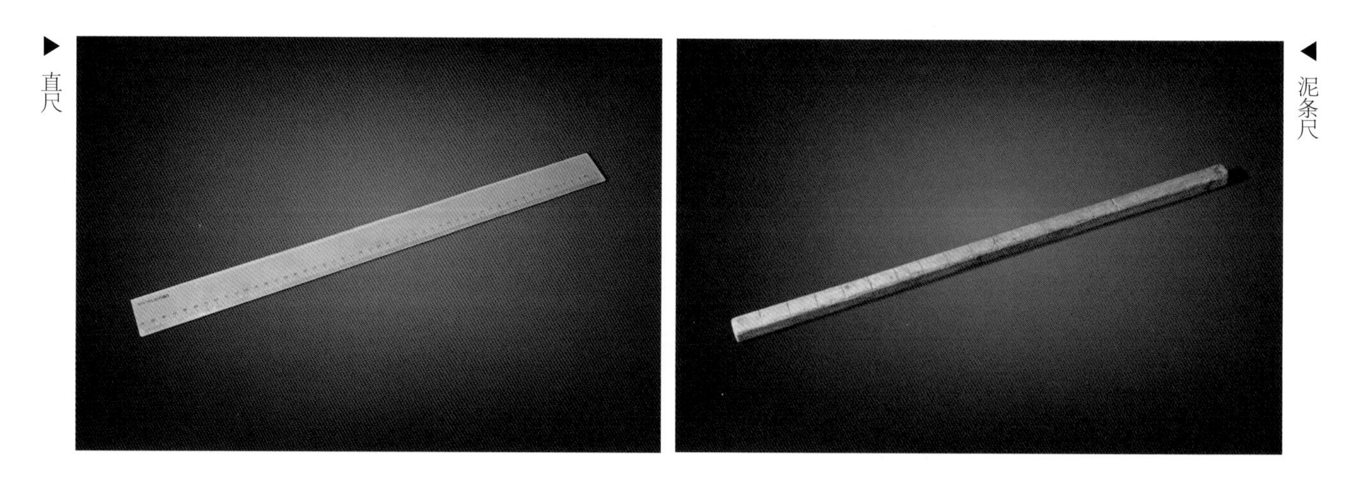

直尺

泥条尺

直尺与泥条尺

直尺是在紫砂壶的制作过程中，用来测量取直的工具。泥条尺是裁切泥条时的测量、取直工具。

木鸡子

▶ 木鸡子

木鸡子是用以规整紫砂壶坯圆口内沿及子口的工具，硬木制成，上下面皆平，形状椭圆如鸡子，故称“木鸡子”。

鳑鲏刀

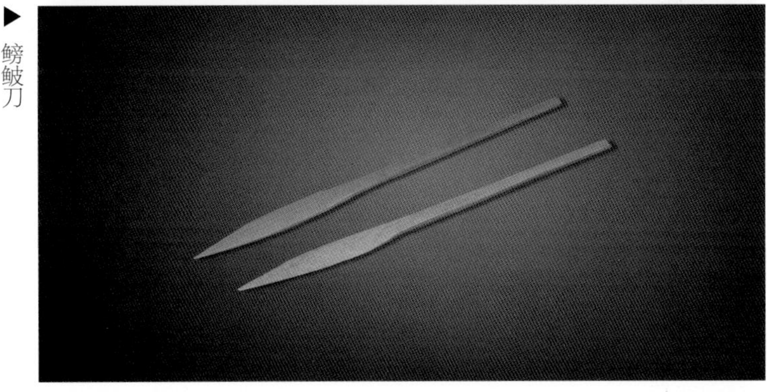
▶ 鳑鲏刀

鳑鲏刀是在修饰过程中，用于切割泥条、挖挑泥片等坯件的工具，因其端部形似“鳑鲏鱼”而得名。

▼ 篦只

篦只

篦只是用于修整壶身轮廓的工具，根据部位不同可分为肩篦只、腹篦只、盖篦只等。

身筒拍子

身筒拍子是用于拍打壶身筒的塑形工具，通常为竹木制成，其大小型号不一。

▼ 身筒拍子

▼ 身筒拍子使用场景

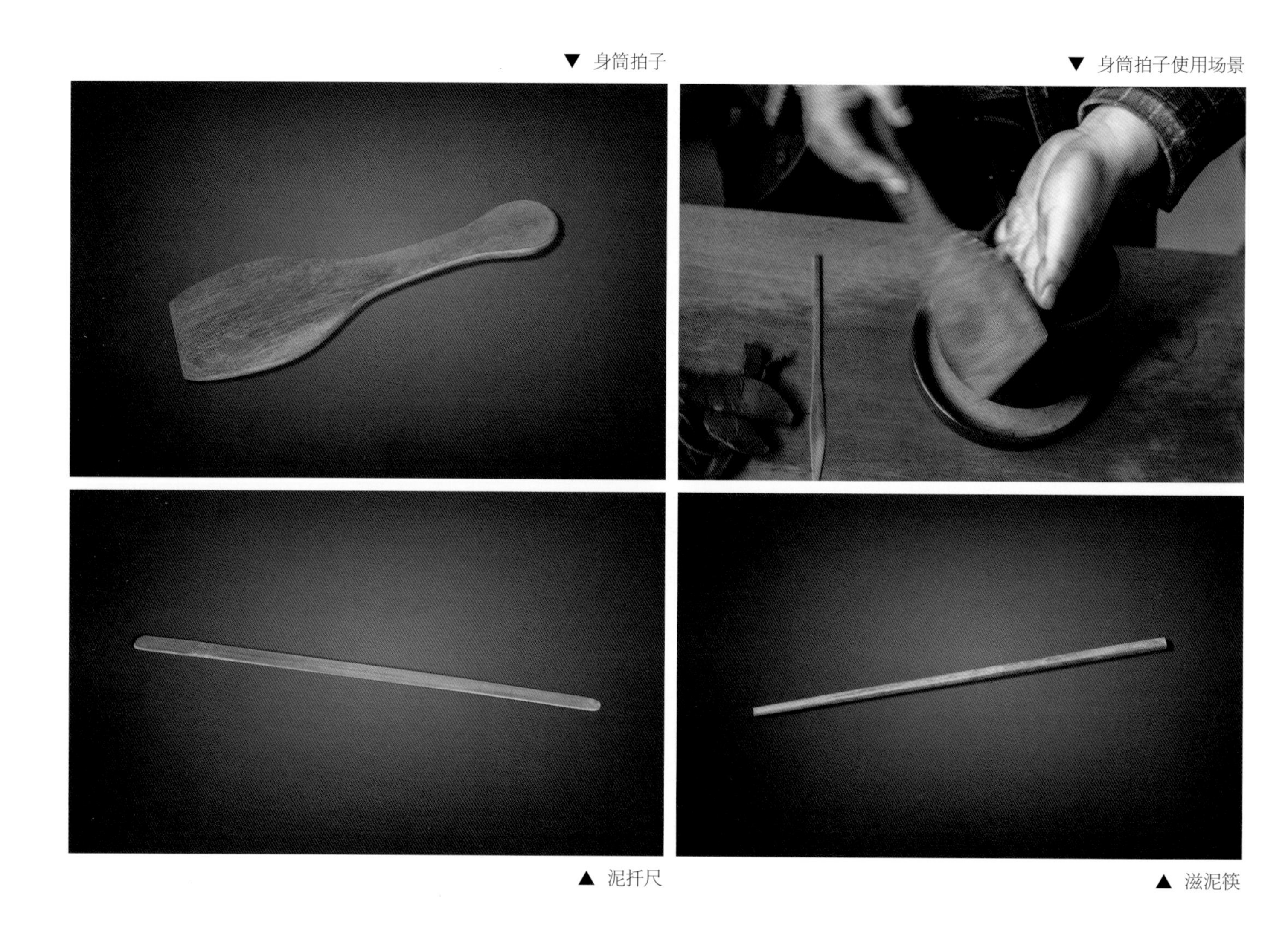

▲ 泥扦尺

▲ 滋泥筷

泥扦尺

泥扦尺俗称“泥扦子”，是用于起放泥片、抹平泥条及抹压壶身筒内壁接缝的工具。

滋泥筷

滋泥筷是用来调制泥料、粘接坯件等操作的工具。

木拍子

木拍子古称“掌”，是用于拍打壶身筒（收底、收口）、底片、推墙刮底的竹制工具。

挖石

挖石是用来对壶盖、壶底内部阴角进行修整的工具。

▼ 木拍子

▼ 挖石

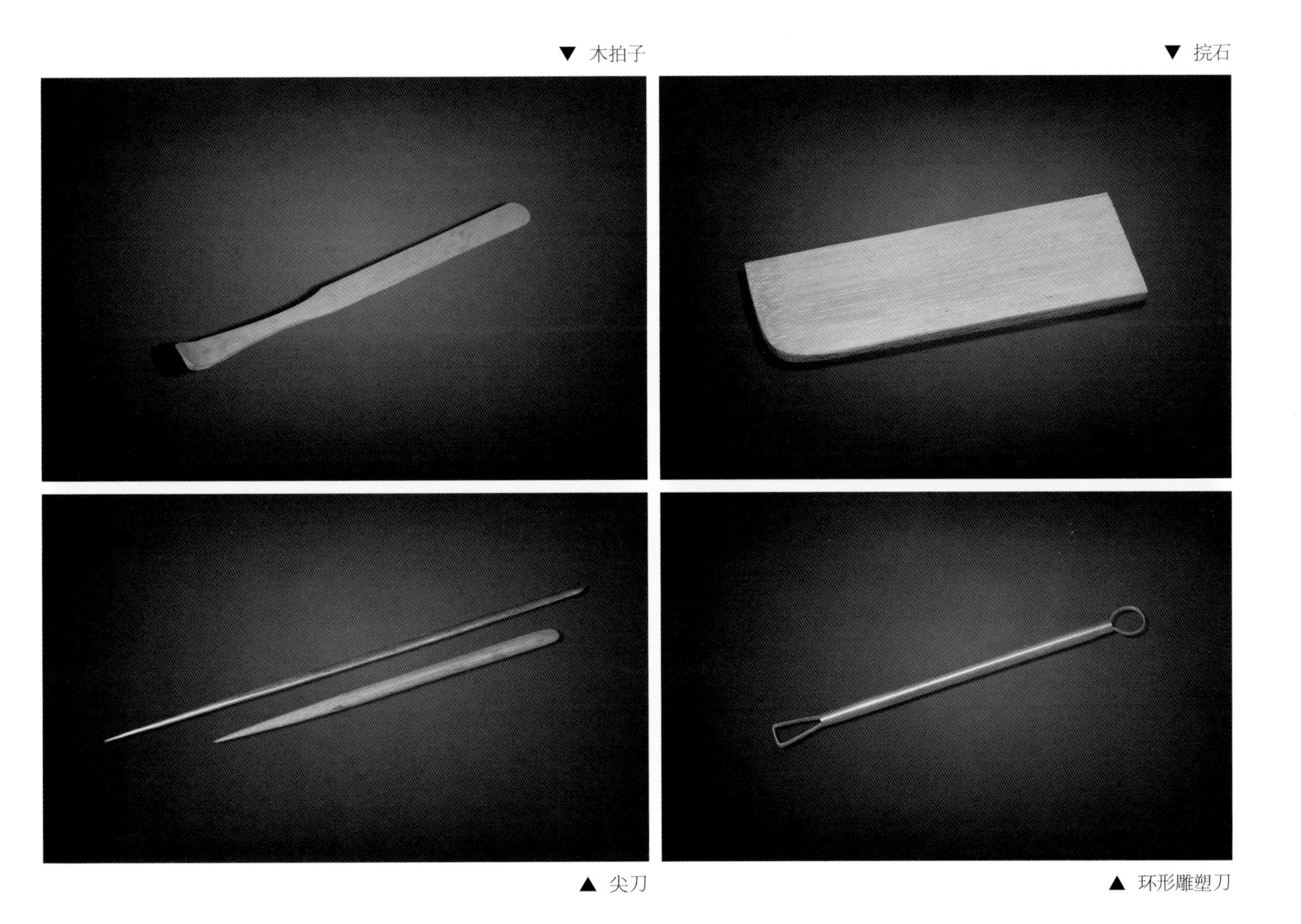

▲ 尖刀

▲ 环形雕塑刀

尖刀

尖刀是在制坯成型过程中，用来切、削、挑、挖、刮等操作的工具，常用来雕琢壶嘴、壶钮等部位。

环形雕塑刀

环形雕塑刀是用来掏空坯体实心及修整的工具，其型号大小不一。

▲ 虚坨

▲ 盖座

虚坨与盖座

虚坨是用来制作壶盖等凸起坯件的模具，多为硬木或石膏制成。盖座是盛放盖坯使其避免受损变形的铁制工具。

▶ 挖嘴刀

挖嘴刀

挖嘴刀是在制坯成型过程中用于挖制紫砂壶嘴洞的工具，其中间有柄，一端尖直，另一端弯曲如蝎尾。

▶ 小铜管

小铜管

小铜管是在制坯成型过程中用来对壶流根部进行钻孔的铜制工具。

的捻子与骨针

的捻子是制作壶钮时用来搓动泥条，捻出球形壶钮的工具，多为竹制。骨针是制作壶钮时，用以插入壶盖与壶钮中间进行穿孔固定的铁制工具。

▼ 的捻子

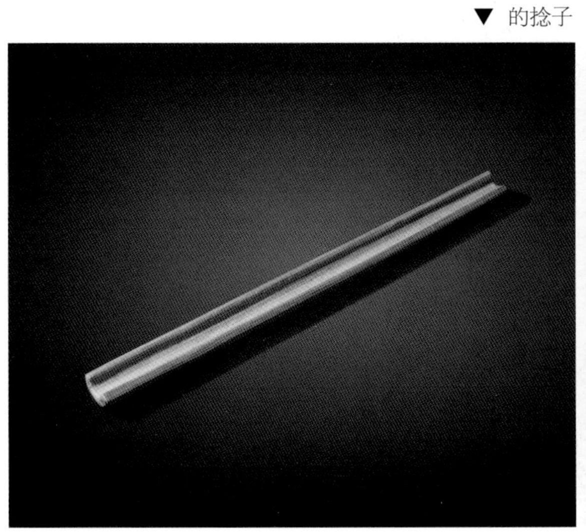

▼ 骨针

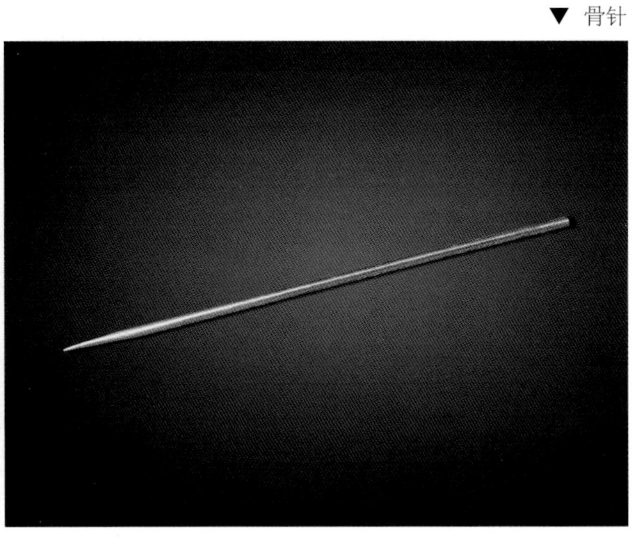

石膏模

石膏模是注浆工艺中所用的模具。模型注浆有别于手捏或拉坯，是一种采用模型一体成型制坯的工艺。

▶石膏模

◀壶嘴模具

壶嘴模具

壶嘴模具是在制坯成型过程中，用来制作壶嘴坯体的工具。

第五十一章 修饰、烧制工具

修饰指的是对成型的壶坯再进行精修和雕刻，使其表面光洁、线条凝练、造型美观，同时也包括在壶身内壁、外部或底部进行雕刻、绘画、刻字留名等雕琢。烧制指的是将修饰完成的坯料进行上炉烧制，使其成为成品紫砂壶的过程。其所使用的工具有研只、勒只、复只、线梗、独个、明针、印槌、印章顶柱、刻刀、火标、垫饼、匣钵、龙窑。

◀壶身修饰场景

▶刚出窑的紫砂壶

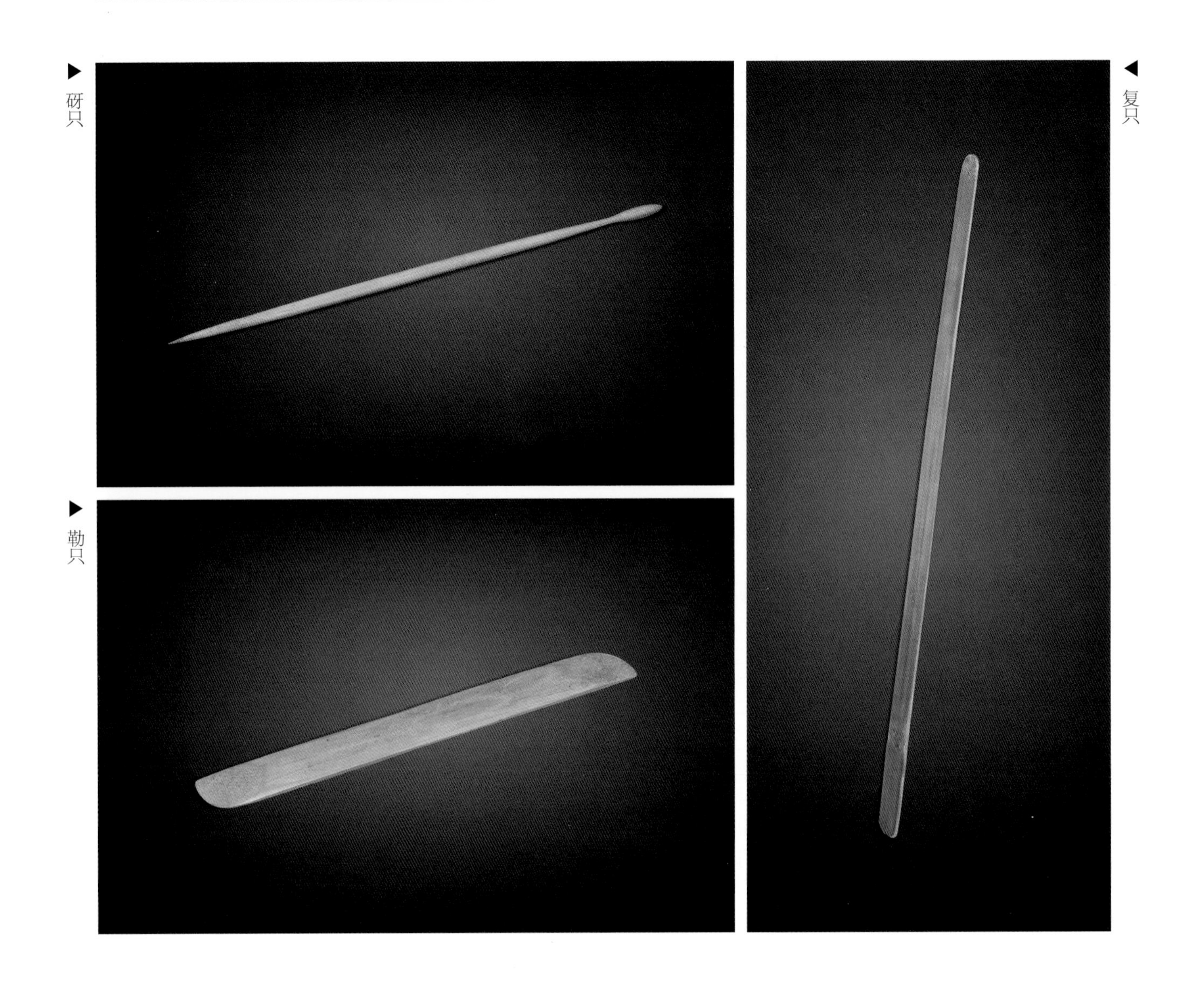
研只

勒只

复只

研只、勒只与复只

研只是用来对器皿转折等细节处进行修饰雕琢的工具，其平面微凸，边缘略带弧度。勒只是用来修整颈、底、足等与壶身交接处的工具。复只是用以整理、定型、滋泥的工具，常用于添加壶肩线。

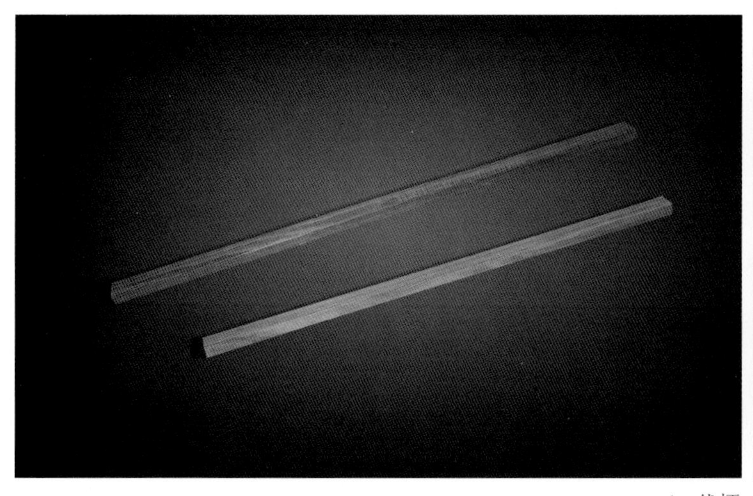

▲ 线梗

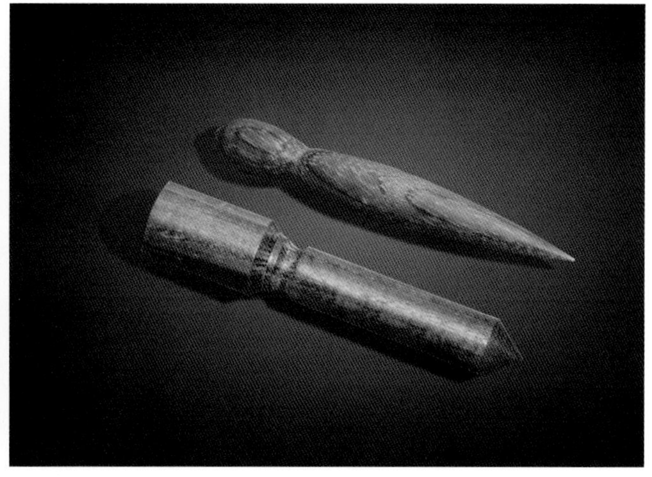

▲ 独个

线梗

线梗是用来勒光装饰线的工具，依据器物线条不同，线梗的形状有多种，多为木、牛角、金属等制成。

独个

独个又称“独果”，是用以规整壶嘴、盖眼等部位的工具，有平头、尖头两种，多为竹木制。

▲ 明针

明针

明针古称“角”，是用来对成型生坯进行刮压，达到光滑规整效果的工具，多为水牛角制作而成。

印槌

印槌是紫砂壶制作过程中用于钤盖内壁、壶底印款的敲击工具。

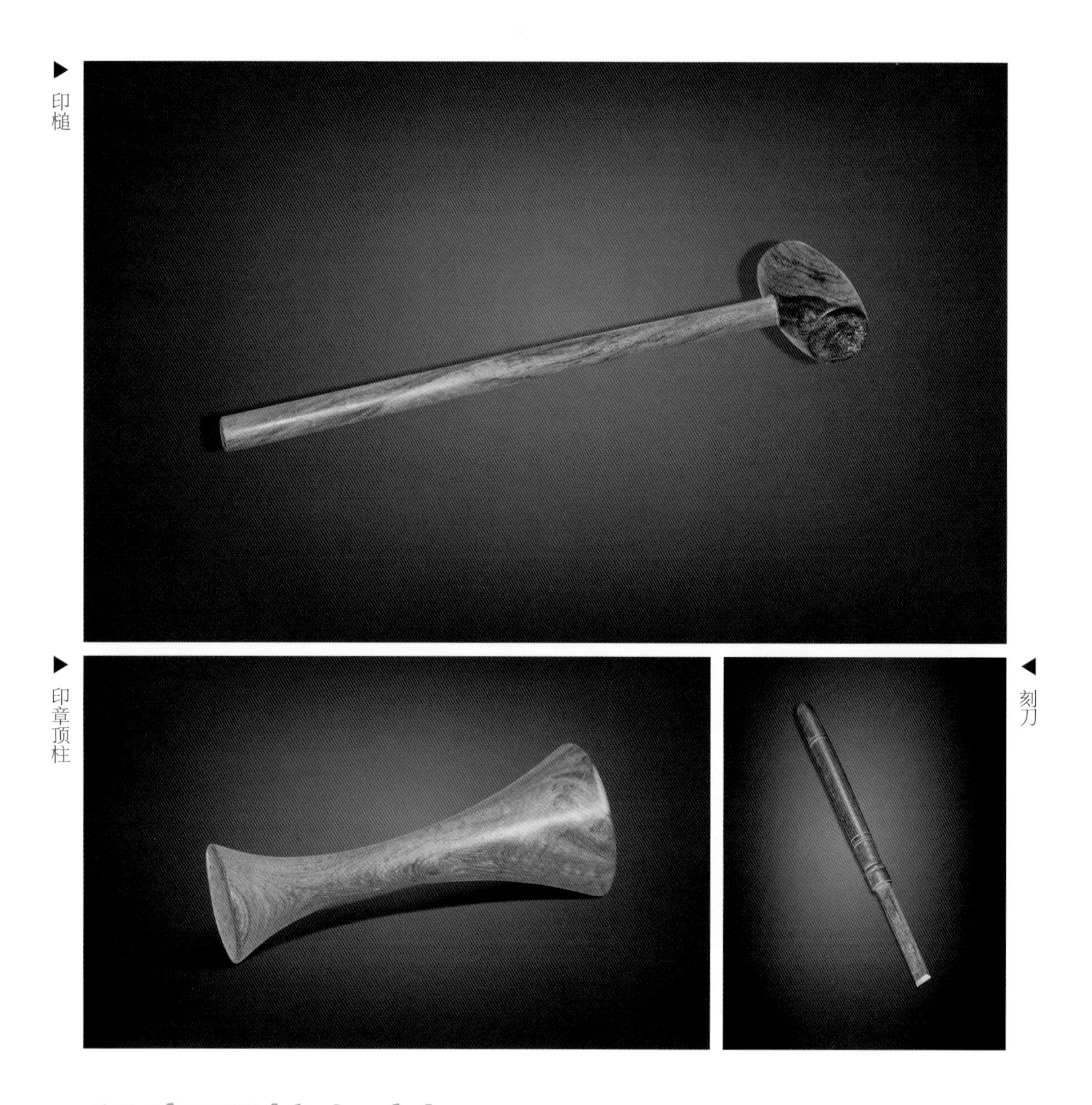

▶ 印槌

▶ 印章顶柱

◀ 刻刀

印章顶柱与刻刀

印章顶柱是用于钤印底章时，将壶身倒置，顶承壶坯内底的木制工具。刻刀是在紫砂壶修饰过程中用来在壶身外部雕刻花纹图案或诗词、文字的工具。

火标

火标又称“火照”，是用以检验窑内温度和坯件成熟度的工具。

▶ 火标

▶ 垫饼

◀ 匣钵

垫饼

垫饼是紫砂壶烧制时，间隔匣钵、承载坯体的垫具。

匣钵

匣钵是紫砂壶烧制过程中用以盛放坯体的工具，目的是使坯体烧制均匀，防止气体和有害物质对坯体的破坏。

▶龙窑外部

◀龙窑内部

龙窑

龙窑是用来烧制紫砂壶的传统火窑，通常依山势建造，状如飞龙，故名龙窑。龙窑有一定斜度，火自下而上自然升温，不但节约燃料，还能提高效率，窑尾还在烧着，窑头就可以出窑了，出空的窑位又放入新的泥坯，利用余热进行干燥加热，其设计巧妙、科学合理。

第十八篇

景泰蓝制作工具

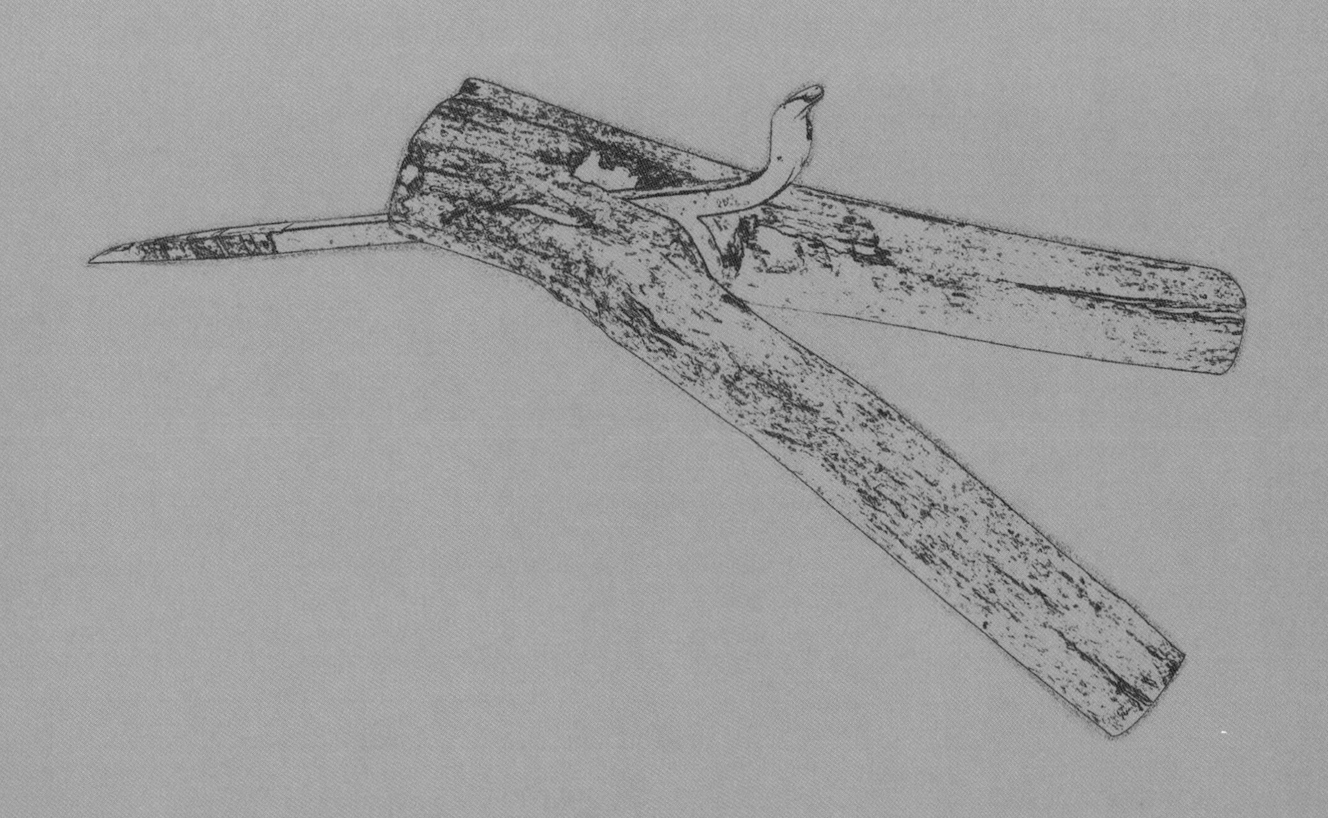

景泰蓝制作工具

“珍珠串，景泰蓝，玉器玲珑看不完”老北京的这句俗语提到了“燕京八绝”中的三“绝”。其中之一的景泰蓝，距今已有600多年的历史，是中国的著名特种金属工艺品类之一。景泰蓝是一种在铜质的胎型上，用柔软的扁铜丝，掐成各种花纹焊上，然后把珐琅质的色釉填充在花纹内烧制而成的器物 。因其在明朝景泰年间盛行，制作技艺比较成熟，使用的珐琅釉又多以蓝色为主，故而得名“景泰蓝”。关于景泰蓝的起源，考古界没有统一的答案。一种观点认为景泰蓝诞生于唐代；另一种说法是元代忽必烈西征时，从西亚、阿拉伯一带传进中国，先在云南一带流行，后得到京城人士喜爱，才传入中原。所谓“他山之石，可以攻玉”，即使景泰蓝最初是一种“舶来品”，但很快便在中华民族肥沃的艺术土壤中扎根发芽，并在其发展过程中融合中国风格，形成了独具特色的艺术魅力，成为中国传统工艺美术史上一颗璀璨的明珠。

景泰蓝制作成本高昂，工艺极其繁琐，在明清两代多为宫廷造办，其坊间制造鲜有流传，景泰蓝也多为皇亲贵胄和达官显贵所有，因此在民国时期以后几乎失传。景泰蓝的重新复苏与存续发展，离不开一个人，她就是中华人民共和国国徽和人民英雄纪念碑的设计者之一，有“民国才女”之称的林徽因。中华人民共和国成立后，有一日林徽因陪同丈夫梁思成逛北京的古玩市场，偶然发现了一件景泰蓝物件，经售卖者介绍，这是正宗的北京老天利景泰蓝花瓶，现在在北京的市面上已经很难见到，即使是现在的老字号也快做不下去了，景泰蓝这手艺要断根了。林徽因听闻如此，痛心疾首，她深感景泰蓝工艺不应在我国失传，在与梁思成几番讨论后，她突破重重困难，查阅资料、遍寻散落在民间的景泰蓝艺人，在清华大学成立了一个美术小组，并亲自带队深入工厂调研，重新恢复景泰蓝的制作工艺。

一九五二年，赠予苏联著名芭蕾舞演员乌兰诺娃的景泰蓝飞天瓶，就是出自林徽因之手，此礼品得到乌兰诺娃的喜爱，她称这只瓶子是“代表新中国的新礼品”。同年，在我国承办的第一个国际会议上，同样备有一份景泰蓝礼品，以敦煌为主题的圆盘、古雅台灯和烟具，郭沫若称之为“新中国送出的第一份国礼”，而它们同样来自林徽因和她的徒弟们亲手设计。景泰蓝工艺开始复苏，但林徽因的生命却走向了尽头。一九五五年的春天，由于一直强撑着病体为景泰蓝四处奔走，本就疾病缠身的林徽因病情加重，不得不住进医院接受治疗。她的徒弟钱美华赶到师父病床前探望，已陷入弥留之际的林徽因抓着徒弟的手，断断续续叮嘱她“景泰蓝是国宝，万不能让它在新中国失传”。同年四月一日，怀着对景泰蓝工艺的无限担忧，林徽因永远闭上了双眼。景泰蓝技艺复杂，工序繁多，它综合了青铜工艺和珐琅工艺，继承了传统绘画和金属錾刻，体现出中国传统工艺门类之间相互学习和借鉴的传统。景泰蓝以典雅雄浑的造型、纷繁丰富的纹样、清丽庄重的色彩著称，给人以圆润坚实、细腻工整、金碧辉煌、繁花似锦的艺术感受，因而成为驰名中外的手工艺品。“不得白芨花不开，不经八卦蝶难来，不受水浸石磨苦，哪能留得春常在”，如今，景泰蓝工艺已经得到很好的传承和发展，并在多次国际展览和国际会议、赛事中展现出它精美绝伦的艺术魅力，景泰蓝也因为林徽因和她那一辈人的努力，增添了更多的传奇色彩。

按照景泰蓝的制作工艺，其制作工具可以分为设计、制胎工具，掐丝、烧焊工具，点蓝、烧蓝工具，磨光、镀金工具四类。

▲ 景泰蓝花瓶成型工序图

第五十二章　设计、制胎工具

制作景泰蓝的第一步是“制胎”，制胎指的是按照事先设计好的画稿纹样，将铜板剪切成块，并进行锤打拼接，在拼接点上焊药，经高温焊接后便成为器皿铜胎造型。清代乾隆以前，制作铜胎的材料主要是青铜，锤打烧制十分费时费力，乾隆时期开始以紫铜为原料大大降低了铜的消耗，此后“锤揲锻造法”成为景泰蓝制胎的主要制作方式，当然，景泰蓝的胎体也有用金、银制作的。设计、制胎所用工具主要有设计底稿、铁圆规、直角尺、铁锤、钢轨、钢锥、钳形剪、木马、打磨床、锉刀、錾子、凿子、锉板等。

▶设计底稿（一）

◀设计底稿（二）

◀设计底稿（三）

设计底稿

设计底稿指的是用来制作景泰蓝的设计胎图、丝工图纸、蓝图（点蓝的色稿）等。

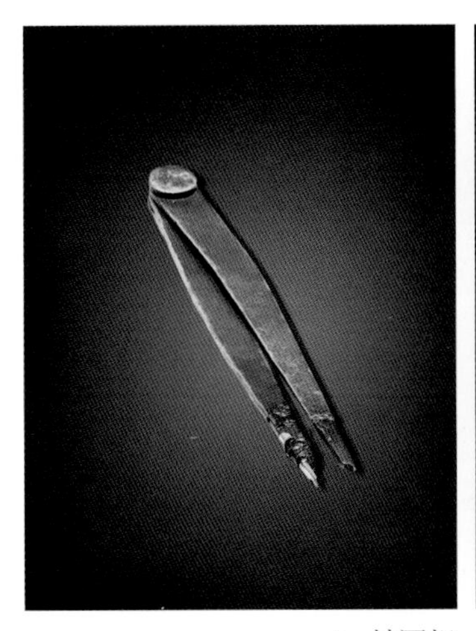

▲ 铁圆规

▲ 直角尺

铁圆规与直角尺

铁圆规是在景泰蓝制胎过程中，用来放样的工具。直角尺是用来画图、测量、取直的工具。

▲ 钢轨

铁锤及钢轨

铁锤是在制胎过程中，铜胎塑形时的敲击工具。钢轨是用于对铜胎压制塑形的工具，与铁锤配合使用。

▶ 铁锤

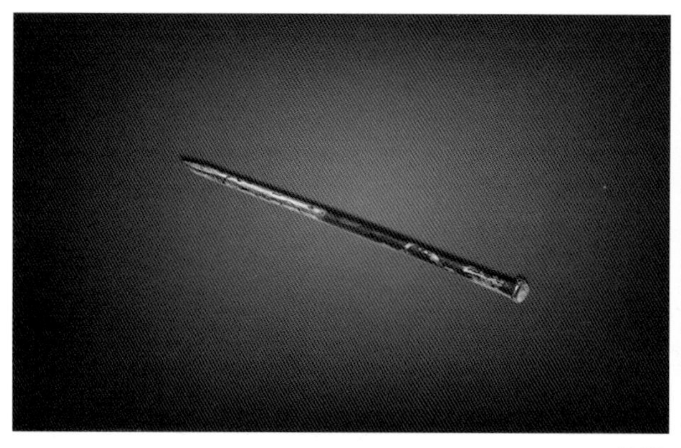

▲ 钢锥

钢锥

钢锥是在制胎过程中用来在紫铜板上画出标记，以便裁剪的工具。

▲ 钳形剪

钳形剪

钳形剪是放样后裁剪铜板的工具。

▲ 木马

木马

木马是在制胎过程中，匠人坐在上面整修铜胚的工具，由铁砧和三角木架组成。

▲ 打磨床

打磨床

打磨床是在制胎过程中，用脚助力转动胎体进行打磨的工具。

▼ 锉刀（二）

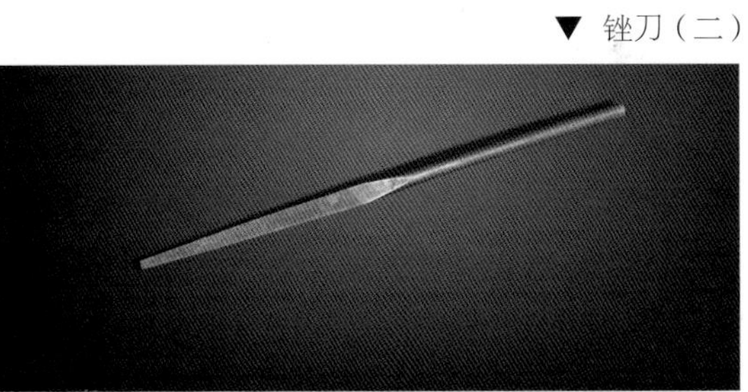

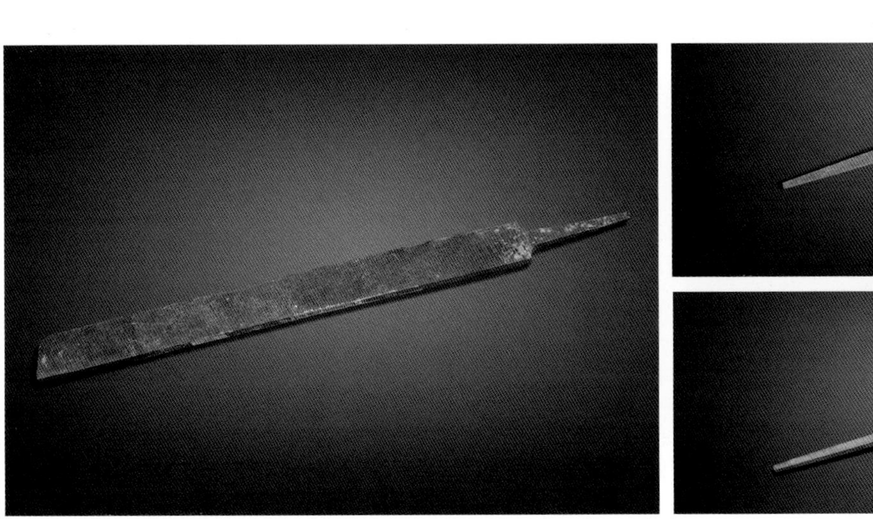

▲ 锉刀（一）

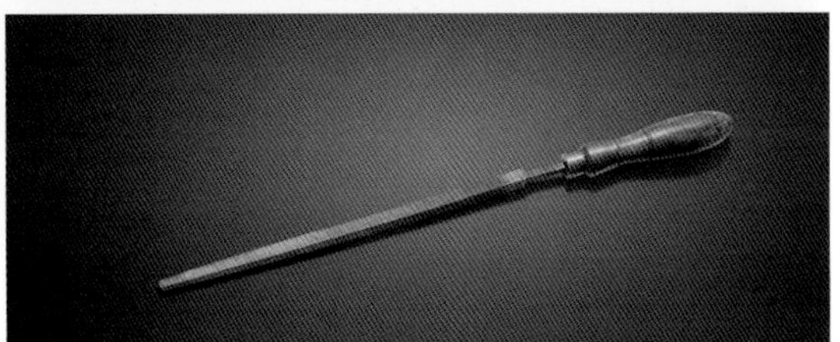

▲ 锉刀（三）

锉刀

锉刀是在制胎过程中用来锉磨、整修铜胎不同部位的工具，通常有三棱锉、方锉、扁锉、圆锉等。

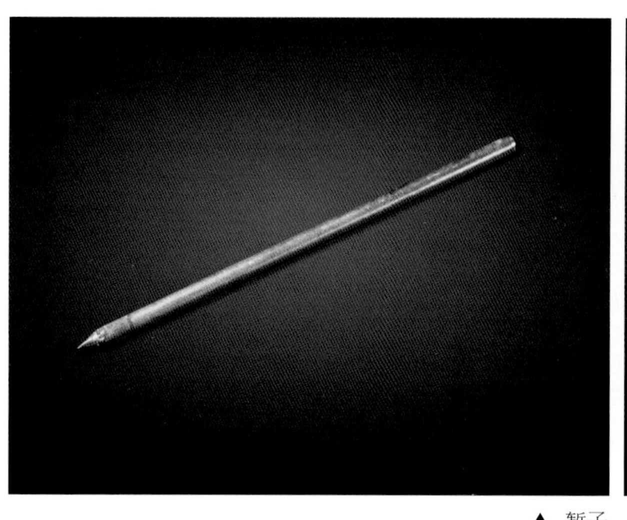

▲ 錾子

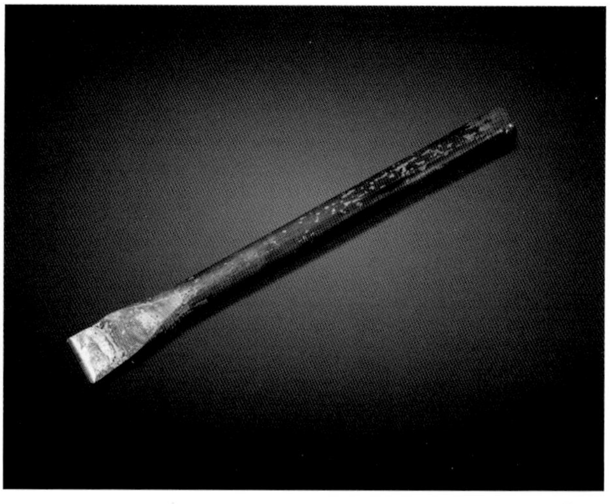

▲ 凿子

錾子与凿子

錾子与凿子是在制胎过程中，用于在紫铜板上錾凿出凹凸不平线条的工具。

▲ 锉板

▶ 景泰蓝铜胎

锉板

锉板是在制胎过程中，用于打磨铜胎焊接缝及凸起部位，使其规整的工具。

第五十三章　掐丝、烧焊工具

掐丝是制作景泰蓝的主要工序，其制作的方法是用镊子将事先做好的柔软、薄而细并具有韧性的紫铜丝，按照设计好的图案，用手掐（掰、弯）折叠翻卷成花纹的工艺，其过程十分复杂。掐丝工艺，技艺巧妙，全凭匠人的一双巧手掐饰出妙趣横生、神韵生动的画面或繁复的花纹，这对制作匠人的耐心和体力是双重考验。毫厘之间的作品，却需要几个小时，甚至几天时间。将掐好的铜丝用白芨胶粘贴在胎体上，然后筛上银焊药粉，经高温焙烧，将铜丝花纹牢牢地焊接在铜胎上，这一步叫“烧焊”。掐丝、烧焊所用工具主要有绕金棒、尖嘴钳、掰活镊子、拓笔、拓印纸、白芨、粘活镊子、剪刀、焊枪、焊丝等。

▶掐丝场景

◀烧焊场景

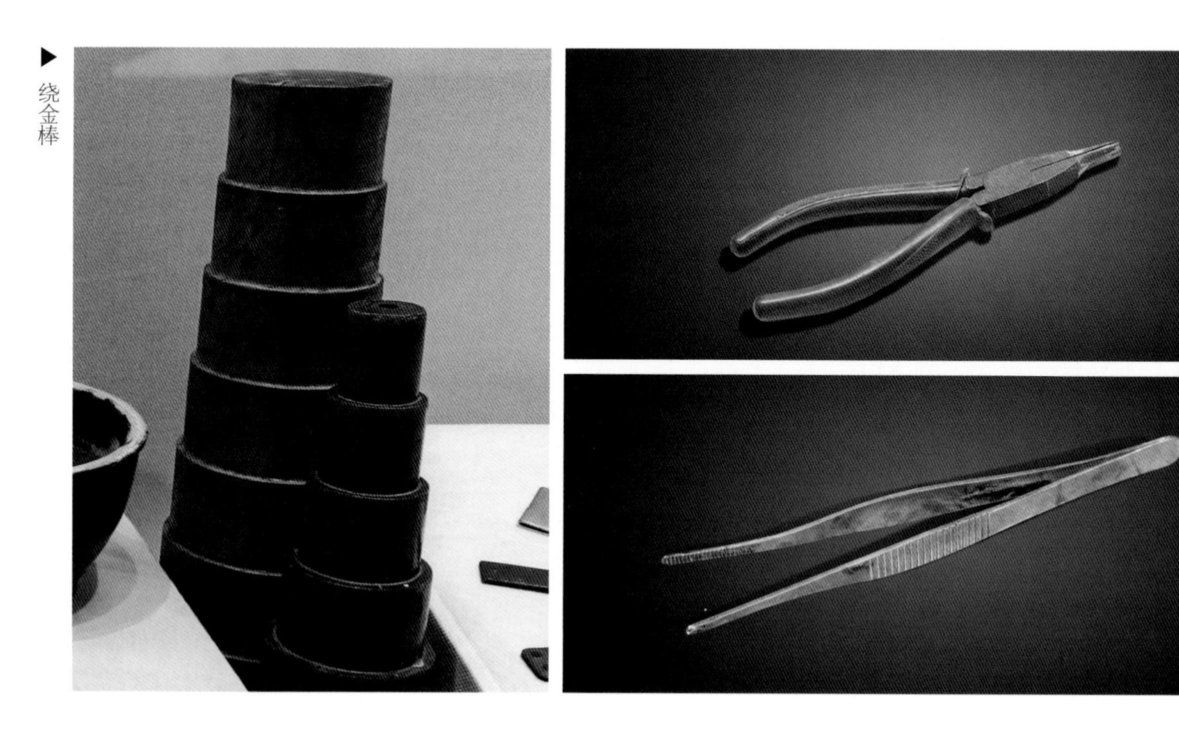

绕金棒

尖嘴钳

掰活镊子

绕金棒、尖嘴钳及掰活镊子

绕金棒是用来将铜丝片弯曲成型的工具。尖嘴钳是在掐丝过程中，用于夹取铜丝片辅助使其弯曲的工具。掰活镊子是用于将铜丝片掰制成各种形状的工具。

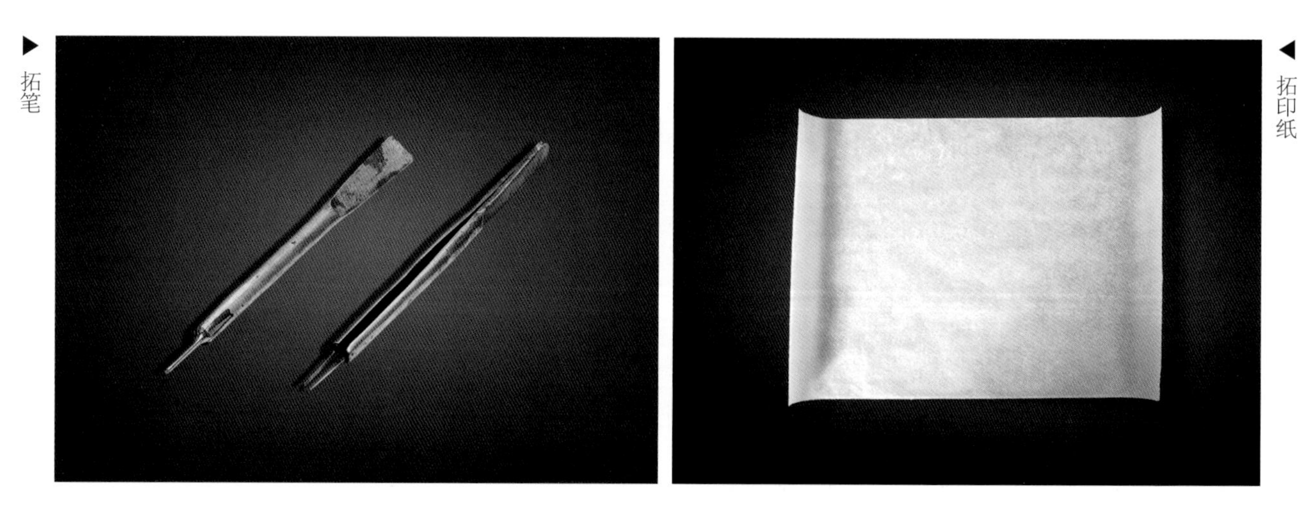

拓笔

拓印纸

拓笔及拓印纸

拓笔是用于将绘制的图案拓印到铜胎上的工具，配合拓印纸使用。拓印纸是用来把设计图案拓印到铜胎上的纸质工具。

▶白芨 ◀剪刀 ◀粘活镊子

白芨、粘活镊子及剪刀

白芨是用来制作有机胶水的原料。传统的景泰蓝工艺里，有机胶（白芨胶、藕粉等）是将铜丝粘在胎体表面的料具。粘活镊子是用来夹取成型的铜丝粘在铜胎上的工具。剪刀是用于剪切铜丝的工具。

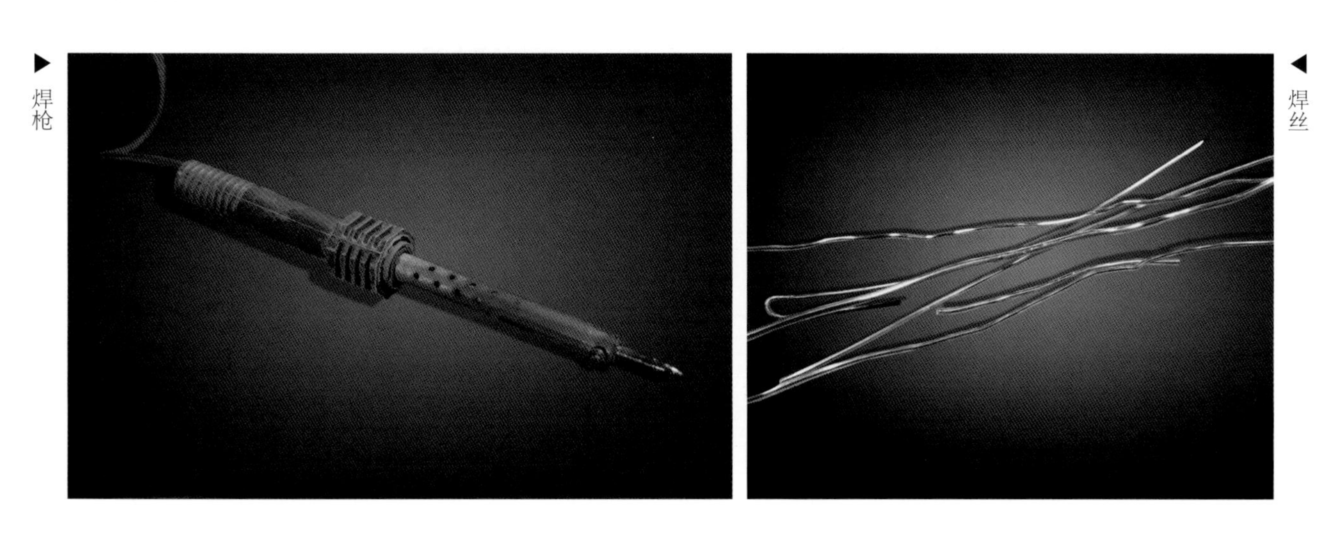

▶焊枪 ◀焊丝

焊枪及焊丝

焊枪是在烧焊过程中，用来焊接铜胎接缝，以及把铜丝焊接在铜胎上的工具。掐丝工艺中的焊丝多为铜丝，是用来将铜丝焊接到铜胎上的料具。

第五十四章　点蓝、烧蓝工具

点蓝指的是将珐琅釉料填涂在掐丝缝隙中的过程，景泰蓝主要以蓝色为基调，故称“点蓝”。这个步骤要格外细心，若润色不匀，则烧制后颜色会相互渗透，使图案模糊不清。烧蓝是将点好蓝的半成品加火烧制，使得珐琅釉料融化粘合到胎体上的过程。点蓝和烧蓝往往要重复三四次，使釉料逐层加厚、逐层烧结，直到釉层微微高出扁铜丝，这样才能使釉色厚实饱满。点蓝、烧蓝所用工具主要有蓝碟、蓝枪、釉料勺、吸管、烧制炉具、降温水缸、防火手套及钳子等。

▶点蓝场景

◀景泰蓝釉料

▲ 蓝碟

蓝碟

蓝碟是在点蓝过程中，用于盛放、调配景泰蓝釉料的工具。

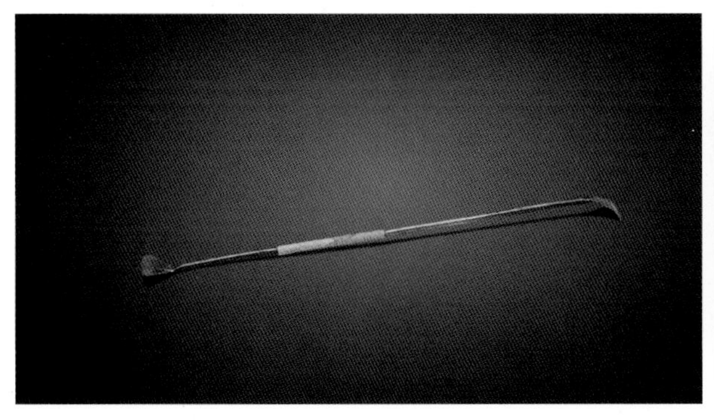

▲ 蓝枪

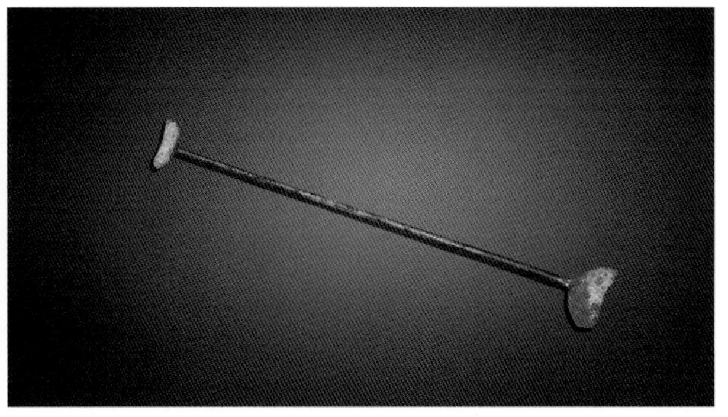

▲ 釉料勺

蓝枪

蓝枪是在点蓝过程中，用于蓝料调配、点蓝的工具。

釉料勺

釉料勺是在点蓝过程中，用来上釉的工具。

▶ 吸管

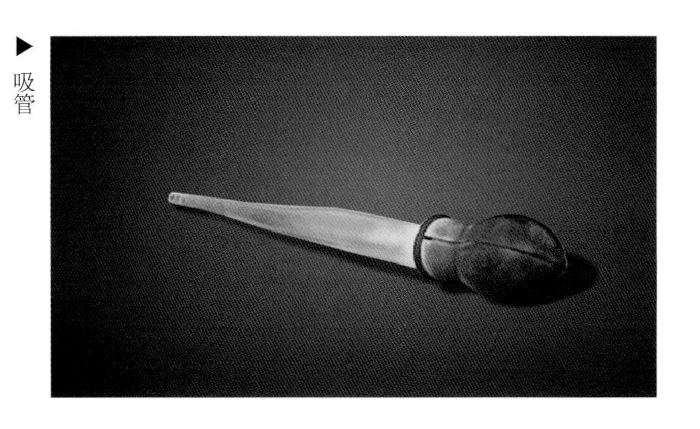

吸管

吸管是在点蓝过程中，吸附式点蓝的工具。

▶烧制炉具

◀降温水缸

烧制炉具与降温水缸

烧制炉具是烧蓝过程中所用的炉具，景泰蓝烧制对温度要求较高，一般以煤炉为主。降温水缸是对高温烧蓝的铜胎进行冷却降温的工具。

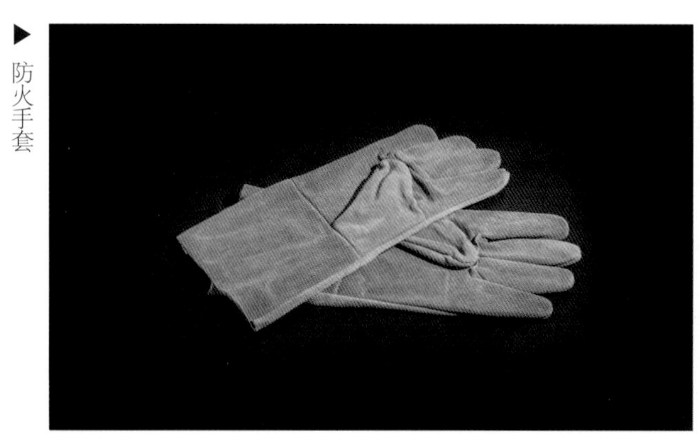
▶防火手套

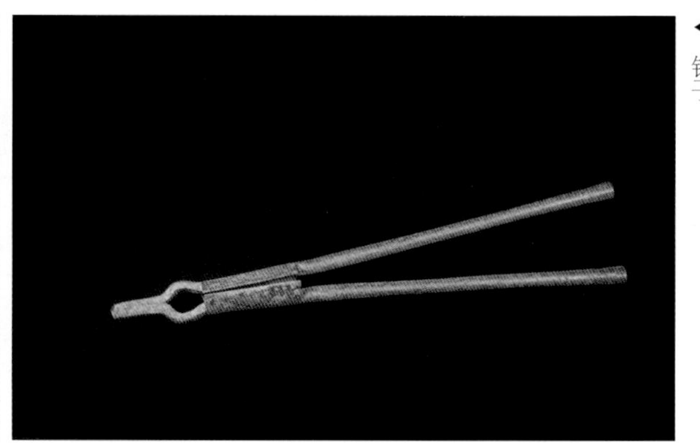
◀钳子

防火手套与钳子

防火手套是烧蓝过程中的护手工具。钳子是烧蓝时夹取胚胎的工具。

第五十五章　磨光、镀金工具

磨光指的是将烧蓝好的景泰蓝胎件外表的珐琅釉料打磨光亮的过程，如用粗砂石、黄石、木炭依次将凹凸不平的蓝釉磨平出光，如釉面有凹下的坑洼之处再补一次釉料（行话叫“亮白”）。镀金指的是对景泰蓝铜体及铜丝部位进行鎏金处理，目的是防止氧化而且更加美观。其所用工具有木水盆、木架、磨石、镀金槽、防护手套。

▶景泰蓝打磨场景

◀景泰蓝镀金场景

▲ 木水盆

▲ 磨光场景

木水盆

木水盆是打磨烧蓝后胚件的盛水工具，与木架配合使用。

▲ 木架

木架

木架是打磨时放至水盆口承载胚胎的工具，与水盆配合使用。

▲ 磨石（一）

▲ 磨石（二）

磨石

磨石是对烧蓝后的胚件进行打磨、出光的工具，根据不同工序选择不同的打磨材料，有沙石、黄石、人造石、木炭等。

▲ 镀金槽

镀金槽

镀金槽是在景泰蓝镀金过程中，将抛光后的景泰蓝胚件放置其中进行镀金的工具。

附：20世纪70年代前部分景泰蓝制作相关机械设备

▲ 滚床

滚床

滚床是用于景泰蓝胎形加工的设备工具。

▲ 剪板机

剪板机

剪板机是用于厚铜板裁剪下料的设备工具。

▲ 车床

车床

车床是用于景泰蓝胎件罐顶制作的设备工具。

▲ 数控车床

数控车床

数控车床是用于制作景泰蓝模具的设备工具。

▲ 插床

▲ 除尘砂轮机

插床

插床是用于制作景泰蓝胎形模具的设备工具。

除尘砂轮机

除尘砂轮机是用于打磨铜胎的设备工具。

▼ 景泰蓝瓶（一）

▼ 景泰蓝瓶（二）

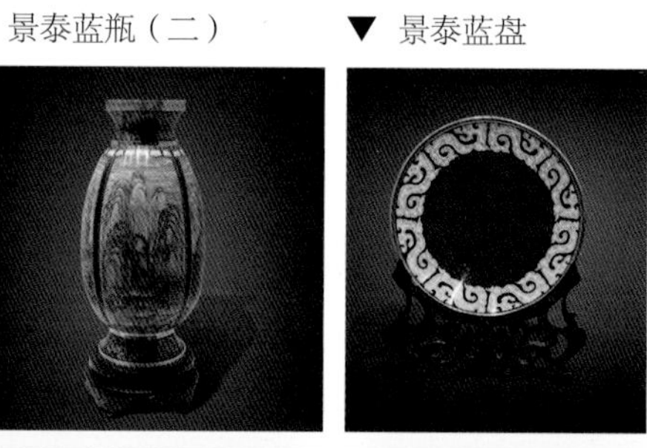

▼ 景泰蓝盘

▼ 景泰蓝瓶（三）

▲ 景泰蓝罐

▲ 景泰蓝山羊造型

后记

对中国传统民间制作工具的匆匆巡礼，到这里就告一段落了。《中国传统民间制作工具大全》历时五载终于编撰完成，即将付梓，写完本卷最后一个字，倍感欣慰之余，更是感慨万千。

欣慰的是多年来的夙愿终于实现。我从事建筑行业已有四十五载，当初抢救性地收集和保护一批古建筑构件和传统手工制作工具，日后却成了我工作之余的一种兴趣和爱好，但当我试图研究、梳理它们时，却发现介绍工艺的书籍很多，但鲜有关于“工具”的著述和汇编。由此心中萌生了编撰一套百科全书式的作品，来记录并介绍中国传统民间制作工具的想法。经过几年的筹备，终于在2020年的春天正式组建团队并付诸实施。

感慨的是，真正实施起来，对我们来说太难了。由于本书涉及门类众多，不少工具早已遗失，许多技艺面临失传，一些工具，真正使用或操作过的艺人工匠，或年逾古稀或早已离世，这就给我们的收集、整理工作带来不小的挑战。好在我们的团队素质过硬，为了收集这些工具，他们走遍了山东全境，足迹遍布河南、河北、天津、北京、山西、陕西、江苏、安徽、湖南、湖北等地的城市乡村。有些失传已久的工具，为使读者一睹其貌，我们延请工匠，参照典籍资料，重新制作并修整如旧。为了阐述准确、考证详尽，我们探访了数十位非物质文化传承人和上百位行业内资历较深的老师傅。许多博物馆、文化馆、收藏家在听闻我们的事迹后，也给予了很大的支持和鼓励。这些第一手资料的取得，也为我们的编撰工作打下了坚实的基础。现在想来，其过程是艰辛的，虽付出了较大的精力和财力，但也是值得的。

《中国传统民间制作工具大全》全书共分六卷，七十八篇，三百二十六章。参照民间谚语“三百六十行，行行出状元”，涉及行业一百一十四项，涵盖生产劳动、生活器具、音乐美术、工艺制品、日常饮食、娱乐文玩、民俗文化等十几个类别，形成文字三十六万余，遴选照片五万余张，采纳图片四千六百余幅。即便如此，书中可能还有不尽如人意之处，只能请诸位多多包涵，并尽管批评指正。

在此还要衷心感谢：

中国建筑工业出版社及其上级主管部门；

为本书提供原始资料的各地文化部门、博物馆及各界热心人士；

一直以来给予我支持和鼓励写作这部书的各界朋友；

山东巨龙建工集团的各位同事和我的家人。

随着科技的发展以及城镇化节奏的加快，许多传统的民间制作工艺也正在随着远去的农村而慢慢消逝。人们一边享受科技带来的高效率、快节奏，一边承受着它浮躁和焦虑的副作用。正因如此，“工匠精神”又被重新审视，并高频率地出现在大众视野。“工欲善其事，必先利其器”，工具是连接工匠与技艺之间的媒介，是人们认识和改造时代的手段。每次思绪纷乱时看看这些传统的制作工具，总会有那么几件能让我的心静下来，如同一首童谣抑或一道家乡菜，让我不自觉地想起曾经的那些岁月，渐行渐远的故土和音容宛在的故人。对中国传统民间制作工具的这次巡礼，我所看重的正是这些工具的内在传承价值，除了要给那些赋予着劳动人民智慧的工具写照留念之外，更希望多年后还有人指着书里的工具给孩子们讲一讲那些传统的制作故事以及逝去的岁月和浓浓的乡愁。

也许，我们不仅要知道自己将去往何方，而且更应该知道我们来自何处。

2022年写于北京西山

▲《四大发明》著名画家 张生太 作